UN254170

農産食品プロセス工学

豊田淨彦・内野敏剛・北村　豊　編

表紙デザイン：中山康子（株式会社ワイクリエイティブ）
表紙写真（表）：スチーマー（写真提供：北村　豊）
（裏）：精米機（写真提供：株式会社サタケ）

洗浄機（写真提供：豊田淨彦）

洗浄機（写真提供：北村　豊）

ローラコンベヤー（写真提供：豊田淨彦）

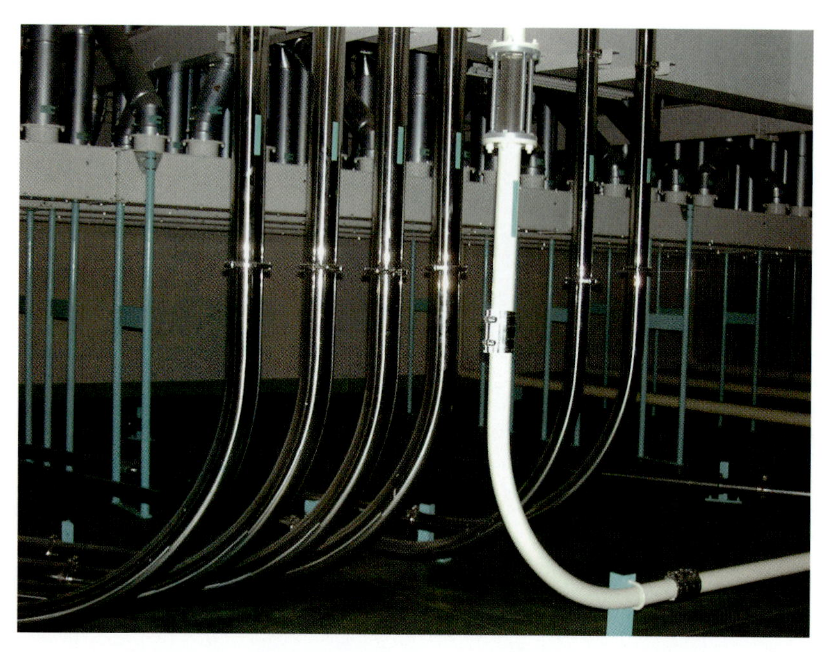

Rの大きい低残留性の搬送パイプ（写真提供：豊田淨彦）

ローラミル（写真提供：日清製粉）

シフタ（写真提供：日清製粉）

レトルト殺菌・加工装置（写真提供：北村　豊）

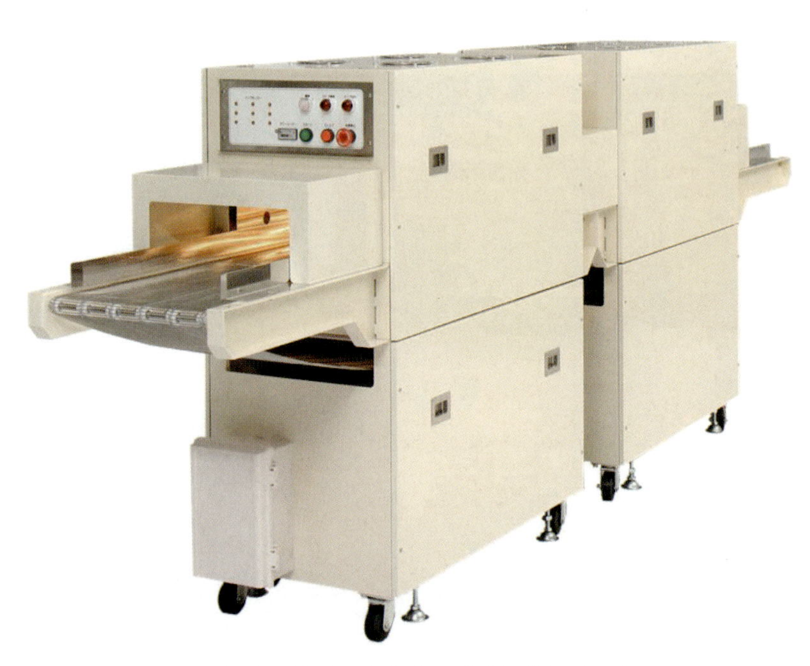

光殺菌装置（写真提供：雑賀技術研究所）

金属検出機（写真提供：北村　豊）

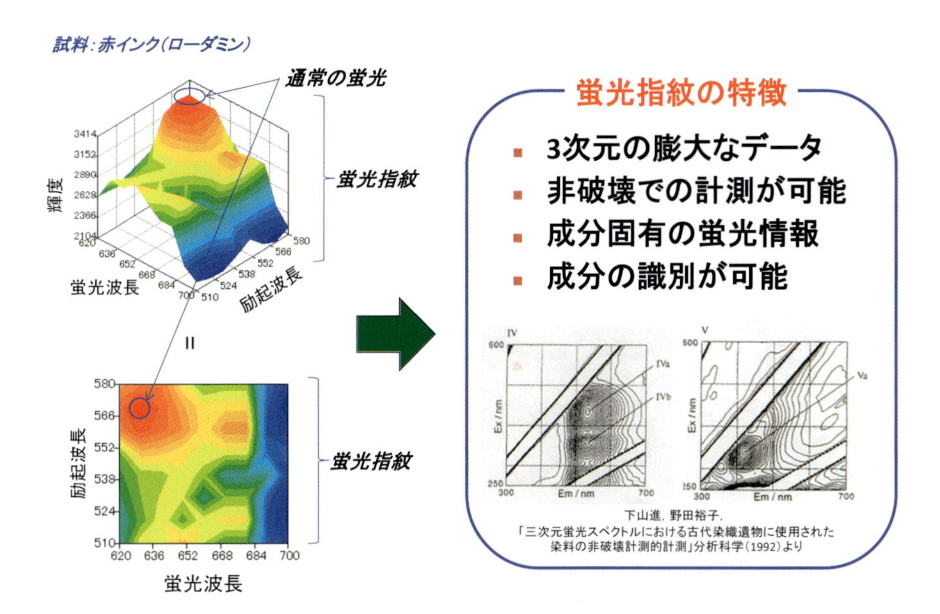

蛍光指紋（原図提供：杉山純一）

食品排水バイオガス化施設（写真提供：オリエンタル酵母）

堆肥化スクープ撹拌機（写真提供：ヤンマー）

はじめに

日々の食卓に供される食品は，その原材料の生産から加工，保存，流通など一連の過程を経て消費者のもとに届けられる．原材料の生産は，農林業や畜産業，漁業などの従事者などが担っており，それらの現場はマスコミなどで紹介されることも多い．それに対して，生産以降の過程は一般には見えにくい．例えば，コメの収穫作業は季節の風景としてテレビで取り上げられるが，その後の乾燥，選別，籾すり，貯留，精米などの処理プロセスが紹介される機会は少ない．本書では，収穫以降の「見えにくい」操作に関する種々の技術と科学的知見を解説している．

本書の表題である農産食品プロセス工学は，収穫以降の食料の一次加工に加え，成分や相の変化を伴う高次の食品加工を対象とし，それらの領域での一連の単位操作からなる技術体系として位置づけられる．従来，収穫後の操作はポストハーベスト工学において，一方，食品を対象とした操作は食品工学において，それぞれ扱われてきたが，フードチェーンの確立に伴い，生産から消費までの連携した加工処理が求められている．特に，食の安全性の確保のため，原材料の生産から食品の消費に至るまでの切れ目のない衛生管理は重要とされている．この視点から本書は，農産物，食品の加工に関する単位操作と食の安全確保に関する内容を一冊にまとめた．

第１章は序論であり，農産食品プロセス工学の社会的な役割，工学的な視点と基礎的手法について述べた．第２章から第７章は，単位操作に関する内容であり，ポストハーベスト工学，食品工学を基礎とした固体，流体，伝熱，拡散および生物利用に関する単位操作について述べた．工学は「手法の学問」であり，現象を抽象化，数量化し，制御する方法を明らかにする．そのため，これらの章では数学，熱力学，流体工学の基礎的知識を学習の前提とすることが望ましいが，できるだけ平易な説明と簡潔な記述に努めた．数式の詳細な説明は紙面の制約から難しい場合もあり，引用文献および参考図書を参照されたい．第８章は食の安全に関する内容であり，食の安全確保のための技術および手法，管理システムについて予備知識を要せずに理解できる記述とした.

本書は農学系，食品系の大学，短期大学，農業大学校などの学生の教科書として書かれている.「対象の科学」ともいえる農学や食品学では，講義内容の多くが対象である生物や生体組織，食品素材の解説に当てられている. それら対象についての知識は現場での本書の具体的な応用の助けとなるため，操作対象に関する科目の併せた履修が望ましい.

講義での本書の利用に際しては，講義時間を勘案して必要な章を選択し講義できるよう各章の記述に独立性を持たせた. また，農産食品プロセス工学としての基礎的な内容を網羅することを優先しており，最新の技術動向や先端的な研究成果については講義担当者により補われることを希望する.

本書の執筆は，実際に各章の内容について講義経験を有する大学教員，研究者によるものである. それらの内容の多くは，巻末の参考図書に示した資料や他の教科書を基礎に記載されており，例題は講義での授業ノウハウを取り入れたものとなっている. 詳細な内容については参考図書を参照されたい.

本書の上梓に当たり，終始忍耐強く編集作業にご協力頂いた文永堂出版の鈴木康弘氏に謝意を申し上げるとともに，図および表など，貴重な資料の掲載を快く許可して下さった関係諸氏に厚くお礼申し上げる.

2015 年 1 月　　　　編集者 一同

執　筆　者

編　集　者

豊田浄彦　神戸大学大学院農学研究科
内野敏剛　九州大学大学院農学研究院
北村　豊　筑波大学生命環境系

執筆者（執筆順）

豊田浄彦　前掲
西津貴久　岐阜大学応用生物科学部
内野敏剛　前掲
坂口栄一郎　東京農業大学地域環境科学部
川村周三　北海道大学大学院農学研究院
小川幸春　千葉大学大学院園芸学研究科
村松良樹　東京農業大学地域環境科学部
井原一高　神戸大学大学院農学研究科
田中史彦　九州大学大学院農学研究院
田川彰男　千葉大学名誉教授
中野和弘　新潟大学大学院自然科学研究科
小出章二　岩手大学農学部
東城清秀　東京農工大学大学院農学研究院
北村　豊　前掲

川越義則　日本大学生物資源科学部
牧野義雄　東京大学大学院農学生命科学研究科
濱中大介　鹿児島大学農学部
杉山純一　(独)農業・食品産業技術総合研究機構
食品総合研究所
橋本篤　三重大学大学院生物資源学研究科
中野浩平　岐阜大学応用生物科学部
一色賢司　北海道大学名誉教授
木下統　宮崎大学農学部
川上昭太郎　東京農業大学地域環境科学部
紙谷喜則　鹿児島大学農学部

目　次

第1章

食を支えるポストハーベスト技術

1．農産食品プロセス工学

食料の生産は人類の生存に欠かすことのできない重要な活動であり，農業においては収穫量の増大と品質の向上のため，品種改良や栽培法などの改善が図られてきた．収穫後の農産物においても，収穫から消費に至る間の量的損失（ポストハーベスト・ロス）や品質低下を防ぐため，選別，調製，乾燥，冷却，貯蔵などの処理技術が発達，普及した．収穫後の食料の損失は，栄養資源とともに，生産に費やされたエネルギや費用を失うことを意味し，社会的，経済的な面での影響は大きい．そのため，収穫後の食料の量的および質的な損失を防ぎ，食料の価値と機能を維持，向上させる技術が体系的に発展してきた．これを，「ポストハーベスト技術（post-harvest technology）」と呼び，主に物理的，機械的操作によるものを指す．さらに，最近では食品の安全性確保が生産の場から食卓に至る過程，すなわち，「Farm-To-Table」において求められている．

本書では，収穫後の農産物から食品に至るまでの過程を対象とし，ポストハーベスト技術，食品加工および食の安全性確保に関する技術が総合された体系を「農産食品プロセス工学」と定義し，解説する．

2．農産食品プロセス工学の役割

わが国における食料の生産と流通は，戦後の食料難により量的確保を喫緊の課題とした時期，そして，その後に高度経済成長期を迎え，食料に対する消費者のニーズが量から質へと転換した時期，さらに，1990 年代以降の集団食中毒の発生により，食の安全性が消費者の高い関心事となった時期を経て，今日に至っている．この間に食料増産のための機械化，品質向上のための品質評価・管理技術の発達，さらに，食の安全性確保のためのハードウェアと管理システムが発達した．このような経緯から，品質に優れ，安全性の高い食料を合理的な価格で消費者に提供することを可能にする技術の開発が農産食品プロセス工学をはじめ食料に関わる技術分野に課されている．

次に，食料の生産から消費の過程を消費経済の面から眺める．図1-1に産業連関表に基づく2005年度の飲食費統計を示す．図中，左から右への流れは食料の生産から消費に至る経路を表し，数値は食産業の各分野での消費額を表す．左端

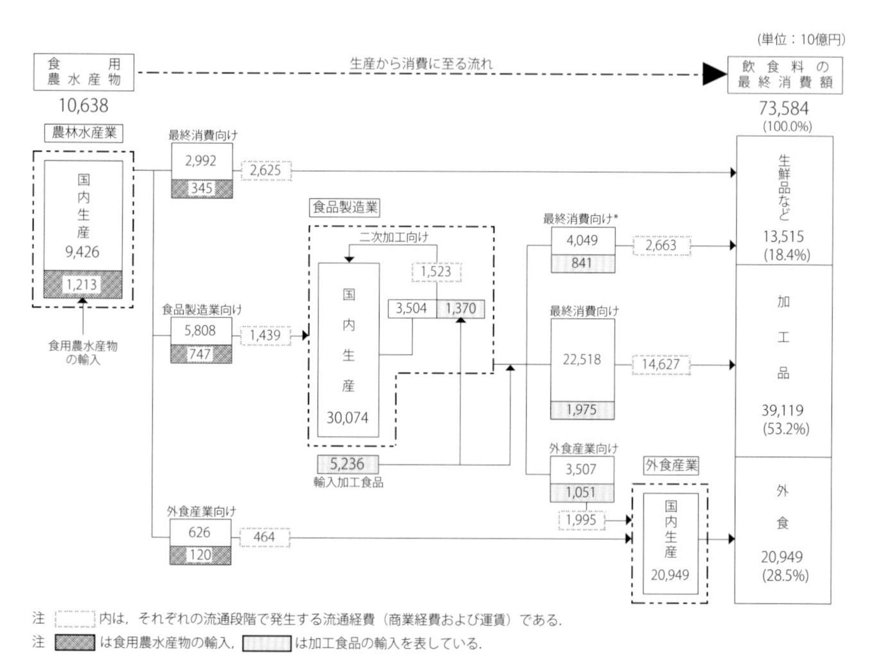

図1-1　飲食費のフロー
（農林水産省ホームページ：http://www.maff.go.jp/j/tokei/sihyo/data/pdf/furo_17s.pdf，2014を一部改変）

コラム「ポストハーベスト技術とポストハーベスト農薬」

「ポストハーベスト」は「収穫後」の意味であるが，海外からの長期輸送時の腐敗を防ぐ目的から，予防的に農薬が穀物などに混合され，それが残留農薬として食品を汚染する「ポストハーベスト農薬」の報道が一時，社会の関心を集めた．その際，略称として「ポストハーベスト」を用いたため，「ポストハーベスト」は害をもたらす否定的なものとの誤解が一部にある．

は食用農水産物の年間生産額（10兆6 000億円）を，右端は飲食料の最終消費額（73兆6 000億円）をそれぞれ表す．単純化して考えると，生産から消費に至る間に消費額ベースの食料の価値は7倍近くに増大したことになる．ただし，加工食品での包装資材や外食産業での付帯サービスなど，食料以外のコストが消費額に含まれていると推測される．しかし，それらを考慮しても，食料の生産から消費に至る過程で生産物に大きな付加価値が加えられ，消費者に食品として提供されていることがわかる．では，この付加価値はどのようにして創出されるのであろうか．それには，食料の生産地から消費地への輸送，選別や調製による品質の向上，生産物の可食部や成分の抽出，形態や組成の異なる食品への加工，安全性，貯蔵性，利便性の向上などによる付加価値の形成が考えられる．これらの多くは，農産食品プロセス工学において扱われる内容であり，本書で解説する各種の操作が関係する．

3．生産から消費に至る過程の単位操作

農産物が生産から消費に至る過程で受ける種々の処理操作には，選別，調製，

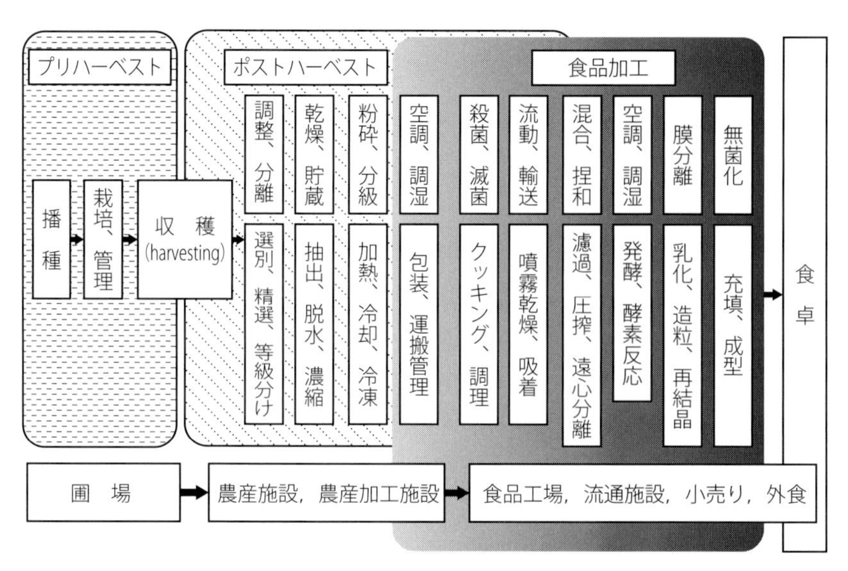

図1-2　食料の生産から消費までの過程の単位操作

乾燥，貯蔵，運搬などがある．それらは単位操作（unit operation）として，分類，整理できる．単位操作とは，化学工学において示された概念であり，対象物に対して実施されるさまざまな処理や操作は，それを構成する単位要素的な操作を組み合わせたものと見なすことができ，共通性のある単位要素の操作を分類，整理したものである．例えば，穀物の加熱通風乾燥と牛乳の加熱殺菌は形態も操作方法も異なるが，加熱空気と高温水という流体による加熱という点では共通するため，対流伝熱の単位操作と見なすことができる．さらに，穀物の加熱通風乾燥では，「伝熱」と「水分移動」が同時に生じており，両単位操作の組合せと見なすことができる．農産物の生産から消費に至る過程での単位操作の例を図 1-2 に示す．図 1-2 では，食料の生産から消費までの過程をプリハーベスト，ポストハーベスト，食品加工の領域に分類し，それらの過程での単位操作の例を示している．

4．単位操作の基礎

個々の単位操作における現象を理解し，物理量により解析する際に重要な次元と収支について述べる．

1）単位と次元

(1) 単　位　系

単位操作での現象を記述する場合，用いる物理量の定義が必要となる．物理

表 1-1　SI 基本単位と補助単位

物理量	単位の名称		単位の記号
長　さ	メートル	meter	m
質　量	キログラム	kilogram	kg
時　間	秒	second	s
熱力学温度	ケルビン	kelvin	K
物質量	モル	mole	mol
電　流	アンペア	ampere	A
光　度	カンデラ	candela	cd
平面角	ラジアン	radian	rad
立体角	ステラジアン	steradian	sr

（化学工学会（編）：化学工学 第3版，槇書店，2006）

表 1-2　固有の名称を持つ SI 誘導単位

物理量	単位の名称		記　号	SI 単位による定義
力	ニュートン	newton	N	kg・m/s^2
圧　力	パスカル	pascal	Pa	kg/m・s^2
エネルギ	ジュール	joule	J	kg・m^2/s^2
仕事量	ワット	watt	W	kg・m^2/s^2
周波数	ヘルツ	hertz	Hz	s^{-1}
電　荷	クーロン	coulomb	C	A・s
電位差	ボルト	volt	V	kg・m^2/s^3・A
電気抵抗	オーム	ohm	Ω	kg・m^2/s^3・A^2
電気容量	ファラド	farad	F	s^4・A^2/kg・m^2
電導度	ジーメンス	siemens	S	s^3・A^2/kg・m^2
インダクタンス	ヘンリー	henry	H	kg・m^2/s^2・A^2
磁　束	ウェーバ	weber	Wb	kg・m^2/s^2・A
磁束密度	テスラ	tesla	T	kg/s^2・A
光　束	ルーメン	lumen	lm	cd・sr
照　度	ルクス	lux	lx	cd・sr/m^2
放射能	ベクレル	becqurel	Bq	s^{-1}
吸収線量	グレイ	grey	Gy	m^2/s^2
セルシウス温度	セルシウス度	degree celusius	℃	＝(t ＋ 273.15) [K]
線量当量	シーベルト	sievelt	Sv	m^2/s^2

（化学工学会（編）：化学工学 第 3 版，槇書店，2006）

量の数量的な大きさを規定するには単位が必要であるが，科学技術の発展過程で，1 つの物理量に対して，複数の単位が用いられた．現在では，SI 単位系（Le Système International d'Unités）に統一されたが，統一以前に製造された機器もまだ利用されており，単位の換算が必要な場合がある．

表 1-1 に示す SI 単位系では，1 つの物理量に対して用いる単位は 1 つとすることを原則としているが，基本単位の組合せによる誘導単位（表 1-2）や分野に応じて従来単位を併用することが認められている．

(2) 単位の換算

単位操作での現象に関与する変数間の関係を実験式として求めた場合，実験式の左右両辺の次元が一致しない場合が多い．これを次元的に不健全な式と呼ぶ．次元的に不健全な式では，両辺の次元を統一するために係数自身に適当な次元を与え，次元的に健全な式として用いる．従来単位を用いて表された式を SI 単位に換算する場合，数値の単位換算の場合と同様の方法によるのが便利である．

演習問題 1-1

空気層の伝導伝熱に関する実験式として下記の式が得られた．q は単位時間，単位伝熱面積当たりの伝熱量 [Btu/ft^2 s]，Δx は層の厚さ [ft]，Δt は層の両端の温度差 [°F] を表す．ただし，Btu（British thermal unit）は，1pound の水の温度を 1 °F 上げるのに要する熱量.

式中の各変数が上記の従来単位の場合，この実験式を SI 単位の式に変換せよ．係数 0.0151 の単位は [Btu/ft h °F] である.

$$q = 0.0151\left(\frac{\Delta t_F}{\Delta x}\right)$$

例解　従来単位の換算：1 J = 9.478 × 10^{-4} Btu, 1 m = 3.281 ft, 1 K = 1.8 °F

$$q\,[\mathrm{Btu/ft^2\,h}] = q'[\mathrm{W/m^2}] = q'[\mathrm{J/m^2s}]$$
$$= q'[(9.478 \times 10^{-4}\,\mathrm{Btu})/\{(3.281\,\mathrm{ft})^2(60^{-2}\,\mathrm{h})\}]$$
$$= q' \times 0.317[\mathrm{Btu/ft^2\,h}]$$

$$\Delta t_F\,[°\mathrm{F}] = \Delta t'\,[\mathrm{K}] = \Delta t'\,[1.8\,°\mathrm{F}\,] = \Delta t' \times 1.8[°\mathrm{F}]$$

$$\Delta x\,[\mathrm{ft}] = \Delta x'\,[3.281\,\mathrm{ft}] = \Delta x \times 3.281[\mathrm{ft}]$$

を上式に代入し，

$$0.317q' = 0.0151 \times 1.8\,\Delta t'/(3.281\,\Delta x')$$

係数を整理し，

$$q' = 0.0261\left(\frac{\Delta t'}{\Delta x'}\right)[\mathrm{W/m^2}]$$

ここで，係数 0.0261 は空気の熱伝導率 [W/mK]（☞ 表 5-1）.

(3) 次 元 解 析

現象が複雑で変数間の関係の理論的な解析が困難な場合，現象に関係する物理量の関係を予測する方法として，次の π 定理に基づく次元解析が利用される.

解析の対象とする現象に関係する物理量の数が n 個であり，それらが m 個の次元を持つ場合，現象は（$n - m$）個の無次元パラメータ（無次元数）で整理することができる.

演習問題 1-2

円管内を流体が流れ，円管内壁面と流体間で対流伝熱が生じているとする．このとき，諸物理量間の関係を次元解析により求めよ．

表　関係する物理量

物理量	記号	単位	次元
流体の速度	u	m/s	LT^{-1}
流体の密度	ρ	kg/m^3	ML^{-3}
流体の粘性係数	μ	Pa・s	$ML^{-1}T^{-1}$
流体の熱伝導率	λ	W/m・K	$HL^{-1}T^{-1}\theta^{-1}$
流体の比熱	C_p	J/kg・K	$HM^{-1}\theta^{-1}$
円管の直径	D	m	L
対流伝熱係数	h	W/m^2・K	$HL^{-2}T^{-1}\theta^{-1}$

例解　現象に関係する物理量として，表の物理量を仮定する．基本次元は，長さL，質量M，時間T，温度θ，熱量Hである．

関係する物理量の数$n=7$，基本次元は$m=4$（$H\theta^{-1}$を1つの次元と見なす）であるので，π定理から，$n-m=7-4=3$個の無次元数で整理することができる．

今，hが他の物理量の関数，すなわち，$h=f(u,\ \rho,\ \mu,\ \lambda,\ C_p,\ D)$であるとする．関数として積の形を仮定し，

$$f=K\cdot u^a\cdot \rho^b\cdot \mu^c\cdot \lambda^d\cdot C_p{}^e\cdot D^f \tag{1}$$

ただし，Kは定数．

表中の次元を参照し，左右両辺の次元を比較すると，

$$\begin{aligned}
L &: -2 = a-3b-c-d+f\\
T &: -1 = -a-c-d\\
M &: \ \ 0 = c-e\\
H\theta^{-1} &: \ \ 1 = d+e
\end{aligned}$$

4つの代数式に対して未知数は5個であり不定となる．そこで，a，eによりb，c，d，fを表すと，$b=a$，$c=e-a$，$d=1-e$，$f=a-1$

これらを（1)式に代入し，整理すると

$$h=K\cdot u^a\cdot \rho^a\cdot \mu^{e-a}\cdot \lambda^{1-e}\cdot C_p{}^e\cdot D^{a-1}$$

$$\therefore\ \left(\frac{hD}{\lambda}\right)=K\cdot\left(\frac{\rho Du}{\mu}\right)^a\left(\frac{C_p\mu}{\lambda}\right)^e \tag{2}$$

カッコ内の項は無次元であり，左辺の項はNu数，右辺第一項はRe数，第二項はPr数である．(2)式は表5-2の相関式に対応する．

2）収　　支

プロセス工学的手法の中で，頻繁に用いられるものの見方は「収支」である．適用する現象に応じて収支式には，物質収支式，エネルギ収支式，運動量収支式があり，それらは，質量保存則，エネルギ保存則，運動量保存則にそれぞれ基づいている．以下ではエネルギ収支を例に述べる．

密度 ρ（kg/m^3）の流体が流速 u（m/s）で流れる系を仮定する．流れは定常状態（時間変化のない状態）と見なす．

図 1-3 に示すように流体の圧力は p（Pa），比容積 v（m^3/kg），基準面からの高さ h（m）とすると，流体の各エネルギは位置エネルギ：mgh，運動エネルギ：mu^2/2，圧力エネルギ：mpv ＝ mp/ρ と表される．さらに，流体 1 kg 当たりの外部から系への仕事 W と系から外部へなす仕事 F を仮定すると，図 1-3 の断面 A，B 点間のエネルギ収支は，A 点での流入エネルギ＋外部からの仕事＝ B 点での流出エネルギ＋外部への仕事より，(1-1)式のベルヌーイ式が導かれる．

A，B 点間のエネルギ収支より，

$$\frac{\alpha u_1^2}{2}+gh_1+\frac{P_1}{\rho_1}+W=\frac{\alpha u_2^2}{2}+gh_2+\frac{P_2}{\rho_2}+F \tag{1-1}$$

(1-1)式中の運動エネルギの項 $\alpha u^2/2$ の補正項 α は，管内の流れが一様に u の流速を持つと考えた場合の速度エネルギ $u_2/2$ と，実際の速度分布を持つ流体の速度エネルギとの比

$$\alpha \equiv \frac{\frac{1}{2}\int_S u^2 \cdot \rho u\, dS}{\int_S \rho u\, dS} \tag{1-2}$$

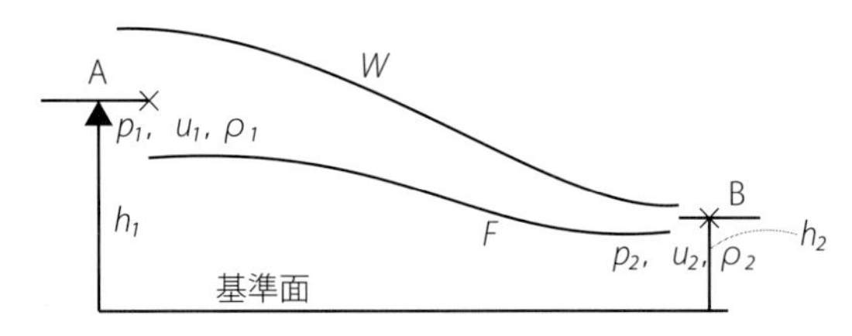

図 1-3　流体輸送におけるエネルギ収支
A：$m(\alpha u_1^2/2+gh_1+p_1/\rho_1)$，B：$m(\alpha u_2^2/2+gh_2+p_2/\rho_2)$．

である．S は流路断面積を表す．α の値は，層流の場合 2.0，乱流の場合約 1.0 となる．

5．農産食品プロセス工学の特徴

ポストハーベスト技術や農産食品プロセス工学では，化学工学と同様な物理的現象の取扱いを行うが，操作対象は生物由来材料であり，生理活性や微生物，酵素による分解および反応の影響を受け，それらは品質低下や安全性に強く関係する．

例えば，農産物や食品の品質はその温度，水分の影響を受けやすい．ここでは，水分の影響について考察する．農産物や食品は有機物からなる吸湿性多孔体と見なすことができ，水分を保持しやすい性質を有している．食品を汚染するカビや微生物の増殖，食品中の非酵素的，あるいは酵素的反応は水分の多寡により影響が異なるが，それらの反応は，含有する全水分量よりも，カビなどが利用可能な水分量により決まる．食品や農産物が含有する水分は，水の自由度により，結合水，毛管水，自由水に分類できる．このうち，反応などに利用可能な水は自由水であり，自由水の割合を水分活性により評価する．

$$\text{水分活性（water activity）}\quad a_w \equiv \frac{p}{p_0} \tag{1-3}$$

ただし，a_w：水分活性 (-)，p：食品表面の水蒸気分圧（MPa），p_0：食品の保持された温度での飽和水蒸気圧（MPa）．

食品内の自由水は純水と同様に，食品成分からの拘束が少なく自由に運動できるため，食品表面から容易に蒸発し，また，食品表面に衝突した雰囲気の水蒸気

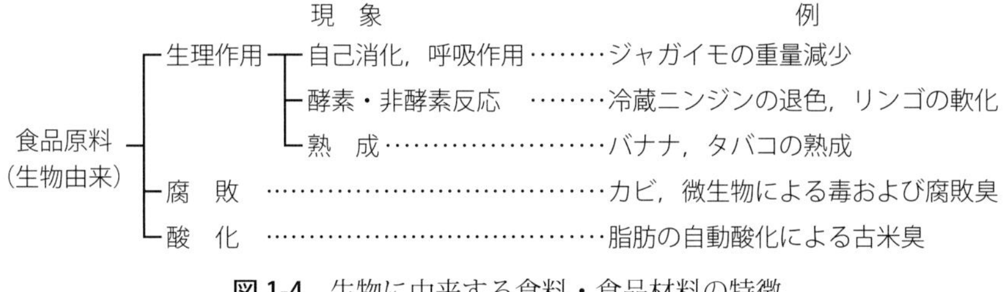

図 1-4　生物に由来する食料・食品材料の特徴

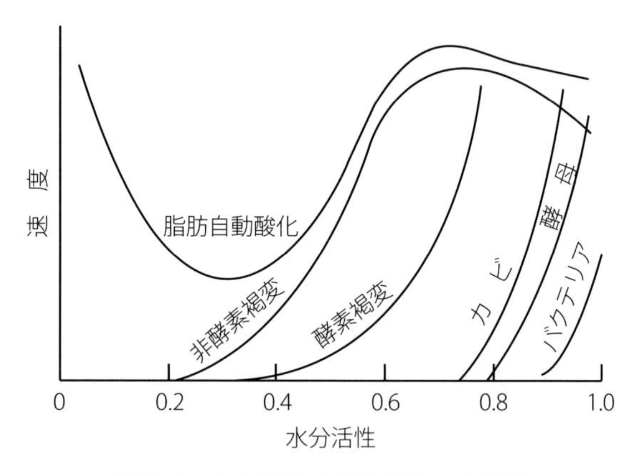

図 1-5　水分活性の各種反応への影響

は凝縮し，食品中に自由水として取り込まれる．そのため，食品を狭い密封空間に保持すると，食品表面での蒸発と凝縮が同時に生じ，しばらくすると，平衡状態に達する．このときの水蒸気分圧 p を自由水の指標として測定する．雰囲気中の水蒸気分子の測定面への衝突により，水蒸気分圧が生じることから，水蒸気分圧は水蒸気分子の運動能力を示すが，温度上昇により運動能力は急激に増加するため，測定温度での純水（自由水）の水蒸気分圧，すなわち，飽和水蒸気圧 p_0 を基準として，両者の比を取り，自由水の割合を示す指標として水分活性を評価する．

水分活性と脂肪の自動酸化，非酵素・酵素褐変の反応速度，カビ，酵母，バクテリアの増殖速度への影響を図 1-5 に示す．微生物やカビの増殖速度は，水分活性 0.8 ～ 0.9 以上で，急激な増加を示す．そのため，その増殖を抑えるには，水分活性を 0.8 以下に維持することが大切である．一方，非酵素・酵素による褐変反応では，水分活性が約 0.2 あるいは 0.4 で増加し始め，広い水分活性の範囲で高い反応速度を示す．さらに，脂肪の自動酸化は水分活性 0.3 までは水分活性とともに減少傾向を示すが，その後増加し，0.7 付近で最大となる．

このように，食品の品質や安全性に影響をおよぼす各種反応や微生物の活性は，水分活性の強い影響を受けるため，収穫以降の処理において，雰囲気の湿度調節を通じて水分活性を制御する必要がある．

問題 1-1 ･･･

米飯，パン，バターなどの具体的な食品の例をあげ，それらの食材となる生産物と生産から消費に至る過程での処理および操作をあげ，どのような価値が付与されるかを考察せよ．

解答　例えば，米飯の場合，乾燥－選別－貯蔵－籾摺り－精米－炊飯などについて考察する．

問題 1-2 ･･･

内径 d（m）の平滑円管内を密度 ρ (kg/m^3)，粘度 μ (Pa・s）の流体が平均流速 u（m/s）で流れている．管長 1m 当たりの圧力損失 $\Delta p/L$（Pa/m，Δp：圧力損失，L：管長さ）を次元解析により求めよ．なお，単位系は SI を用いる．

解答

$$\left(\frac{\Delta p}{L}\right) = c \cdot \left(\frac{\rho u^2}{d}\right) \cdot \left(\frac{\rho d u}{\mu}\right)^K, \quad c,\ K \text{は定数}$$

問題 1-3 ･･･

水分活性 a_w と相対湿度 ϕ の式を比較し，両者の相違を説明せよ．

解答　水分活性 $a_w \equiv p/p_0$（－），p：食品表面での水蒸気分圧，p_0：飽和水蒸気圧．相対湿度 $\phi \equiv p_w/p_0 \times 100$（%），$p_w$：雰囲気の湿り空気の示す水蒸気分圧．

水分活性は雰囲気中に保持された材料表面の示す水蒸気分圧を指し，一方，相対湿度は雰囲気の湿り空気の水蒸気分圧を指している．前者は自由水によるものであり，その量は材料の成分や構造の影響を受ける．後者は湿り空気中の水蒸気量に依存する．狭い空間に材料を保持し，材料含水率が平衡に達すると，両水蒸気分圧は等しくなる．このときの相対湿度を平衡相対湿度 (ERH) と呼び，ERH ＝ $a_w \times 100$ の関係から水分活性を求めることができる．

第2章

農産物物性と生理

1．農産物・食品物性

1）農産物・食品物性とは

(1) 農産食品プロセス工学における物性

本書の書名の中にある工学（engineering）は，現実の問題を解決することや，望む機能を実現することを主目的とする学問体系のことである．工学が対象とする現実は複雑で多様であることが多いため，対象を単純化，体系化した工学基礎（engineering science）が生まれた．本書第３～７章が化学工学で生まれた概念である単位操作（unit operation）を中心に展開されていることからわかるように，食品工学を含む農産食品プロセス工学は化学工学（chemical engineering）を基礎に置く学問分野ということができる．

化学工学は，その名と生立ちが示すように主たる対象が化学工業製品であったのに対して，農産食品プロセス工学は生物材料を扱うものである．生物材料は工業材料と比較して個体差が大きく，また生物学的または化学的変化により，特性が時間とともにかわってしまう．つまり，農産物や食品素材特有の特性への考慮が重要な意味を持っており，これが化学工学と大きく異なる点である．このような特性のうち，農産物や食品素材の物理的な特性のことを農産物物性または食品物性という．

(2) 農産物・食品物性を扱う際の留意点

農産物，食品の物理的特性には力学的，熱的，光学的，電気的なさまざまな特性があるが，これらの物性の定義の仕方には共通点がある．基本的にはある摂動を加え，それに対する応答を定式化したときの係数が物性値として定義される．この点は工業製品でも全く同じであるが，農産物，食品の摂動に対する応答様式が同種のものでも，前述のように履歴により大きく異なってくることがあるため，報告されている各種物性値を利用する際には，履歴や測定条件などに十分に留意する必要がある．

以下，農産物，食品物性の中でもプロセスに関係の深い力学的物性，熱的物性，電磁気物性について概説する．

2）力学的物性

力学的物性とは，力，変位，変形速度，加速度などを対象物に与えたときの応答（反力，変位，破壊など）を記述するための物性量やそれらの関係のことをいう．

物体の力学的特性は，力を加えたときの物体の変形様式から，弾性（elasticity），粘性（viscosity），塑性（plasticity）の３つの基本的な特性とそれらの組合せからなる．弾性は力を加えると直ちに変形し，変形量に比例した抵抗力を示す特徴を持つ．粘性は変形速度に比例した抵抗力を示し，除荷しても元に戻らない性質のことを表す．塑性は一定以上の力を加えると変形し，永久変形する性質のことを表す．青果物や固体様食品は弾性を示す弾性体として扱われることが多いが，実際には力を加えたときに変形が遅れる粘性的な性質を示すものが多く，弾性と粘性の両方の性質を合わせ持つ粘弾性体（viscoelastic body）として扱うこともある．以下，弾性，粘性，粘弾性について述べる．

(1) 弾　　性

a．応力とひずみ

物体に外部から力を加えたときに，物体内部に生ずる単位面積当たりの力を応力(stress)と呼ぶ．図2-1に示すように大きな寒天ブロックの中にあなたが埋まっているとする．この寒天ブロックに矢印の向きに力を加えると，あなたは押しつぶされるように感じるはずである．あなたが寝ている図中斜線部の面に対して垂直方向にかかる単位面積当たりの力を垂直応力（normal stress）と呼ぶ．同時にあなたは背中を左上方向に，そしてお腹を右下方向に引っ張られるようにも感じるはずである．斜線部の面に対して平行の方向にかかる単位面積当たりの力をせ

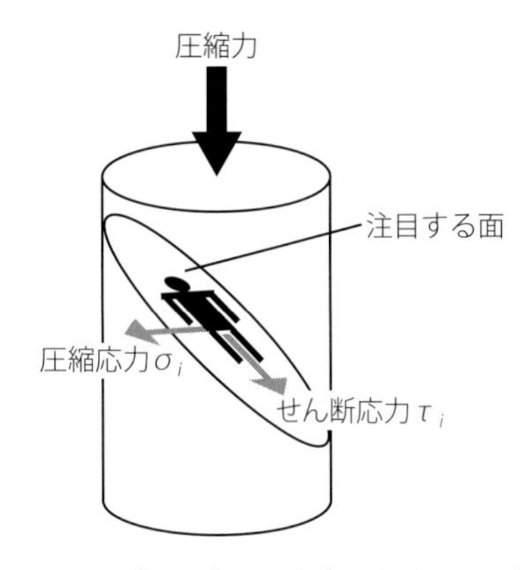

図 2-1　寒天ブロック内に埋まった人が感じる力

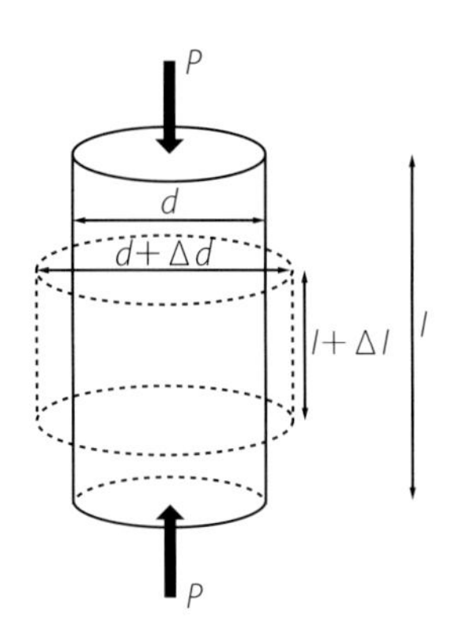

図 2-2　圧縮による変形

ん断（ずり）応力（shear stress）と呼ぶ．

物体をある方向に圧縮すると，圧縮方向に縮むと同時に直角の方向へは膨張する．図 2-2 に圧縮による物体の変形の様子について示す．P の圧縮力あるいは引っ張り力を物体に与えたとき，力の作用方向に垂直な任意の断面（断面積 A）での応力 σ（Pa）は次式で定義される．

$$\sigma = \frac{P}{A} \tag{2-1}$$

長さ l の物体を圧縮あるいは引っ張り力を与えて長さが $l + \Delta l$ になったとする．この変形量を初期の長さで割ったものを縦ひずみ（longitudinal strain）と呼び，次式で定義される（記号は ε）．

$$\varepsilon = \frac{\Delta l}{l} \tag{2-2}$$

ひずみ（strain）は,「長さ」を「 長さ 」で割ったものなので単位は無次元である．

図 2-3 はせん断による変形を示す．せん断による変形におけるひずみは，せん断ひずみ（shear strain）と呼び，次式で定義される（記号は ε_s）．

$$\varepsilon_s = \frac{\Delta l_s}{h} = \tan\theta \tag{2-3}$$

図 2-4 に示すように，圧力 p 下で，体積 v の物体があり，圧力が $p + \Delta p$ になったときに，その体積が $v - \Delta v$ になったとする．このときのひずみを体積ひずみ

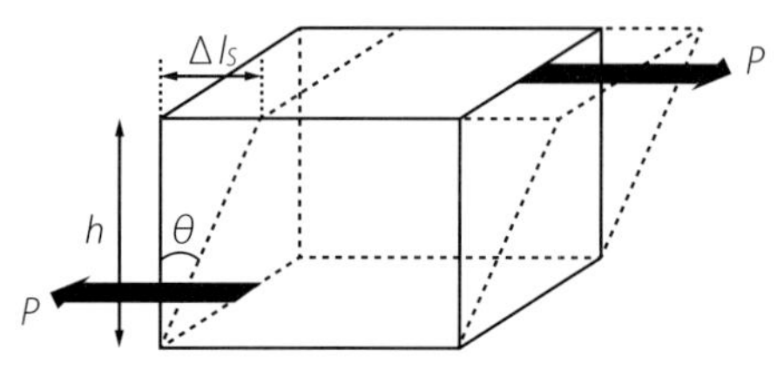

図 2-3　せん断による変形

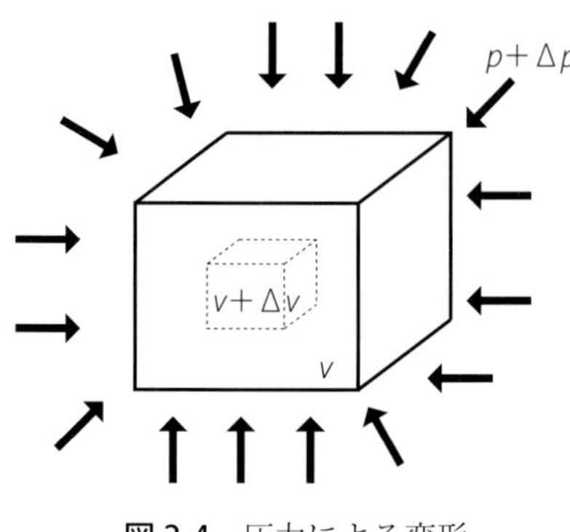

図 2-4　圧力による変形

(volumetric strain) と呼び，次式で定義される（記号は ε_v）.

$$\varepsilon_v = \frac{\Delta v}{v} \qquad (2\text{-}4)$$

b. 弾　　性

固体に外部から力を加えるとひずみが発生する．除荷すると，ひずみは解消され元の大きさに戻り，内部応力はゼロになる．この性質を弾性と呼び，その性質を持ったものを弾性体（elastic body）と呼ぶ．外力を加えたときに直ちに変形し，外力が一定であれば時間に関係なくその変形を保つものを特に完全弾性体（perfect elastic body）という．これらは理想の物体であるが，変形が十分に小さい範囲であれば，近似的に成り立つ物質が多い．この変形がある限界を超えると完全に元に戻らなくなるが，この限界を弾性限界（elastic limit）と呼ぶ.

シリンジ（注射器）に空気を詰めてから針穴を塞ぎ，ピストンでこれを圧縮した場合も，前記と同様に弾性を持つ．今，この系で，シリンジ内の物体（固体でも気体でもよい）を圧力 p で圧縮することを考える．熱力学の法則より次式が成り立つ.

$$du = \Delta q + \Delta w = TdS + pdv \qquad (2\text{-}5)$$

ただし，du：内部エネルギ変化，Δq：加えられた熱量，Δw：系内への仕事（符号に注意すること），T：絶対温度，dS：エントロピ変化，dv：体積変化（収縮方向を正）である.

温度が一定であるとすると，(2-5)式は次式のように変形できる.

$$p = -T\left(\frac{\partial S}{\partial v}\right)_T + \left(\frac{\partial u}{\partial v}\right)_T \tag{2-6}$$

(2-6)式の左辺の圧力 p が外力に相当し，これが右辺の弾性力とつりあっている．この弾性力は2つの項からなり，前項をエントロピ弾性（entropy elasticity），後ろの項をエネルギ弾性（energy elasticity）と呼ぶ．固体の場合，エントロピ変化が小さいため，その弾性はエネルギ弾性支配である．気体の場合，内部エネルギ変化が小さい（理想気体の等温変化では内部エネルギ変化はゼロ）ため，その弾性はエントロピ弾性支配である．高分子材料は気体ではないが，高分子鎖の自由度が大きいため，エントロピ弾性の性質も有する．

これらの弾性を表す指標として，次の弾性率（elastic modulus）が定義される．これらは物性定数（☞ コラム）である．

①**縦弾性率（ヤング率）**…図2-2に示す変形様式で $\sigma = E \cdot \varepsilon$ の関係が成立するとき，この比例係数 E を縦弾性率（ヤング率，Young's modulus）と定義する．単位はPa.

②**横弾性率（ずり弾性率，剛性率）**…図2-3に示す変形様式で $\sigma = G \cdot \varepsilon_s$ の関係が成立するとき，この比例係数 G を横弾性率（ずり弾性率または剛性率，modulus of rigidity）と定義する．単位はPa.

③**ポアソン比**…図2-2に示す変形様式で，応力方向のひずみ ε が発生しているとき，同時にその垂直方向にも，やせたり太ったりするひずみ ε_d が発生する．それらのひずみに $\boldsymbol{\nu}$（ニュー） $= \varepsilon / \varepsilon_d$ の関係が成立するとき，$\boldsymbol{\nu}$ をポアソン比（Poisson's ratio）と定義する．単位は無次元．水のように非圧縮性（圧縮しても体積が不変である性質）であれば，ポアソン比は0.5となる．

④**体積弾性率**…図2-4に示す変形様式で，圧力の増分 Δp と体積ひずみの間

コラム「物性定数と物体定数」

弾性率は物質に固有の物性を表す物理量であることから「物性定数」と呼ぶ．ところが，弾性率と定義のよく似ているばね定数は物性定数とは呼ばない．ばね定数は，たとえ材料が同じでも線径，コイル径，巻き数によって値が大きく異なってくることから，そのばねのみが持つ物性であり，「物質」に固有の物性とはいえないからである．このように形状因子が定義に入ってくるものは「物体」に固有の性質ということで「物体定数」と呼ぶ．

に次の関係$\Delta p = K \cdot \varepsilon_v$が成立するとき，この比例係数$K$を体積弾性率と定義する．単位はPa．流体にも定義できる．

物体の構造に偏りがない場合，その物体は等方性（isotropy）を持つという．この物体が合わせて，弾性を有している場合，等方弾性体（isotropic elastic body）と呼ぶ．このような物体では，先にあげた各種弾性率には表2-1のような関係が成立する．4つの弾性率E，G，K，$\boldsymbol{\nu}$はそれぞれ独立しているが，任意の２つの弾性率が定まれば，残る２つの弾性率が決まることを表2-1は表している．これは理想気体の状態方程式の状態量間の関係とよく似ている．

表2-1中の$E = 2(1 + \boldsymbol{\nu})G$の関係から，$\boldsymbol{\nu} \rightarrow 0.5$ならば$\boldsymbol{\nu} \rightarrow 3G$の関係が得られる．これは３倍則と呼ばれることがある．農産物，食品の主成分が非圧縮性の水であることから，$\boldsymbol{\nu}$は0.5に近い値となり，３倍則が成り立つように考えられるが，実際には空隙構造をとることも多く，この場合には$\boldsymbol{\nu}$が0.5よりも小さくなり，必ずしもEがGの３倍にならないことがあることに留意する必要がある．

(2) 粘　　性

弾性は加えた力と変形量の関係を表す性質であるが，粘性は加えた力と変形速度の関係を表す性質ということができる．これは主に液体が持つ性質であるが，後述の粘弾性を考える際に粘性の考え方が必要になってくるため，簡単に触れる(☞第４章)．

液体によって異なる粘性の強さ（粘度）を客観的に表すことを考える．図2-5

表2-1　各種弾性率間の関係

	(E, G)	$(E, \boldsymbol{\nu})$	(E, K)	$(G, \boldsymbol{\nu})$	(G, K)	$(K, \boldsymbol{\nu})$
縦弾性率 ヤング率 (E)				$2(1+\boldsymbol{\nu})G$	$\dfrac{9KG}{3K+G}$	$2K(1-2\boldsymbol{\nu})$
ずり弾性率 横弾性率 (G)		$\dfrac{E}{2(1+\boldsymbol{\nu})}$	$\dfrac{3KE}{9K-E}$			$\dfrac{2K(1-2\boldsymbol{\nu})}{2(1+\boldsymbol{\nu})}$
ポアソン比$(\boldsymbol{\nu})$	$\dfrac{E-2G}{2G}$		$\dfrac{3K-E}{6K}$		$\dfrac{3K-2G}{6K+2G}$	
体積弾性率(K)	$\dfrac{GE}{9G-3E}$	$\dfrac{E}{3(1-2\boldsymbol{\nu})}$		$\dfrac{2G(1+\boldsymbol{\nu})}{3(1-2\boldsymbol{\nu})}$		

（林　弘通：「食品物理学」，p.37，養賢堂，1989）

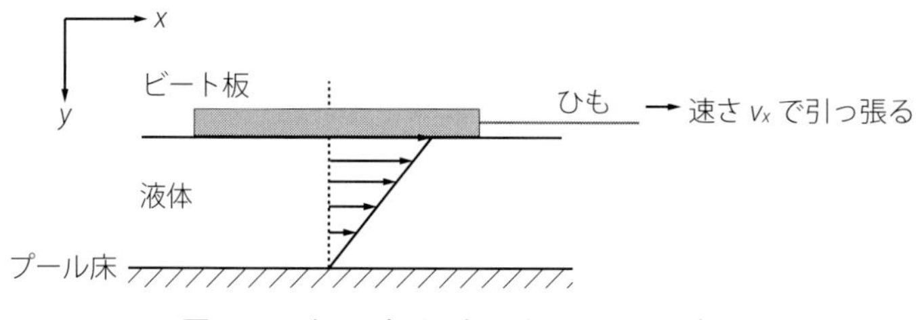

図 2-5　ビート板を引っ張ったときの流れ

に示すようにプールに対象となる液体を足首程度まで入れ，液面にひもの付いたビート板を浮かせる．このひもを一定の速さ v_x で引っ張ると，ビート板の進行方向に平行に液体中に流れが生じる．ビート板に接する部分の流速はビート板と同速で，板から離れるほど小さくなり，プール床でゼロとなる．粘度が異なってもビート板の引っ張る速さを v_x に固定すれば，液体内部での速度勾配は一定になる．しかし，粘度が大きい液体ほどより大きな力でビート板を引っ張らなければならない．逆にいうと，この力が大きいものほど粘度の大きい液体といえる．

流れのある液体中の注目面における速度勾配とその面に作用するせん断応力との間に次式のような関係が成立する．その係数を粘度（粘性係数）と定義する．

$$\tau_{yx} = -\mu \frac{dv_x}{dy} \tag{2-7}$$

ただし，τ_{yx}：せん断応力，dv_x/dy：速度勾配，μ：粘度（Pa•s）である．

上式のようにせん断応力と速度勾配が比例する場合，つまり係数 μ が一定となる流体をニュートン流体（Newtonian fluid）と呼び，比例しないものを非ニュートン流体（Non-Newtonian fluid）と呼ぶ．非ニュートン流体は総称であり，その関係から擬塑性流体（pseudoplastic fluid），ダイラタント流体（dilatant fluid），ビンガム流体（Bingham fluid）などがある．図 2-6 に各種粘性流体のせん断応力と速度勾配の関係を示す．これらの流体の挙動は次のようなべき指数を用いた一般式で表すことができる．

$$\tau_{yx} - \tau_0 = \mu \left(-\frac{dv_x}{dy}\right)^n \tag{2-8}$$

ここで，τ_0：降伏応力，n：流動性指数と呼ぶ．

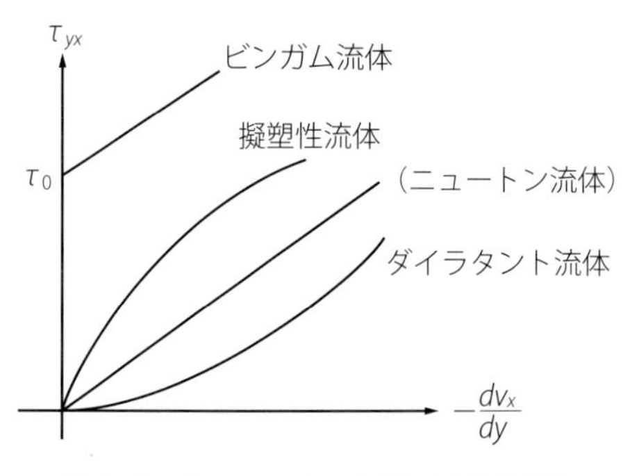

図 2-6　非ニュートン流体の流動挙動

(3) 粘　弾　性

a．応力－ひずみ関係の時間依存性（時間効果）

農産物，食品を対象とした場合，加えた力と変形量の比例的関係は，ごく微小なひずみにおいて近似的に成立するものの，実際には比例しないことが多い．例えば，完全弾性体であれば押しつぶす速度が異なっても，応力－ひずみの比である弾性率は不変であるが，農産物，食品ではほとんどの場合，見かけの弾性率は増加する．このことは，応力－ひずみの関係に，ひずみ速度やその時間微分が関与していることを示すものである．こうした応力－ひずみ関係に時間依存性があるような性質を粘弾性と呼ぶ．これは固体と液体の両方の性質を兼ね備えた性質といえる．応力とひずみの比が時間の関数で，応力の大きさに依存しないものを線形粘弾性（linear viscoelasticity）といい，時間と応力の関数となるものを非線形粘弾性（nonlinear viscoelasticity）という．食品は，一般的には非線形粘弾性体であると考えられるが，理論上の扱いが困難であることから線形粘弾性体として扱うことが多い．

b．レオロジーモデル

線形粘弾性の応力－ひずみ関係を模擬するために，ばね（弾性抵抗）とダッシュポット（粘性抵抗）から構成される力学モデルが用いられることが多い．ばねはフックの法則に従い，ダッシュポットはニュートン粘性抵抗，つまり速度に比例した抵抗が発生するものとする．これらの組合せの代表例として，図 2-7 に示す Kelvin モデルと Maxwell モデルがある．このモデルを用いて，一定ひずみを与えたときの応力の時間変化である応力緩和（stress relaxation）現象と，逆に一定応力を与えたときのひずみの時間変化であるクリープ（creep）現象を表すことができる．

3）熱　物　性

農産物の収穫後操作や食品の製造工程では，乾燥，加熱殺菌，脱水，冷却，冷

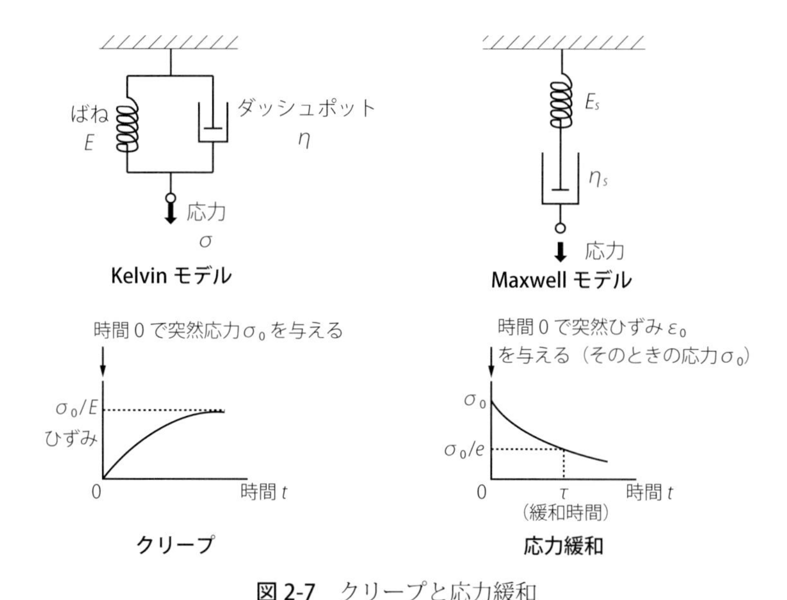

図 2-7　クリープと応力緩和

凍など，農産物，食品と周囲との間で熱のやり取りを伴う操作がよく行われる．この熱の移動現象を伝熱（heat transfer）と呼ぶ．食品の熱物性（thermophysical properties）とは，それらの伝熱的特性のことをいう．伝熱様式として，熱伝導（heat conduction），対流伝熱（heat convection），熱輻射（heat radiation）があり，実際の加工工程においては，これらが組み合わさった形で熱交換が行われる（☞第 5 章）．伝熱空間には，固－気，固－液，液－液，気－液の各種界面が複数存在する．また，乾燥や脱水のような物質移動，凍結や蒸発のように相変化を伴う場合もある．このように，伝熱特性は，物質固有の熱的性質だけでなく，伝熱方法や物質の構造および状態にも左右される特性である．ここでは，農産物，食品の熱物性として特に重要な比熱（specific heat），熱伝導率（thermal conductivity），温度伝導率（temperature conductivity）を取り上げて，食品に固有の問題などについて述べる．

(1) 比　　熱

ある物体の温度を 1 K だけ増加させるのに必要な熱量のことを熱容量（J/K）と呼ぶ．系に出入りする熱量を Δq，そのとき変化した温度を $\Delta\theta$ とすると，熱容量は$\Delta q/\Delta\theta$となる．物体量と熱容量は比例関係にあり，物体の量が倍になれば熱容量も倍になる．単位質量当たりの熱容量とすることで，物体の量に左右されない，物質固有の物質定数になる．これを比熱（J/kg・K）という．

比熱には，定圧比熱（specific heat at constant pressure）C_pと定容比熱（specific heat at constant volume）C_vがあるが，農産物，食品の場合，高圧でない限り圧力依存性がないため，定圧比熱を用いる．

混合物の比熱には加成則が成り立つ．つまり，構成物の比熱と含有率の積和から全体の比熱を表すことができる．農産物，食品が炭水化物，脂肪，タンパク質，水などの各成分の混合物であるとすれば，農産物，食品を加熱または冷却処理をした場合のエンタルピは，各成分のエンタルピの総和となる．したがって，複数の成分からなる農産物や食品の比熱に加成則が成立するとしてよい．農産物，食品の主成分たる水は，他成分に比較して量が多いうえに，その比熱が約 4.2 kJ/kg・K と 2 倍以上大きい．したがって，近似的に水とそれ以外の固形物から構成されている 2 成分系と考えてよく，この考え方に基づき，農産物，食品の比熱Cについて，下記の Siebel の式が提案されている．

凍結点以上の温度の場合　$C = 2\,990 \cdot x_w + 1\,200$（J/kg・K）　(2-9)

凍結点以下の温度の場合　$C = 1\,256 \cdot x_w + 837$（J/kg・K）　(2-10)

ただし，x_w：水の質量分率（水分）である．

(2) 熱伝導率

物体内部のある面に注目したとき，単位時間・単位面積当たりに通過する熱量である熱流束（heat flux）（単位は J/m^2・s）を温度勾配（単位は K/m）で除した量を熱伝導率（単位は W/m・K）という．

食品の主成分である水の熱伝導率（20 ℃で約 0.6 W/m・K）に比較して，脂肪，空気はその熱伝導率が低いため，脂肪含量の高い食品や多孔質食品の熱伝導率は低くなる傾向にある．しかし，比熱と異なり，一般的に熱伝導率には加成則が成立しないことに注意する必要がある．そのため各成分を直列，並列に接続したモデルで熱伝導率を推定することが多い．

温度依存性については，主成分である水の熱伝導率と同じく，凍結点以上では温度が高いほど大きく，凍結点以下では温度が低いほど大きくなる傾向にある．

また，例えば食品の加熱により水分移動が発生する場合，これは熱の伝導性に大きな影響を及ぼす．温度勾配による通常の伝導伝熱以外に，水分が高温部で蒸発し，それが低温部へ拡散移動し，低温部で凝縮することによる潜熱の伝達も考慮しなければならない．このような場合，含水率別の熱伝導率を知る必要がある．

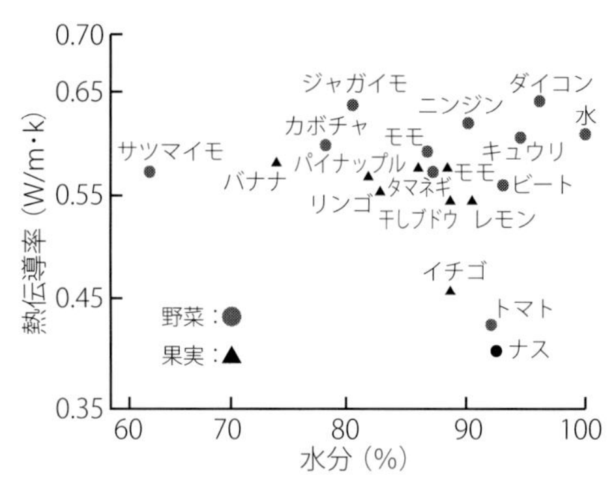

図 2-8　果菜類の水分と熱伝導率の関係
（林　弘通：食品物理学，p.180，養賢堂，1989）

未凍結の食品の成分の中で，熱伝導率が最も高い成分が水，最も低い成分が空気であることから，食品の熱伝導率を特徴づける成分は水と空気といってよい．空気含有率がほとんど無視できる液状食品や，固体様食品でも肉類，穀物類，乳製品など，空気をあまり含まないものについては，水分と熱伝導率には線形関係が見られるものが多い．

以上は空気含有率がほとんどない食品にのみ言えることで，ほとんどの食品には空気が含まれるために，一般的には水分と熱伝導率との間に相関を見出すことはできない．果菜類の水分と熱伝導率の関係を図 2-8 に示す．果菜類は組織中の細胞間隙にガスを貯えているが，その体積分率は種類によって大きく異なるため，熱伝導率を水分から予測することはできない．

(3) 温度伝導率

温度伝導率 α は，熱伝導率 λ，密度 ρ，比熱 C と次式に示される関係にある．

$$\alpha = \frac{\lambda}{\rho C} \quad (\mathrm{m^2/s}) \tag{2-11}$$

α は時間項を考慮した熱伝導方程式の係数であり，非定常状態で用いられるパラメータといってもよい．農産物，食品の冷蔵や，食品の加熱加工においては，所定の温度に到達するまでにかかる時間が重大な関心事である．例えば，青果物の収穫後の日持ちをよくするためには，品温を速やかに下げること（予冷）がきわめて有効とされるが，そのとき，品温 20 ℃のリンゴの芯部の温度が 5℃にな

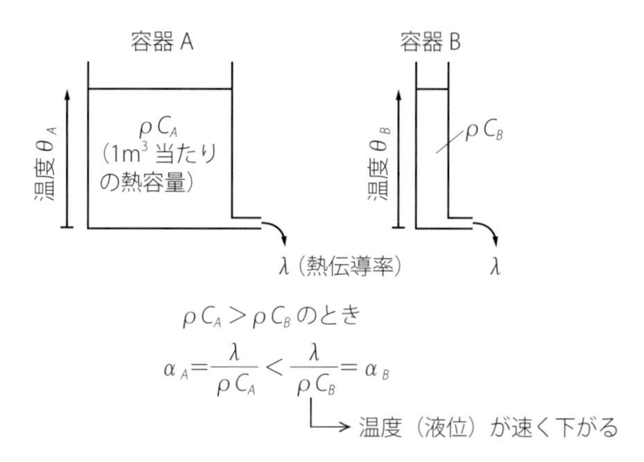

図 2-9　熱伝導率と温度伝導率の考え方

るまでにどのくらいの時間がかかるのかを知ることが必要である．熱伝導率は，熱の伝えやすさを表しているが，たとえ熱伝導率が同じでも一体どのくらいの熱量を蓄えているか（熱容量）によって温度が下がる速度は変わってくる．図 2-9 に温度伝導率を理解するためのモデルを示す．断面積の異なる容器 A と B があり，そこには同じ径の排水用のチューブが付いている．最初，このチューブに栓をして同じ水位になるように A，B 両方に水を入れる．そして，同時に栓を外すとチューブから水が排出される．水位を温度 θ，排出流量を熱伝導率 λ，容器中の水量を ρC と考える．排出流量が大きいほど速く水位が低下，つまり熱伝導率 λ が大きいほど速く温度が低下する．同じチューブ径であれば，排出流量は等しく，容器の断面積が小さく容量の小さい B の方が，水位は速く低下していく．すなわち，ρC が小さいほど速く温度が低下する．つまり，一定量だけ温度を下げるために排出しなければならない熱量の多少が所要時間に影響を及ぼすわけである．α はこうした温度変化速度を表すパラメータであることから温度伝導率と呼ばれる．

熱伝導率が他成分よりも 4 倍近くも大きい水は，食品の温度伝導率に最も大きな影響を与える構成成分であり，空気含有率が低い食品では，温度伝導率と水分には正の相関が見られる．また，水の温度伝導率は温度上昇とともに増加するために，比較的高水分の食品では，高温になるほど温度伝導率も増加する．

演習問題 2-1

食品の比熱は，水，炭水化物，タンパク質，脂質などの構成成分の比熱を用いて加成則から求めることができる．多くの食品には内部に空隙があり，その中には主として空気が入っている．空気の比熱は約 1.0 kJ/kg･K であり，空気以外の成分の比熱が約 1.0 kJ/kg･K から約 4.0 kJ/kg･K の範囲にあることから考えて，無視できない大きさであると思われる．しかし，実際には食品の比熱を考える際に，空気の存在を考える必要はない．その理由を述べよ．

例解　空気の密度は約 1.2 kg/m^3 であり，その他の成分の密度の約 1/1 000 である．例えば，空隙率が 25 %（v/v）の食品を考えた場合，空気とそれ以外の密度をそれぞれ 1.0 kg/m^3, 1 000 kg/m^3 とすると，空気の質量分率は，

$$\frac{0.25 \times 1.0\ \mathrm{kg/m^3}}{0.25 \times 1.0\ \mathrm{kg/m^3} + 0.75 \times 1\ 000\ \mathrm{kg/m^3}} \times 100 = 0.03\%$$

となる．比熱には加成性があるため，空気の比熱が他の成分の比熱と同じであったとしても，全体の比熱（見かけの比熱）に及ぼす影響は 0.03 %しかなく，ほぼゼロに等しい．

演習問題 2-2

比熱と異なり，熱伝導率は食品中の空気の存在に影響を受ける．その理由を述べよ．

例解　熱伝導率は，熱流束（J/m^2･S）を温度勾配（1m 当たりの温度差，K/m）で除したものである．熱流束は単位面積当たりの伝熱速度（単位は J/s または W）とすると，熱伝導率の単位は W/K･m となる．つまり，熱伝導率は「空間（距離）の温度差」が基準である．

食品中の空気の存在は，質量分率で考えるとゼロに等しいが，体積分率では無視できないほど大きいため，空気以外の成分（水など）に比較して熱伝導率の低い空気が空間的（体積的）に無視できない量で存在すると，みかけの熱伝導率に影響を及ぼす．

4）電磁気物性

農産物，食品に限らず，あらゆる物質は原子から構成される．その原子を構成する原子核や電子は電荷を持つ．したがって，あらゆる物質は電磁場に置かれる

と，その電荷に応じた反応を示す．この応答は物質固有のものであり，これを電磁気物性と呼ぶ．電磁波の広範な波長を考慮すると，電波から光，放射線に対する物理的応答に関係する物性ということができる．食品の電磁気物性を利用して，その成分組成の非破壊的定量分析，構成タンパク質の変性や水の状態測定などが行われる．ここでは，農産食品プロセスで用いられる通電加熱（オーミックヒーティング，ohmic heating）やマイクロ波加熱（microwave heating）などで利用される電気伝導性と誘電特性について述べる．

（1）電気伝導性

電磁波が物質中を伝播するとき，その伝播様式から媒質は次の３つに分類できる．

a．導　電　体

電気を通しやすい，すなわち導電率（電気伝導率，electric conductivity）の高い物質のこと．

b．誘　電　体

電気を通さない絶縁体．２枚の電極板で誘電体を挟みこむと，コンデンサとなり，電荷を蓄えることができる．

c．磁　性　体

磁性を有する物質．強磁性体，常磁性体，反磁性体に分類される．

農産物，食品は，電解質などをキャリアとする導体であると同時に誘電体でもある．電流は，単位時間にある断面を荷電粒子（キャリア）が通過するときの電荷量で定義される．電界 $\mathbf{E}$（V/m，ベクトル）が与えられたときの電流密度が $\mathbf{j}$（A/m^2，ベクトル）であるとき，媒質の導電率 σ（S/m）は次式で定義される．

$$\mathbf{j} = \sigma \mathbf{E} \tag{2-12}$$

導電率 σ は電気抵抗率（electric resistivity）の逆数であり，電気の通しやすさを表す．電気伝導は，キャリアの種類（電子，ホール，イオン），密度，電界中の移動度（mobility）に支配される．

農産物，食品の導電率は，一般に温度の低下とともに減少する．この温度依存性は金属と正反対である．また，水分や電解質濃度が高いものは導電率が高くなる．この性質を利用して穀類の水分計測が行われる．食品加工への利用例として通電加熱が代表的なものである．これは通電することで媒質自身をその内部抵抗により加熱するものである．こうした加熱機構により均一加熱が可能で，焦げることがない，パン粉製造において，いわゆる耳のないパンを焼成するために通電加熱が行われている．

図 2-10　双極子

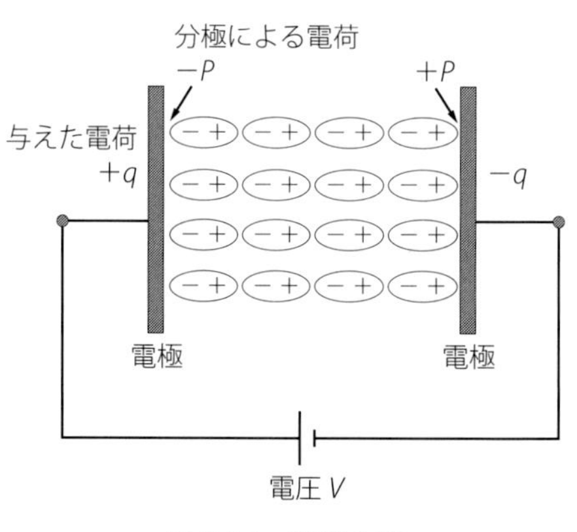

図 2-11　誘電分極

(2) 誘電特性

農産物，食品の主成分である水は極性分子であり，大きな双極子モーメント（図 2-10）を持つため，電磁場に置かれると，電界の方向に対して規則的に配列しようとする．水の誘電率（後述）は，空気の約 80 倍大きい値をとることから，農産物，食品の誘電特性には水の存在比が非常に大きな影響を及ぼす．

誘電特性を考える際に重要なキーワードについて以下に解説する．

a．誘電分極

図 2-11 に示すように，2 枚の電極板の間に絶縁体が挟まれている系を考える．この両端の電極に，$\pm q$ の電荷が与えられたとき，発生した電界によって絶縁体内部で正負の電荷が配列し，両端に電荷が現れる．これを誘電分極（dielectric polarization）と呼ぶ．分極の起こる要因から，電子分極，イオン分極，配向分極，空間電荷分極などに分類できる．水は配向分極する．

b．誘電分散

図 2-11 の系において，両端に加える変動電界（交流電界）の周波数を変化させると，それに応じて誘電率が変化する．これは，誘電率などの誘電特性が周波数の関数で表されるということであり，この関数のことを特に誘電関数と呼ぶこともある．この誘電関数の周波数（振動数）依存性のことを誘電分散と呼ぶ．

図 2-12 に誘電率の周波数変化の例を示す．分極にはある程度の時間が必要で

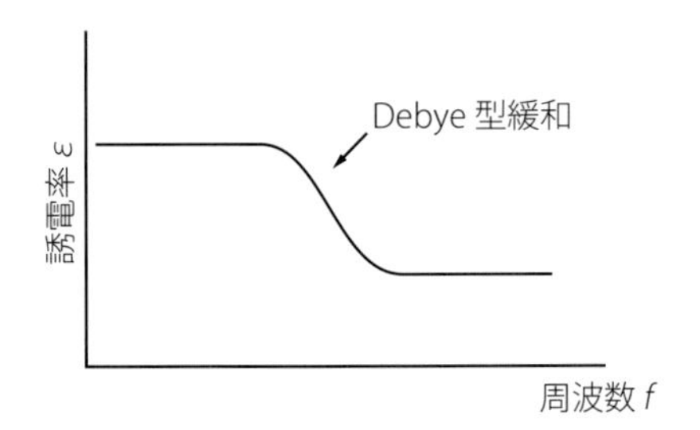

図 2-12　誘電率の周波数依存性

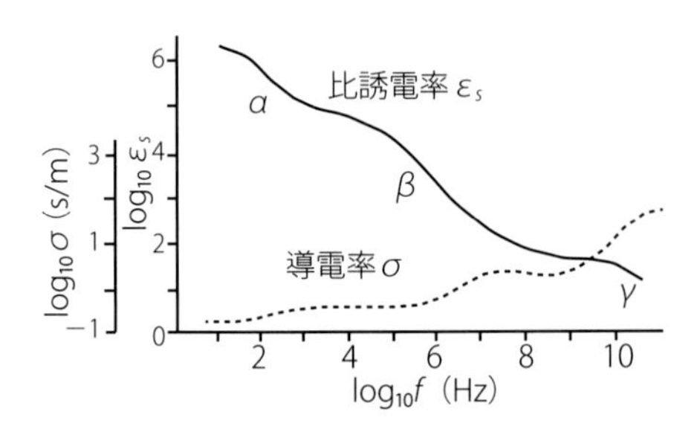

図 2-13　生体組織の電気定数の周波数分散特性
（電気学会（編）：電磁界の生体効果と計測，p.36，コロナ社，1995）

あるが，電界の変動が早くなる（周波数が高くなる）と，その変化についていけなくなり，誘電率が低下する．水のように配向分極をするものは，図 2-12 に示すように緩和型（例えば Debye 型緩和）の分散を示す．電子分極やイオン分極の場合は，共鳴型の分散を示す．

農産物などの細胞性の生体組織の誘電分散は，一般的に図 2-13 に示す傾向を持つ．Debye 型関数の変曲点が３つあり，周波数の低い方から順に，α，β，γ 分散と呼ぶ．それぞれの分散の要因は次のように考えられている．

α 分散：細胞内外液のイオンに関わる緩和

β 分散：細胞膜などの生体膜の電気容量と細胞内液の抵抗が関わる緩和

γ 分散：水などの配向分極が関わる緩和

食品に電気を入力する場合，直流にするか，交流にするかどちらかになる．直流については，分極作用のために通電状態を一定に保つことが難しく，直流を用いた成分計測や食品加工に適用される例は少ない．したがって，農産物，食品にはもっぱら変動電界が用いられる．誘電体である農産物，食品の電磁気物性を考える場合，前述のように変動電界の周波数に対する依存性を常に念頭においておく必要がある．

変動電界を考える場合によく用いられるのが複素誘電率（complex dielectric constant）である．誘電体に変動電界 E を入力すると，それに対応して分極 P（単位面積当たりの電荷の量．本来方向性を持つベクトル量であるが，ここでは理解しやすくするために正負のみを考える）が E と同じ周期で発生する．この応答に遅れがなければ，E と P は誘電体の静電容量（capacitance）を介して関係づけられる．しかし，一般には遅れがあるために時間項が，そして分散性（周波数依存性）があるために周波数が，それらの関係に入ってくる．

正弦波状の E を入力した場合，分極 P も同じ周波数の正弦波状になるものの，その位相だけが異なる応答となる．

今，入力する変動電界を次式で表した場合，

$$E = E_0 e^{j\omega t} \tag{2-13}$$

電束密度 D が，位相 Δ だけ遅れるとすると，次式が成立する．

$$D = D_0 e^{j(\omega t - \Delta)} \tag{2-14}$$

ただし，j：虚数単位，ω：角振動数，t：時間である．

誘電率は，(2-13)式と（2-14)式により，次のように定義される．

$$\varepsilon = \frac{D}{E} = \frac{D_0 e^{j(\omega t - \Delta)}}{E_0 e^{j\omega t}} = \frac{D_0}{E_0} \cos\Delta - j\frac{D_0}{E_0} \sin\Delta = \varepsilon' - j\varepsilon'' \tag{2-15}$$

このとき，誘電率が複素数になるため，これを複素誘電率と呼ぶ．

実部 ε' は，分極の大きさを反映しており，虚部 ε'' は，エネルギ損失（誘電損失，dielectric loss）を反映している．一般には誘電分散があるため，誘電率は周波数の関数となる．$\omega = 0$，つまり周波数がゼロのとき，定義でいう誘電率に等しくなる．

実部 ε'，虚部 ε''，遅れ位相角 Δ には次の関係がある．

$$\tan\Delta = \frac{\varepsilon''}{\varepsilon'} \tag{2-16}$$

これを誘電正接（dissipation factor）といい，誘電損失の指標となる．また，それに対応して遅れ位相角 を誘電損角（dielectric loss angle）と呼ぶ．

農産物，食品中の水分が大きくなるほど，誘電率，誘電正接は大きくなる．また低温度ほど食品の誘電率，誘電損失は大きくなるが，これは水の誘電特性と一致する．

以上のことを踏まえて，誘電正接について，もう少し詳しく考えてみる．

今，誘電体に角周波数 ω（$= 2\pi f$）の変動電界を与えているとする．発生する変動電流は，電束密度 D の面積分の変化速度，つまり時間微分で定義される．単位面積当たりで考えると，電流 I は電束密度 D の時間微分として次式のように

表される．

$$I=\frac{dD}{dt}=j\omega D \tag{2-17}$$

ここで，I と D は複素量であることに注意．時間微分は $j\omega$ をかけることに相当する．

複素誘電率を用いて変動電界との関係式に変形すると，次式を得る．

$$I=\frac{dD}{dt}=j\omega D=j\omega\varepsilon' E+\omega\varepsilon'' E \tag{2-18}$$

ここでも，E は複素量であることに注意．j があることから，電界 E よりも位相が 90°進んだ右辺第一項と，j がなく E と同位相の第二項の和で，電流が表されることになる．E を $E=E_0e^{j\omega t}$ で表すと，(2-18)式は次式のように変形される．

$$I=j\omega\varepsilon' E_0e^{j\omega t}+\omega\varepsilon'' E_0e^{j\omega t}=\omega E_0(j\varepsilon' e^{j\omega t}+\varepsilon'' e^{j\omega t}) \tag{2-19}$$

オイラーの式（$e^{j\theta}=\cos\theta+j\sin\theta$）を用いて整理すると，次式を得る．

$$I=\omega E_0\{(-\varepsilon'\sin\omega t+\varepsilon''\cos\omega t)+j(\varepsilon'\cos\omega t+\varepsilon''\sin\omega t)\} \tag{2-20}$$

以降，(2-20)式の実部のみを考えることにする．三角関数の合成を用いると，(2-20)式の実部は次式のように変形される．

$$I=\omega E_0\sqrt{\varepsilon'^2+\varepsilon''^2}\sin(\omega t+\alpha) \tag{2-21}$$

ここで，$\tan\alpha=-\varepsilon''/\varepsilon'=-\tan\Delta$ ゆえに，$\alpha=-\Delta$．したがって，(2-21)式は次のようにまとめられる．

$$I=\omega E_0\sqrt{\varepsilon'^2+\varepsilon''^2}\sin(\omega t-\Delta) \tag{2-22}$$

実部を考えているため，電界は $E_0\cos\omega t$ となる．(2-22)式は sin であるため，90°位相が進んだところから Δ の遅れがある．

このとき，誘電体で消費される単位体積当たりの電力は誘電損失に相当する．このとき考える電力は，交流電力であるため，皮相電力に力率（$\cos\theta$）をかけた実効電力となる．

$$W=\omega E_0^2\sqrt{\varepsilon'^2+\varepsilon''^2}\cdot\cos\left(\frac{\pi}{2}-\Delta\right)=\omega E_0^2\sqrt{\varepsilon'^2+\varepsilon''^2}\cdot\sin\Delta \tag{2-23}$$

$\sin\Delta=\varepsilon''/\sqrt{\varepsilon'^2+\varepsilon''^2}$ であるから，(2-23)式は次のように整理できる．

$$W=\omega E_0^2\varepsilon''=\omega E_0^2\varepsilon'\tan\Delta \tag{2-24}$$

(2-24)式は，誘電損失が，周波数，誘電率，誘電正接，そして E_0^2 に比例することを示している．誘電損角 Δ が小さくなるほど，誘電損失は減り，Δ がゼロで誘電損失がなくなる．Δ がゼロは，理想的なコンデンサに相当する．水の誘電損失と周波数の関係を図 2-14 に示す．電子レンジ加熱はマイクロ波を照射したときの食品中の水の損失エネルギを加熱に利用したものである．電子レンジの周波数帯は国，地域により割当て周波数が異なっている（日本では 2.45 GHz，アメリカでは 915 MHz）．

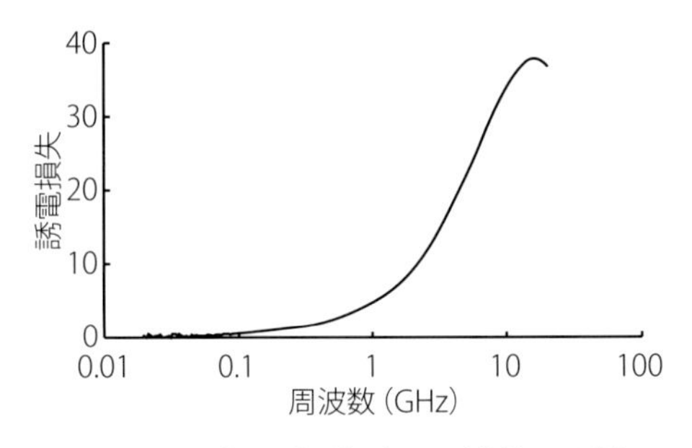

図 2-14　水の誘電損失と周波数の関係

2．生　　理

農産物は収穫後も生命を維持するため，生理活動を継続し，呼吸，光合成などの代謝や蒸散，成長，分化などを行う．ここでは，収穫後の農産物の品質や安全性に関わる生理，すなわち，呼吸，エチレンの作用，蒸散，低温障害について述べる．

1）呼　　吸

呼吸（respiration）とは，高エネルギリン酸化合物である ATP（adenosine triphosphate）を生産する生体の代謝生理である．ATP は，加水分解して ADP（adenosine diphosphate）とリン酸（Pi）になるとき，標準状態で 30 ～ 31 kJ/mol の自由エネルギを遊離する．これは種々の共役反応やイオンポンプの駆動などに使用される．呼吸では，一連の複雑な酵素化学反応の連鎖によって ATP を生産するが，これらの過程をまとめると（2-25)式で表される．

$$C_6H_{12}O_6 + 6O_2 \rightarrow 6H_2O\ (\text{液}) + 6CO_2 \qquad (2\text{-}25)$$

これは発熱反応で，標準反応エンタルピは−2 803 kJ/mol となり，呼吸熱と呼ばれる．収穫後の農産物では，呼吸は成分，水分の損耗を引き起こすとともに，呼吸熱は農産物品温の上昇を招き，さらに呼吸を促進するため，品質劣化の悪循環が生じる．このように呼吸は農産物の鮮度・品質劣化の原因となり，収穫後の流通過程や貯蔵過程では抑制することが望まれる．

呼吸の過程は解糖系（glycolytic pathway），クエン酸回路（citric acid cycle），電子伝達系（electron transport system）からなる．解糖は細胞質基質で行われ，クエン酸回路・電子伝達系の過程は，真核細胞ではミトコンドリアが担っている．原核細胞はミトコンドリアを持たないので，クエン酸回路の過程は細胞質基質で，電子伝達系の過程は細胞膜で行われる．グルコースの代謝経路は他に，解糖系から枝分かれしたペントースリン酸経路がある．また解糖系の他に，脂肪やタンパク質からアセチル CoA を生産する経路もある．

演習問題 2-3

ブロッコリの呼吸速度は 15℃のとき 5.5 mmolCO_2/kg･h であった．文献によれば，ブロッコリの呼吸熱は 15℃で 0.47 ～ 0.91 W/kg とされている．呼吸速度から求めた呼吸熱は文献値と一致するか確かめよ．

例解　二酸化炭素 1 mol が発生するのにグルコースは 1/6 mol 消費される．

グルコースの標準反応エンタルピは－2 803 kJ/mol であるので，呼吸熱 Q は，

$$Q = 1/6 \times 5.5 \times 10^{-3} \times 2\,803 \text{ kJ/kg·h}$$
$$= 2.57 \text{ kJ/kg·h} = 0.71 \text{ W/kg}$$

となり，文献値と一致する．

(1) 解　糖　系

グルコースがピルビン酸になる経路である．解糖系内では 1 分子のグルコースについて 4 分子の ATP を生じ，2 分子が消費されるため，都合 2 分子の ATP を生じる．ATP は ADP にリン酸が反応して生じる（ADP ＋ Pi → ATP ＋ H_2O）．この反応は吸エルゴン反応であるため，自発的には進行せず，発エルゴン反応と共役して進むか，電子伝達系で述べる H^+電気化学勾配のエネルギなどを利用して進む．また，解糖系内では補酵素 NAD^+から還元型の NADH を 2 分子生じ，これが電子伝達系で 4 分子（原核生物では 6 分子）の ATP を生産するのに用いられる（図 2-15）．

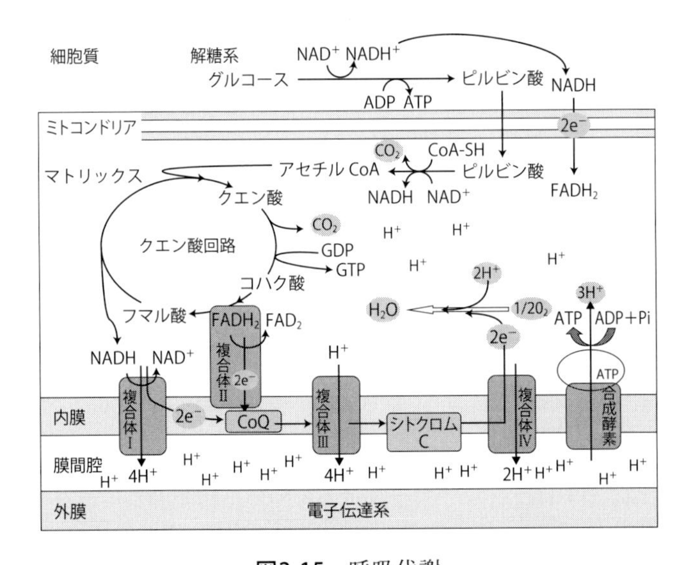

図2-15　呼吸代謝

電子伝達系を中心に描いている．複合体によるH^+の移動量は正確にはわかっていない．

(2) クエン酸回路

解糖系でできたピルビン酸は好気的条件下ではミトコンドリア内に入り，NAD^+により酸化されると同時にCoA（補酵素A）と結合してアセチルCoAとなる（図2-15）．こののち，アセチルCoAはオキサロ酢酸と反応してクエン酸を生じ，イソクエン酸，コハク酸，フマル酸，オキサロ酢酸などを経てクエン酸に戻る．このため，この回路をクエン酸回路という．回路を1回転する間にピルビン酸1分子当たり，3分子のNADHと1分子の$FADH_2$およびGTPが生成される．GTPはATPと等価であり，ATPが1分子生じたことになる．ピルビン酸はグルコース1分子から2分子生じるので，グルコース1分子当たり，NADH，$FADH_2$，ATPがそれぞれ6，2，2分子生じる（表2-2）．また，ピルビン酸からアセチルCoAが生産されるときにグルコース1分子当たりNADHが2分子できる．クエン酸回路ではCO_2は2分子発生し，アセチルCoAの生産時にも1分子発生するので，(2-25)式のようにグルコース1分子当たり6分子が得られる．

クエン酸回路の重要な役割は，炭素原子をCO_2に酸化する過程で高エネルギ電子を取り出し，NAD，FADを還元することである．電子はNADH，$FADH_2$を

表 2-2　呼吸によるグルコース 1 分子当たりの NADH, $FADH_2$, ATP の生産量

	NADH	$FADH_2$	ATP
解糖系	2 (0)	(2)	2 (2)
(アセチル CoA)	2 (2)		
クエン酸回路	6 (6)	2 (2)	2 (2)
電子伝達系			34 (32)
ATP 総計			38 (36)

( ) 外数字は原核細胞, ( ) 内は真核細胞. 電子伝達系の ATP 生産数は以下により算出した.
NADH 数× 3 + $FADH_2$ 数× 2

経て, すぐに電子伝達系に渡され, 大量の ATP の生産に利用される.

(3) 電子伝達系

電子伝達系はミトコンドリア内膜（原核細胞では細胞膜）に存在するタンパク質の複合体で ATP の合成を行う. 解糖系とクエン酸回路で生成された NADH, $FADH_2$ により水素がミトコンドリア内膜に運ばれ, H^+ と e^-（高エネルギ電子）に分離する. 高エネルギ電子は複合体 I ～Ⅳを移動し, 徐々にエネルギレベルを下げて, 最後に電子親和性が最も強い分子状酸素に渡される（図 2-15). 電子が系内を移動するときに放出されるエネルギの一部は 3 種の呼吸酵素複合体を駆動し, マトリックスから H^+ を汲み出す. その結果, 膜間腔－マトリックス間に電気化学的 H^+ 勾配が形成され, H^+ は ATP 合成酵素（プロトンポンプ）内を通ってマトリックス内に戻る. プロトンポンプはこのエネルギにより ATP を合成する. この ATP の合成を酸化的リン酸化という.

グルコース 1 分子当たり, 原核細胞では, 解糖系で NADH が 2 分子, アセチル CoA の生産で NADH が 2 分子, クエン酸回路で $FADH_2$ が 2 分子, NADH が 6 分子生じ, 電子伝達系において, $FADH_2$ 1 分子から ATP 2 分子, NADH 1 分子から ATP 3 分子が生産されると考えられるので, 合計 34 分子の ATP が生産される（表 2-2). 真核細胞では NADH はミトコンドリアの膜を通ることができないので, 解糖系で生じた NADH はシャトル物質を通じて電子をミトコンドリア内の $FADH_2$ に渡す. このため真核細胞では ATP の生産量が 2 分子少ない.

(4) 発　　酵

解糖系は表 2-2 に示すように 2 分子の ATP を生産でき, これは嫌気的条件下

でも可能である．しかし，この条件では，電子の受容体である分子状酸素がないため，電子伝達系が機能せず，解糖系で生じたNADHはNAD^+に戻ることができない．このため，NAD^+が不足し，継続的にATPを生産できない．一方で，解糖系の最終産物であるピルビン酸を，NADHを使って乳酸やエタノールに還元し，NAD^+を再生することができる．これにより，解糖系では嫌気的条件下でグルコースの分解を続け，継続的にATPを生産する．この解糖系の働きを発酵（fermentation，嫌気呼吸）という．嫌気性細菌はこのエネルギを利用して生き続ける．

$$\text{ホモ乳酸発酵：} C_6H_{12}O_6 \rightarrow 2C_3H_6O_3 \tag{2-26}$$

$$\text{アルコール発酵：} C_6H_{12}O_6 \rightarrow 2C_2H_5OH + 2CO_2 \tag{2-27}$$

（5）呼吸の抑制

呼吸代謝は酵素化学反応の連鎖であるので，呼吸を抑制するには低温にすることが効果的である．化学反応速度定数は温度の関数であるArrhenius式で示され，呼吸速度も図2-16に示すように，温度とともに増加する．呼吸速度を抑制するにはこれ以外に酸素の濃度を低減する方法がある．すなわち，低酸素濃度，高二酸化炭素濃度，低温，高湿度環境で青果物を貯蔵するCA貯蔵（controlled atmosphere storage，大気調節貯蔵）法である．二酸化炭素はエチレンの生合成を抑制するとともにエチレンの拮抗阻害剤とされ，2）に示すエチレンの作用による呼吸促進および成熟を抑える．しかし，クライマクテリック型果実（☞コラム）以外でも二酸化炭素の効果が見られるため，他の二酸化炭素の作用の可能性が考えられている．青果物の品質を維持するのに最適なガス環境は青果物の種類により異なる．例えばリンゴでは，0℃，95 ％RH，3 ％O_2，2～3 ％CO_2とされ，他の青果物でも酸素濃度は2～10 ％，二酸化炭素濃度は0～10 ％の範囲にある．

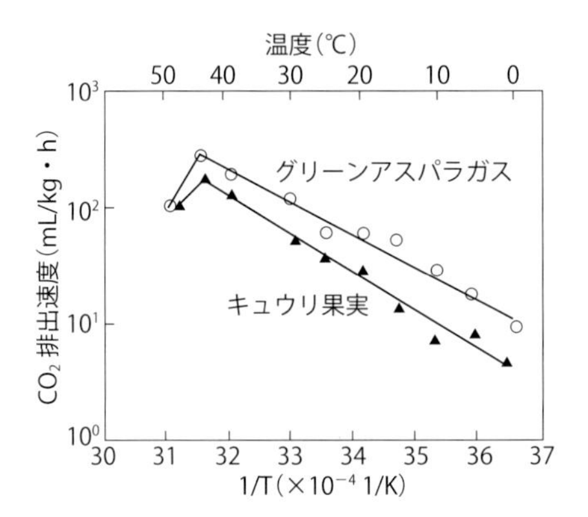

図2-16　青果物呼吸速度のArrheniusプロット
（Yasunaga, E. et al：J. Fac. Agr. Kyushu Univ., 2002を修正）

CA貯蔵と同等の効果を得る簡易的

な方法として MA 包装（modified atmosphere packaging）がある．これはガス透過性のあるプラスチックフィルム袋で青果物を包装し，青果物自身の呼吸で袋内の酸素濃度を低減，二酸化炭素濃度を増加し，呼吸を抑制する方法である．袋内が鮮度保持に最適なガス濃度になるよう，フィルムの種類，厚さ，面積，包装する青果物の内容量を事前の設計により決定する．過度に酸素の濃度が減少すると青果物は嫌気呼吸を行い，青果物は異臭を発し商品価値を失うことになるので，青果物ごとに調査されている限界酸素濃度を下回らないよう注意を要する（MA 包装については第8章3.「分離，包装」にも記述あり）．

2）エチレンの作用

エチレン（ethylene）は，唯一気体で作用する植物ホルモン（plant hormone）であり，植物の成長現象に対して微量でさまざまな効果を示す．植物体中でのエチレン生成は，組織の老化，植物体の損傷や罹病時，物理的・化学的ストレスを受けたときなどに特に顕著である．エチレンは植物体内では，メチオニン→ S-アデノシルメチオニン（SAM）→ 1- アミノシクロプロパン -1- カルボン酸（ACC）→エチレンの順に合成される．SAM，ACC の合成にはそれぞれの合成酵素，エチレンの合成には ACC 酸化酵素が関わる．エチレン合成は細胞膜で行われ，メチオニンは細胞質に少量しかない．通常はメチオニンサイクルによりメチオニンは再生利用され，少量のエチレンを生成する．少量のエチレンにより老化は進行し，液胞膜の崩壊を招き，液胞中に多量に含まれるメチオニンが細胞質中に漏出し，エチレンの生成が急増する．

エチレンが細胞膜にあるエチレン受容体と結合すると，核への成熟抑制信号が

コラム「クライマクテリック」

果実質量当たりの呼吸量は細胞分裂期には高く，細胞肥大期にかけて次第に低くなるが，リンゴやトマトなどでは成熟期に再び呼吸量が増大し，その後低下する現象が見られる．これをクライマクテリックライズ（climacteric rise）と呼び，クライマクテリックライズのある果実をクライマクテリック型果実と呼ぶ．代表的なクライマクテリック型の果実はこの他，バナナ，アボカド，モモ，セイヨウナシなどである．一方でカンキツ類は成熟期の呼吸量は増大せず，クライマクテリックライズは見られない．このような果実を非クライマクテリック型果実と呼んでいる．クライマクテリックライズはエチレンの作用により開始するとされる．

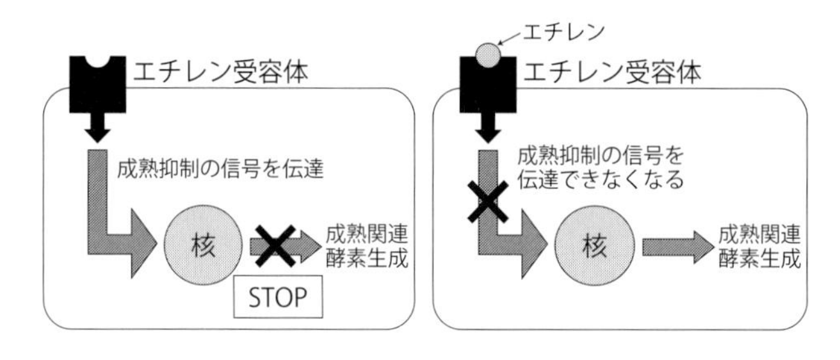

図2-17　エチレンの受容体への結合の有無と細胞の反応
（生駒吉識・中島直子：園芸農産物の選別・鮮度保持ハンドブック，青果物選果予冷施設協議会編，日本施設園芸協会，2007）

停止し，成熟関連酵素の生成遺伝子が発現する（図 2-17）．これにより，果実，葉，花弁の老化促進，離層形成，休眠打破，茎や根の伸長成長阻害など，さまざまな現象が現れる．これらの現象のうち，青果物の収穫後の品質に関しては，追熟促進，過熟化，老化，クロロフィル分解，葉の脱落のような作用が問題となる．特に収穫後の果実でクライマクテリック型（☞ コラム）に属するものでは，わずかな濃度（0.01 ～ 3.0 μL/L）のエチレンに暴露されると急激に呼吸が増加し，品質保持の点で問題となる．このため，エチレンの吸着剤やエチレン吸着装置などが貯蔵庫内で用いられる．近年では，エチレンの作用阻害剤である 1-MCP（1-methylcyclopropene）の顕著な効果が確認され，国内ではリンゴ，ナシ，カキに限り 2010 年 11 月から使用が許可されている．エチレンの作用阻害はエチレン受容体にエチレン以外の物質が結合することで，成熟抑制信号を停止させないようにする．一方,エチレンの成熟促進作用を利用して,バナナやキウイフルーツなどの追熟にエチレンが利用される．日本国内で行われるバナナの熟成は，一般的に，室温：18 ～ 21℃，湿度：約 80 %，エチレン濃度：1 000 μL/L で 24 時間密閉して行われる．

3）蒸　　散

生育している植物は蒸散（transpiration）により根からの吸水を促し，これに伴い養分を吸収する．また,養分の転流を活発化し生理活性を維持するとともに,蒸散に伴う蒸発潜熱により植物体温の異常な上昇を防ぐ．収穫後の農産物は根からの水分補給が断たれ,蒸散のみが行われるため,萎凋（膨圧の減少による萎れ）

や目減りの原因となり，抑制することが望まれる．蒸散は通常気孔を通して行われるが，これ以外に表皮（クチクラ蒸散），皮目（リンゴ，ナシでは果点），へた部からの蒸散も見られる．一般に蒸散の激しい青果物ほど呼吸活性が高く貯蔵性が低い．葉菜類は目減りが3～5％程度になると萎れが顕著で，商品価値を失う．

蒸散は，種類や熟度などの青果物の持つ因子以外に，温度，湿度，風速，気圧，光の影響を受ける．気圧は通常ほとんど影響しないが，真空冷却を行う場合は考慮しなければならない．蒸散の駆動力は青果物の蒸気圧と雰囲気の蒸気圧との差である．青果物の蒸気圧とはすなわち水分活性（water activity）のことであり，青果物ではこの値はおおよそ0.98～0.995程度となる．青果物の貯蔵時は定温，暗黒であるので，周囲の空気流動を無視すれば，蒸散速度は次式で表される．

$$\frac{dm}{dt} = -\alpha' A p_s (\phi(t) - a_w) \qquad (2\text{-}28)$$

ここで，m：青果物中の水の質量，t：時間，A：気孔開口面積，p_s：飽和水蒸気圧，α'：物質移動係数，$\phi(t)$：相対湿度（デシマル），a_w：青果物の水分活性．

これによれば，相対湿度90％程度の高湿度で貯蔵してもa_wが0.98以上であることから蒸散は完全には防止できず，ほぼ100％に近い湿度での貯蔵が要求され，近年の超高湿による青果物鮮度保持試験では好結果が得られている．

4）低温障害

青果物の中には，凍結点以上の低温（0～15℃，青果物の種類による）により生体膜の機能や構造，物質代謝が変化し，生理障害を起こすものがある．これを低温障害といい，熱帯・亜熱帯原産のものに多く見られる．障害発生までの低温貯蔵期間は青果物の種類と貯蔵条件によって異なり，数日から数ヵ月になる．低温障害の症状はピッティング，褐変，組織の水浸状軟化，果肉の変色などである．

低温障害は低温下において生体膜のリン脂質が液晶状から固相ゲル状に相転移することが主たる原因とされる．これに伴い，原形質流動の停止，膜結合型酵素の活性化，膜透過性の増加，ATP供給の減少，代謝バランスの不均衡，溶質の漏出およびイオンバランスの変化，毒性物質の蓄積が起こり，低温処理を長期間続けることにより，細胞組織の障害および壊死を起こす．短期間の低温処理であれば，その後常温に戻すと正常な代謝を回復する（☞第5章3.「冷却操作」）．

第3章

粉粒体操作

農産物と食品は，その原料や製品についても，粒子の集合体である粉粒体として取り扱われることが多い．本章では，力学的な単位操作について解説した．

1．籾すりと精米

1）コメの収穫後の処理過程の概要

図 3-1 にコメの収穫から精米までの過程を示した．このように乾燥，籾すり，精米という単位操作が必要で，それぞれ選別という単位操作も併用される．

収穫された籾の水分は 20 % w.b. 以上であり，そのままではカビが生えたり，発酵米となって商品価値がなくなることと，その後の処理効率が高くなるように，約 16 % w.b. まで乾燥させる．そのとき，乾燥速度が大きいと，玄米の内部と表面付近の水分差が大きくなり，両部分の収縮量の差によってひずみが発生する．収縮量の差が大きくなって，ひずみが限界値を超えると，図 3-2 のように玄米表面に亀裂が生じる．これを玄米の胴割れという．胴割れの生じた玄米は，その後の処理過程で砕米となりやすいので，熱風の温度や風量を下げることにより乾燥速度を遅くしたり，図 3-3 のようなテンパリングタンクと乾燥部を持つテン

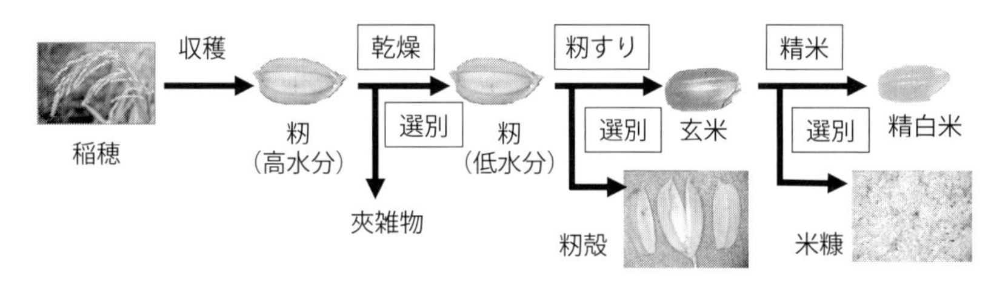

図3-1　コメの収穫から精米までの過程

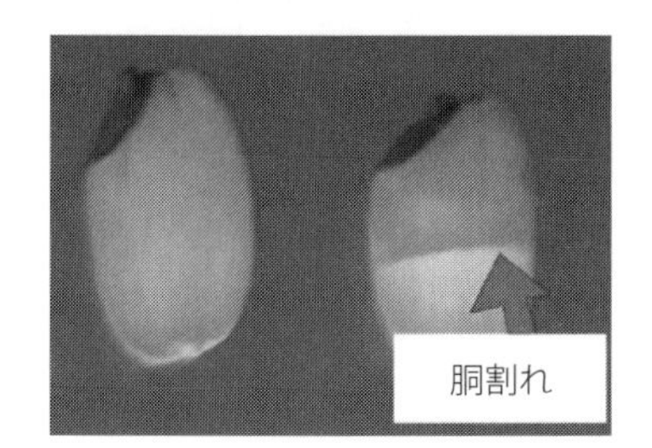

図 3-2　玄米の胴割れ

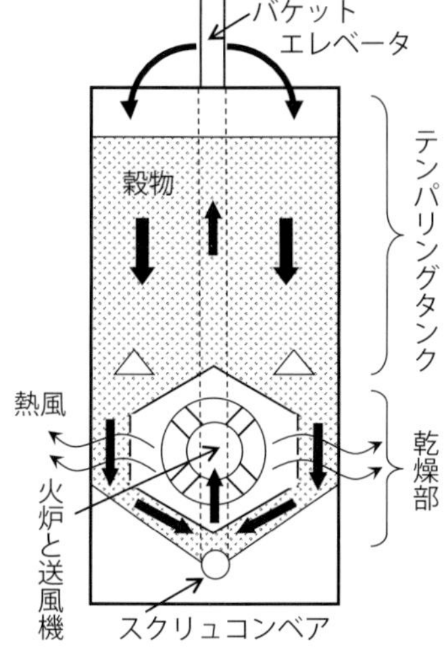

図3-3　テンパリング乾燥機

パリング乾燥機で，乾燥と休止を繰り返して，玄米内部の水分勾配を小さくしながら乾燥する．籾が約 16 % w.b. まで乾燥されると，温度を室温まで下げる．その後，個々の農家では通常，籾すり，精米して得られた精白米を計量して袋詰めし，貯留または出荷する．

農協の経営する共同乾燥施設は，数戸から数百戸の農家がコメの乾燥から包装出荷までの作業をするのに共同で使用されている．処理能力が籾 200 t 以上の穀物乾燥調製施設（ライスセンタ，R.C.）と，1 000 t 以上の穀物乾燥調製貯蔵施設（カントリエレベータ，C.E.）がある．ライスセンタでは乾燥後に籾すりして，玄米包装貯蔵までを連続的に行う．カントリエレベータでは籾を乾燥後，サイロに貯蔵し，注文に応じて籾すりして包装出荷される．ともに，規模の大きい施設では，籾の貯留または貯蔵中のビンに通風装置を付けて，籾をゆっくり乾燥する貯留乾燥ビン（ドライストア，D.S.）を併設しているところもある．

2）籾　す　り

(1) 籾 の 構 造

籾は図 3-4 のように籾殻と，その中にある玄米から構成されている．籾殻は玄米の胚芽側を覆っている大きい外えい，反対側の小さい内えい，図の籾の下側に着いている副護えい，内えい側のみ一部が残っているが，元は外えい側にも着いている護えいから構成される．内えいと外えいの接合は，図 3-5 のように 2 ヵ所で噛み合っている．

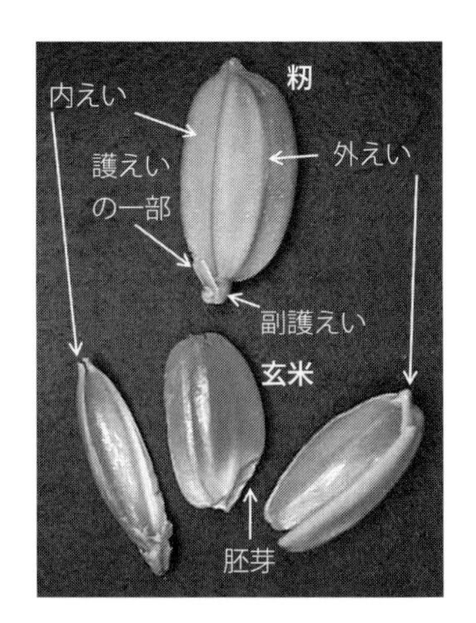

図 3-4　籾の構造

(2) 目　　的

籾から籾殻を除去して玄米を得ることである.

(3) 脱 ぷ 率

「籾すり」は「脱ぷ」ともいい，籾から得られた玄米の割合の百分率表示である脱ぷ率 P_h（%）は（3-1)式で定義される.

$$P_h = \frac{n_b}{n_p} \times 100 \qquad (3\text{-}1)$$

ここで，n_b：得られた玄米の粒数，n_p：供給した籾の粒数である.

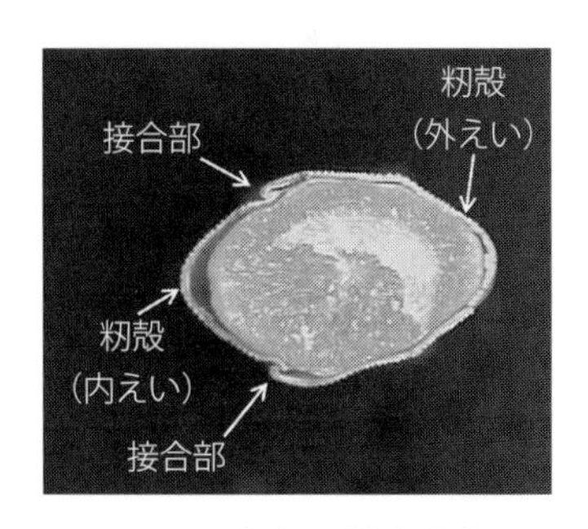

図 3-5　籾殻の接合状態

図 3-6 に示されたような完全に脱ぷされていない半脱ぷ米は玄米と見なされない.

図 3-6　半脱ぷ米

(4) ロール式籾すり

a. 原　　理

図 3-7 のような２つのゴムロールの間隙に籾を上から供給する．このとき，設定のロール間隙 l_0（m）は籾の厚み（短軸，最小径）未満にする必要がある．籾がロール間を上から下に通過するときに脱ぷされるよう，２つのロールの回転方向は図 3-7 のような逆方向にする．籾がロール間隙に入ると，籾とロールともに接触部分が圧縮変形し，l_0 より大きい l となる．それら接触部分と２つのロールの中心を結んだ直線との交点における，２つのロールの周速度 V_L と V_H（m/s）は同方向で下向きである．もし２つの周速度が等しければ籾には２つのロールによる圧縮力によって籾殻は厚み方向での圧縮変形は生じるが，それだけでは籾殻を割ることは

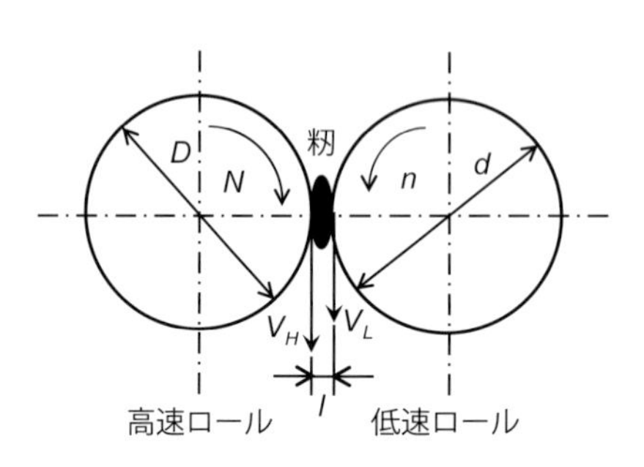

図3-7　ロール式籾すりの原理

図 3-8　肌ずれ米

できない．図 3-7 のように周速度に差 $\Delta V = V_H - V_L$ (m/s) があるとき，籾にせん断力が作用する．図 3-5 のように表面の籾殻は薄く，その内側には固い玄米が存在するため，籾殻だけのせん断変形が増幅され，内えいと外えいの接合部分やその他の部分で破壊が生じて脱ぷされる．図 3-7 では籾の長さ（長軸, 最大径）方向での供給であり，ロール間隙を通過中に粒子の回転はほとんど生じないが，幅（中軸，中間径）や厚み方向での供給では，長さ方向を軸とした回転を伴ったせん断力の作用により脱ぷされる籾もある．

b．脱ぷ状態に関係する要因

周速度差が大きいと籾に作用するせん断力が大きくなって脱ぷ率が高くなる．また，ロール間隙が小さいと，ロールと籾との圧縮変形が大きくなり，接触面積の増加により脱ぷ率が高くなる．周速度差を大きく，ロール間隙を小さくし過ぎると図 3-8 のような玄米表面の果皮や種皮がはがれる肌ずれ米や，砕米の発生が多くなる．肌ずれ米は籾すり後すぐに精米する場合は問題にはならないが，そうでない場合は傷付いた部分からの吸湿や菌の侵入によるカビの発生など，貯蔵性を低下させる．そのため，肌ずれ米は農林水産省の玄米検査規格の形質判定項目の 1 つになっている．砕米は同検査規格における被害粒に分類され，選別されるため生産者や出荷団体にとって損失となる．そこで，ロール式では脱ぷ率は 80 ～ 90 ％として籾すり条件を決める．籾と玄米の厚みがそれぞれ約 2.3, 2.0 mm として，l_0 は 1 ～ 1.5 mm にする．周速度差率は（3-2)式で定義される．

$$P_V = \frac{\Delta V}{V_H} \times 100 \tag{3-2}$$

この値はロールの直径と回転数によって決まり，23 ～ 25 ％にする．

演習問題 3-1

図 3-7 のように高速と低速ロールの直径がそれぞれ D と d（m），回転数がそれぞれ N と n（rpm）のとき，それぞれの周速度（m/s）および周速度差率を求めよ．また，同径ロールで，$N = 1\,880$，$n = 1\,440$ rpm のとき周速度差率はいくらか？

例解　1 回転で高速ロールの円周上のある 1 点は πD(m) 移動する．したがって，周速度は πDN（m/min）なので，$V_H = \pi DN/60$（m/s）となる．同様に $V_L = \pi dn/60$（m/s）となる．また，$\Delta V = (DN - dn)\pi/60$ より，$Pv = 100(DN - \mathrm{dn})/DN$（％）となる．同径ロールのとき，$Pv = 100(N - n)/N = 100(1\,880 - 1\,440)/1\,880 = 23.4$ ％

高水分籾では籾殻の粘性が大きいため，ロール式のせん断力による籾殻の破壊が困難になり，籾すりしても籾や半脱ぷ米が多くなり脱ぷ率が低下する．また，籾の水分が高いと玄米の硬度が低下するため肌ずれ米の生じる原因にもなる．しかし，水分が低過ぎると玄米がもろくなり，砕米が多くなる．籾の水分は 15 ～ 16 ％ w.b. にして籾すりする．

図 3-7 のような同径ロールのとき，低速より高速ロールの方が早く籾との接触部分が摩耗して，周速度差率が小さくなる．また，ロールを使用し過ぎると，ゴムの部分が変形したり，ゴム層の下層の金属部分が一部表面に出てきて肌ずれ米の発生の原因になる．その対策として，ある程度ロールが摩耗したら高速と低速ロールを入れかえることが有効である．

c．実　用　機

脱ぷ率が 100 ％ではないので，籾すり後に籾と玄米の混合物から玄米を製品として選別する必要がある．選別方法として揺動選別が用いられる．その原理は第 3 章 2.8)「選別機」を参照のこと．図 3-9 は揺動選別機付ロール式籾すり機である．籾ホッパに供給された籾は，ゴムロールで籾すりされ，籾受板に落下して分散され，排風ファンによる風選で，籾殻，シイナや未熟米，籾と玄米の混合物に分離される．籾殻は三番口から，シイナや未熟米は二番口から機外に排出される．混合物はスクリューコンベアで昇降機(バケットエレベータ)の下部に送られ，

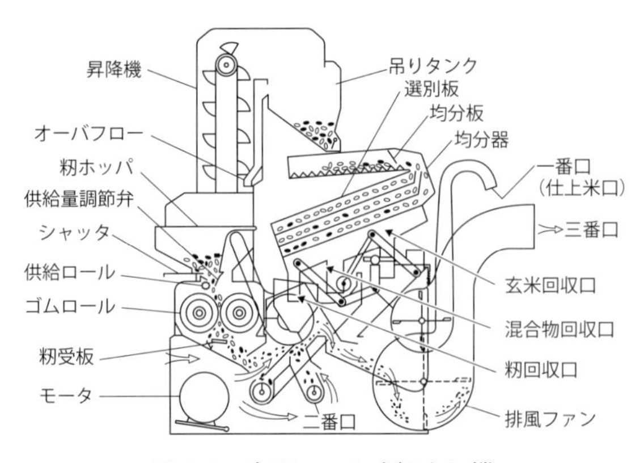

図 3-9　実用ロール式籾すり機

垂直に上部へ搬送され，吊りタンクに貯められる．そして，均分板を通って揺動選別板に供給され，上流側で玄米，下流側で籾，中間で混合物が回収され，玄米は一番口から製品として機外へ排出され，混合物は再び昇降機下部へ，籾は再び籾ホッパへ戻される．ロール間隙自動調節機能付きの籾すり機では，籾すり中のロールを駆動しているモータの負荷電流を検知して，設定の値になるようにロール間隙を制御して，ロールのすり減りや，籾の供給流量変動によっても脱ぷ率が安定するようにできる．

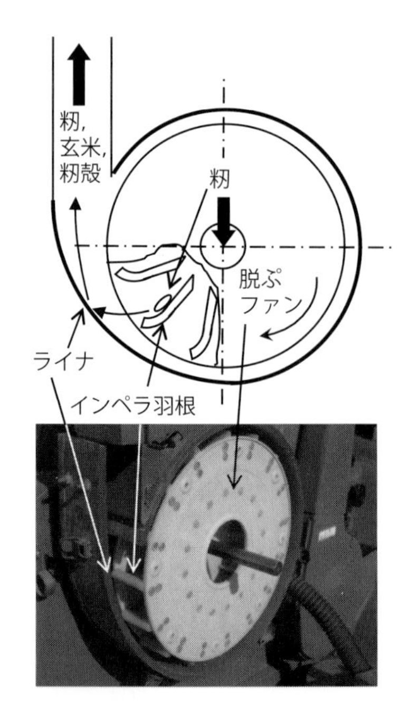

図 3-10　インペラ籾すり部

(5) インペラ式籾すり

a．原　　理

図 3-10 に示すようにインペラ羽根が付いている脱ぷファンが高速で回転している．その中に籾が供給され，籾はインペラ羽根に沿って，中心付近から円周方向に移動しながら，ファンの外側に貼ってある硬質ゴム製ライナに衝突する．この方式では 2 種類の力で籾殻が割れる．1 つ目はインペラ羽根上を円周方向へ籾が滑る間に受ける遠心力などに

よる円周方向の力と，摩擦力による中心方向の力によるせん断力である．特に，インペラ羽根終端部の曲面において，大きな圧縮力が籾に作用し，摩擦力が大きくなってせん断力が増加し，羽根上を滑るときにすでに約 50 %が脱ぷし，約 20 %が半脱ぷする．２つ目は，ライナへの籾の衝突力であり，残りの籾が脱ぷされる．なお，市販されているインペラ式籾すり機は，羽根が平面状の機種もある．

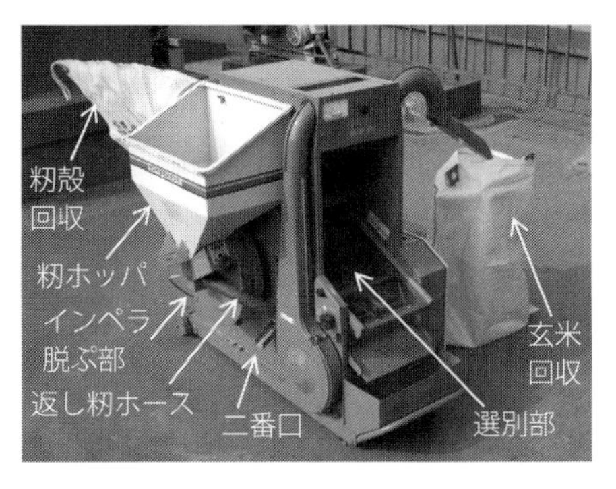

図 3-11　実用インペラ式籾すり機

b．脱ぷ状態に関係する要因

脱ぷファンの回転数を上げれば脱ぷ率は高くなるが，砕米が発生しやすくなる．本方式は標準の回転数（図 3-10 で 2 600 rpm，脱ぷファン直径 321 mm）で脱ぷ率 95 %以上と高く，半脱ぷ米も肌ずれ米もなく，砕米もほとんど発生しない．

籾の水分に関係なく効率は高いが，高水分では砕米が多少発生する．

c．実　用　機

図 3-11 は籾，玄米，異物の選別部が３段振動ふるい方式の実用機である．揺動選別方式もある．図 3-10 のように籾すり後の混合物は気流で上部に吹き上げられ，風選で籾殻は機外に排出され，籾と玄米は落下して選別部に入る．籾は返し籾ホースで脱ぷ部に戻り，シイナは二番口から排出され，混合物はスロワで持ち上げられ再選別され，玄米はスクリューコンベアとスロワで機外に回収される．

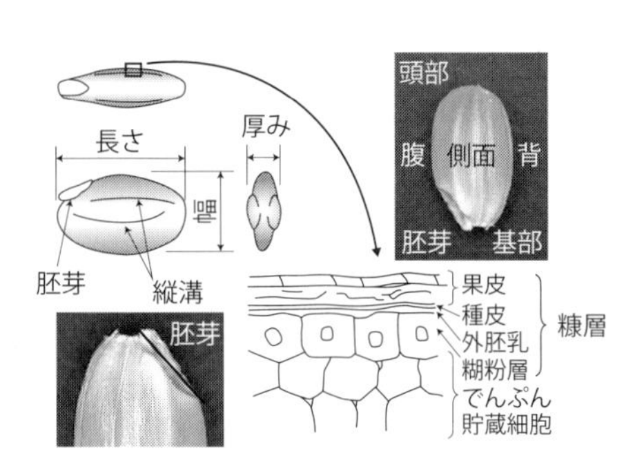

図3-12　玄米の各部名称と構造

3）精　　米

(1) 玄米の各部名称

図 3-12 のように，玄米の長さ方向の名称は，胚芽が付いている方を基部，反対を頭部といい，幅方向は胚芽側が腹，反対側が背で，厚み方向はともに側面という．

(2) 玄米の構造

玄米の断面構造は図3-12に示すように，多層構造である．表面の果皮はワックス状の層で覆われ，光沢があり滑らかである．果皮と種皮（外胚乳を含む）は10～30 μmで軟らかく，内部水分の調節と，病原菌の侵入を防いでいる．糊粉層（10～60 μm）とデンプン貯蔵細胞（以下，デンプン層と呼ぶ）は硬く，両者を合わせて胚乳と呼ばれる．各部の質量百分率は，果皮と種皮が4～5 %，胚芽が2～3 %，胚乳が91～92 %である．果皮，種皮，糊粉層を合わせて糠層といい5～6 %である．糊粉層は背で厚く4～6層，腹では1～2層，側面は1層である．

(3) 目　　的

飯用精米では，消化吸収をよくし，食味の向上のために，栄養分の豊富な糠層のほとんどと胚芽を除去する．日本酒の原料精白米製造としての酒造用精米では，酒質を劣化させるタンパク質，脂質，灰分などの不良成分を少なくするために精米を行う．それら不良成分は胚芽と糠層に多いが，特にタンパク質はデンプン層にも含まれている．そのため，デンプン層も一部を削り取っている．したがって，精米の目的とは，玄米の表面から内部に向かって目的に応じた量だけを除去することである．

(4) 精米状態の評価項目

a．精　白　率

精米において，投入した玄米の量に対して，精米されて得られた精白米の量の比の百分率表示を見かけの精白率 P_m（%）といい，(3-3)式で示される．

$$P_m = \frac{m_m}{m_b} \times 100 \qquad (3\text{-}3)$$

ここで，m_m：得られた精白米の質量（g），m_b：供給した玄米の質量（g）である．

精白率は精米歩合や歩留りともいわれ，削られて残った精白米の残存率を意味する．例えば，ご飯として食べる精白米は図3-12での糠層と胚芽が削られ，それは玄米の質量の約10 %であるから，精白率は90 %となる．つまり，図3-13

に示すように，玄米を精白率 100 %として，精米が進むにつれて精白率は減少する．飯用精米は精白率 90 %までしか下げないが，日本酒製造原料としての精白米は，一般的には玄米の 30 %以上削るので，精白率は 70 %以下となる．

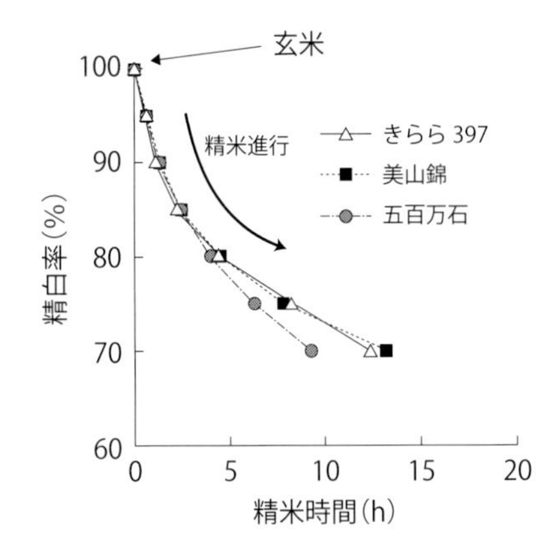

図3-13　精米中の精白率の変化

(3-3)式において m_m には砕米も含まれる．また，砕米選別機能を持つ精米機では，選別された砕米の質量が削られた量に含まれて，P_m は完全米１粒の平均的な精白率 P_{mt}(%)よりも低い値になる．P_{mt} は真の精白率と呼ばれ，以下の（3-4)式で求められる．

$$P_{mt}=\frac{m_{mt}}{m_{b_t}}\times 100 \tag{3-4}$$

ここで，m_{mt}：精白米の完全粒 1 000 粒の質量（g)，m_{b_t}：玄米の完全粒 1 000 粒の質量（g）である．

b．白　　度

白度はコメの白さを数値で示した値で，市販の玄米・精米白度計で測定する．光源からの光を試料面に照射し，その反射光の光量を検出する．精白率が低いほど精白米が白くなり，反射率が高くなって検出光量が大きいため，測定値は高くなる．

c．砕　米　率

砕米率 P_s（%）は精白米中の砕米の質量百分率で（3-5)式で求められる．

$$P_s=\frac{m_s}{m_m}\times 100 \tag{3-5}$$

ここで，m_m:対象とした精白米（完全米＋砕米）の質量（g)，m_s:精白米中の砕米の質量（g）である．

d．胚芽残存率

胚芽残存率 P_e（%）は以下の（3-6)式で求められる．

$$P_e = \frac{m_1 + 0.5m_2}{m_{mp}} \times 100 \tag{3-6}$$

ここで，m_{mp}：対象とした完全米の質量（g），m_1：1/2 以上胚芽残存米の質量（g），m_2：1/2 未満胚芽残存米の質量（g）である．

1/2 以上胚芽残存米の基準は，図 3-12 の左下の画像の胚芽の部分に引いた直線（胚芽を取ったときの窪みと頭部および腹との 2 つの交点を結んだ直線）より大きく胚芽が残っている精白米である．1/2 未満はその線より小さく胚芽が残っている精白米である．完全に胚芽無の精白米は m_{mp} にのみ含まれる．

（5）摩擦式精米

a．原理と特徴

図 3-14 のように，各粒子が相対的に運動している米粒集合体を考える．ある時刻において，米粒 i が周囲の米粒と C_1 ～ C_6 の 6 つの点で接触しており，各接触点には接触力と摩擦力が作用している．例えば接触点 C_1 では，米粒 j との接触により接触力 W が作用し，その接線（せん断）方向力が F，法線（圧縮）方向力が N であり，米粒同士の動摩擦係数を μ とすると，摩擦力 $f = \mu N$ となる．玄米を図 3-15 のよう二重構造と近似的に考えた米粒 i と j の接触を考える．糠層は薄く，表面付近が軟らかく，境界付近は硬い．その下に厚くて硬いデンプン層があるため，糠層はせん断変形しやすい．ただし，玄米は図 3-12 のように表面は滑りやすい果皮で覆われているため，せん断力によって糠層を変形させるには N を大きくしなければならない．そこで，粒子間圧力を高くして強制的に各粒子を相対運動させるような適切な大きさ

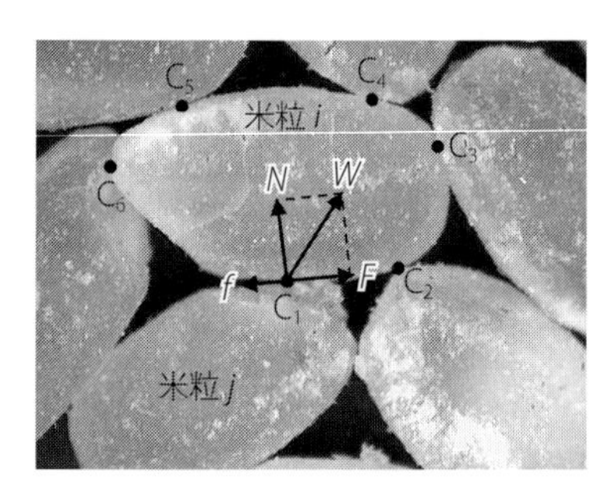

図 3-14 米粒同士の接触による接触力

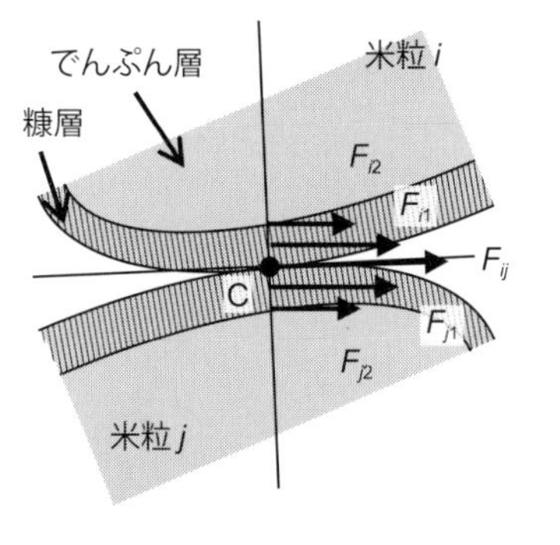

図3-15 摩擦式精米の原理

の外力を与えると，米粒間に F_{ij}，糠層内にせん断力分布 F_{in} や F_{jn} $(n=1,2)$ が発生して，せん断変形する．そして，層内に発生したせん断ひずみにより応力分布が生じ，その値が限界に達した個所から，糠層が部分的に破壊される．この原理による糠層の除去を摩擦式精米という．

この原理で精米するには，玄米を一定容積の容器に入れて，適切な圧力下で流動させる必要がある．例として図 3-16 に 1 回通し（ワンパス）摩擦式精米機を示し，精米が行われる精白室の拡大図を図 3-17 に示す．ホッパに玄米が供給され，精米ロールの右側のネジ部の上から精白室に入り，ロールと六角多孔シリンダの間に玄米が充填される．そして，ロールの回転によって，排出口方向へ米粒を移動させ，図 3-18 に示した排出口の抵抗板に作用する抵抗力を調整して米粒に圧力を与える．このとき，図 3-14 と 3-15 に示した米粒同士の接触の他に，精米ロール表面と六角多孔シリンダ内壁との接触においても，糠層の局所的せん断破壊が生じる．排出抵抗力は図 3-18 の排出口における抵抗板の開度によるコメの排出量の変化によって調整する．白度調整ダイヤルで白度調整板を回転させ，その下端と板バネとの距離 L の大きさで，抵抗板の最大開度を変化させる．ダイヤルの設定値を一定にしても板バネの弾性と米粒流量変動によって排出抵抗力は多少変動するが，平均的には定常状態となる．

糠層が削れて，硬いデンプン層が米粒

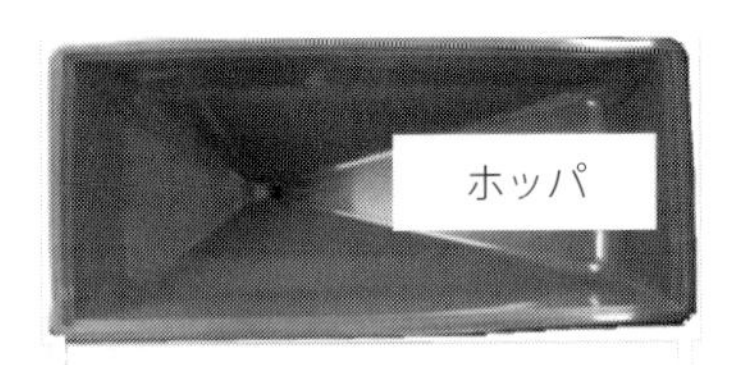

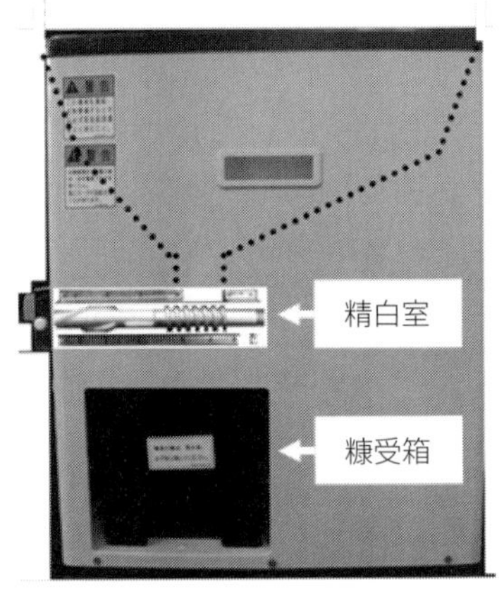

図 3-16　1 回通し摩擦式精米機

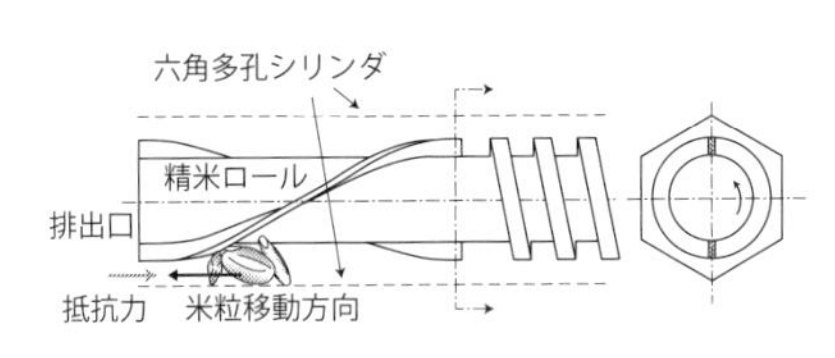

図3-17　精白室の拡大図

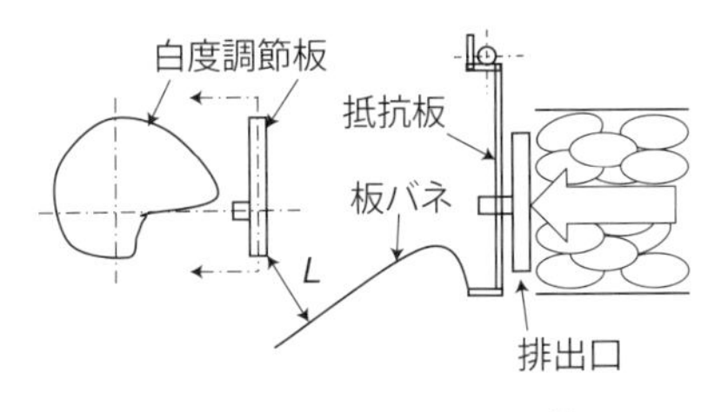

図3-18　排出抵抗の調整

の表面に現れてくると，米粒，ロールおよびシリンダ内壁の表面は粗くないので，米粒との接触点におけるせん断力が表面の局所的破壊にこれ以上有効に作用しない．つまり，ロールを回転させるために与えられた精米エネルギは，摩擦熱や砕米発生のためのエネルギに変換されるだけで，それ以上精米が進まず，精白率は約90％以下にはならない．

この方式は精米圧力を高くする必要があるため，胚芽はよく取れるが，砕米も発生しやすい．そのため，日本で食べられている短粒種（ジャポニカ種）は折れにくい形状とともに粘性が高いため摩擦式に適するが，長粒種（インディカ種）には適していない．

図3-12からわかるように，玄米の表面には片側面において縦溝が2つあり，そこの糠が取れにくい．図3-14は精白率約94％の精白米であるが，摩擦式では米粒同士の接触による精米作用があるため，縦溝での糠もほぼ除去されている．

b．1回通し摩擦式における精米条件と精米状態の関係

米粒排出抵抗を大きくすると，排出量が少なくなり，精白室内の米粒量が多くなって，精米圧力が高くなる．その結果，米粒に作用するせん断力が大きくなることと，米粒が精白室内で精米される時間（精米時間）も長くなるため精白率と胚芽残存率は下がり，白度は上がる．ただし，砕米率は高くなる．

ロール回転数を高くすると，ロール表面と米粒および，静止している六角多孔シリンダ内壁と米粒の接触によるせん断力は大きくなる．また，粒子間の接触力や相対速度差も大きくなる．しかし，米粒の排出速度も大きくなり，精米時間が短くなる．したがって，ロール回転数と精米状態の関係は，他の精米条件による粒子運動状態に依存する．精白率がほぼ一定になる条件下では，ロール回転数を高くすると，精米時間が短い影響が支配的になって，砕米率が低下することが確認されている．

c．実　用　機

図3-16は1回精白室を通して，好みの精白状態に精米する家庭用実用機である．ホッパ容量10 kg，玄米処理能力25 kg/h，所要動力0.3 kW，ロール周速度（50 Hz）95 m/minであり，実験によると300 gの玄米を精白率90％まで精米するのに70 sかかり，平均精米動力は0.2 kWであった．ほぼ同様の能力で，精米ロールが竪形で上から玄米を供給する実用機も市販されている．

業務用としては図 3-19 のような竪型で下から上にコメを移動させながら精米するタイプもある．重力に逆らって米粒を移動させるので，精米圧力が低く，砕米率が低い．精米圧力はロール駆動モータの負荷電流を検出して，設定負荷電流値になるように，自動分銅に付いている抵抗板を開閉して，米粒流量をかえることによって自動調整できる．玄米処理能力は 4 ～ 9 t/h，所要動力は 37 ～ 75 kW である．

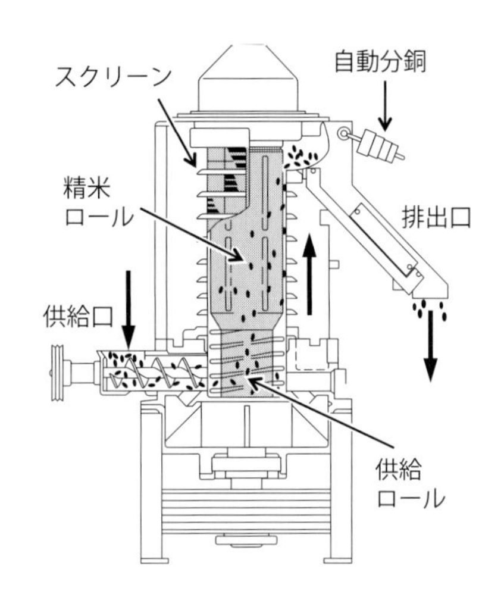

図3-19　業務用竪型上送摩擦式精米機

(6) 研削式精米

a．原理と特徴

図 3-20 は粒度 40 メッシュ（または 40 番）の研削ロールに接触している精白米である．粒度 n メッシュとは「1 インチの間に n 個の粒が一直線上に並ぶような平均径の粒子」という意味である．研削ロールは細かく硬い金剛砂という粒子を接着剤と混合して焼いて固めたもので，その表面には粒度に応じた細かい凹凸がある．したがって，n が小さいほど研削ロール表面の粗さは大きくなる．そのような砥石ロールと米粒が接触してお互いが相対運動すると，研削力により米粒表面を削り取れる．この原理による精米を研削式精米という．

図 3-20　研削ロールと精白米の接触

米粒とロールを相対運動させるために，摩擦式と同様に，玄米を容積一定の容器に入れて，その中でロールを回転させる．例として図 3-21 に試験用研削式精米機を示す．これはロール回転軸が水平の横型である．前部カバー，研削ロール，金網円筒と本体後部内壁の間が精白室であり，その空間内をロールの回転によって米粒は流動する．

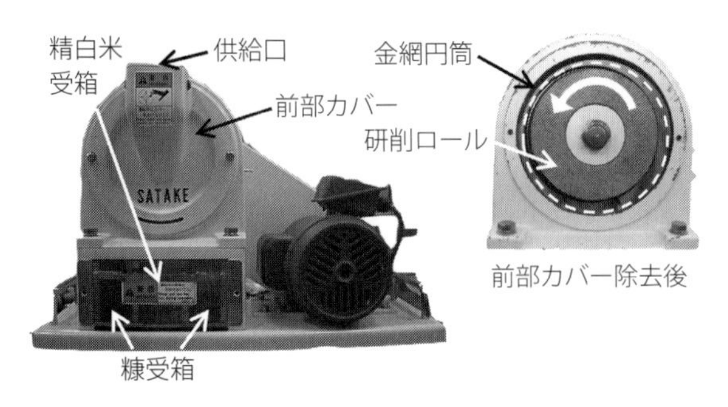

図 3-21　試験用研削式精米機

多くの米粒は，半径方向間隔 8.5 mm のロール側面と金網円筒間の空間を左回りに流動し，ロール側面との接触により米粒表面が研削される．ロールの前面や後面との接触ではほとんど精米されない．玄米 200 g を供給して，ロール粒度 #46，回転数 1 500 rpm（周速度 707 m/min）で，精白率 90 %まで精米するのに 66 s かかり，平均精米動力は 0.1 kW であった．

この方式は，紙やすりのように，硬いデンプン貯蔵細胞も局所的に破壊して，表面から削り取ることができるため，精白率を 90 %以下にすることが可能で，酒造用精米にも用いられる．

研削式は摩擦式よりロールの周速度は大きいが，精米圧力は低いので，砕米の発生は少なく，胚芽も取れにくい．そのため，長粒種用精米や胚芽精米に適している．

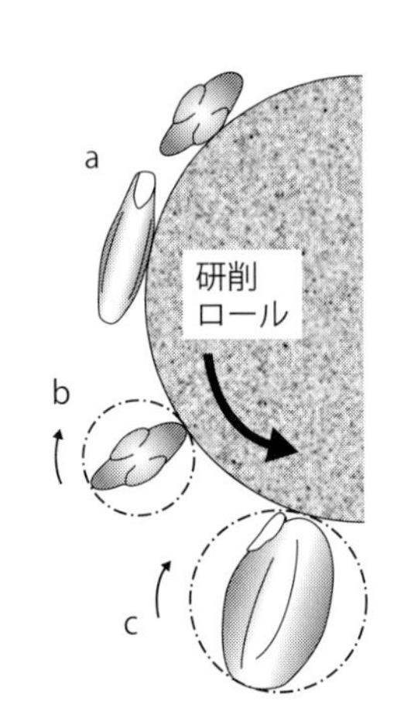

図3-22　米粒とロールの接触状態

図 3-20 の精白米は図 3-14 と同様に精白率約 94 %であるが，縦溝での糠の残留量が図 3-14 の摩擦式による精白米と比較して多い．これは研削式では，米粒同士の接触による精米が行われないからである．

研削作用による精米のため，摩擦式に比べて精白米表面が粗く，傷があり，付着糠が多い．

b．試験用研削式における精米条件と精米状態の関係

研削ロールの粒度が粗く，回転数が高く，玄米供給量が多く，精米時間が長いと，精白率が下がり白度は高くなるが，砕米率は増加する．

研削式精米では条件によって米粒の形状をかえることができる．それには図3-22に示すように，米粒とロールとの平均的接触状態をかえればよい．aのように米粒の側面を多く削って扁平にするには，精白室内米粒量を多くして空隙率を低くしたり，ロール回転数を低くして米粒運動を抑制する．cのように米粒の長さ方向を多く削って球状または円板状にするには，米粒量を少なくして空隙率を高くしたり，ロール回転数を上げて，米粒が長さを直径として回転できる状態にする．bのように幅方向を多く削って棒状にすることは困難で，aとcの中間の条件では玄米と相似形である原形精白米や，3軸方向の研削距離をほぼ等しく削る等厚精白米を製造できる可能性がある．

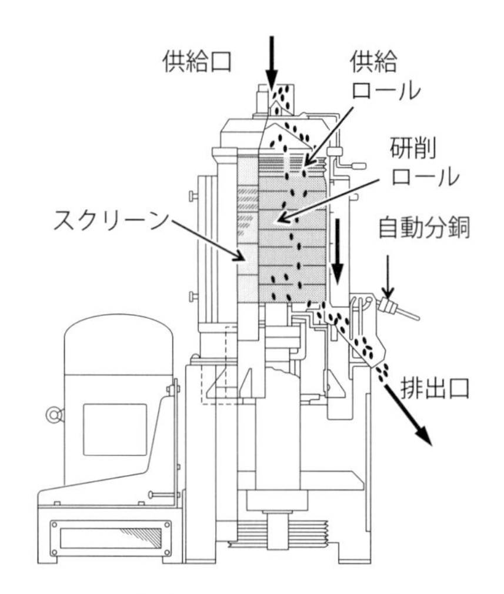

図3-23　業務用竪型下送研削式精米機

c．実　用　機

図3-23に業務用の竪型下送研削式精米機を示す．精米圧力は図3-19の摩擦式と同様に自動分銅で自動調整できる．玄米処理能力は4～9 t/h，所要動力は22～45 kWである．

演習問題 3-2

摩擦式精米は高圧低速系，研削式精米は低圧高速系と呼ばれていることを本文中から確認せよ．また，精米エネルギについて比較せよ．

例解　3)(5) c.での1回通し摩擦式精米機の実験結果によると，ロール周速度を95 m/minとして，300 gの玄米を70 sで精白率90 %まで精米して，精米動力が0.2 kWであった．3)(6) a.での試験用研削式精米機の実験結果によると，ロール周速度を707 m/minとして，200 gを66 sで精白率90 %まで精米して，精米動力が0.1 kWであった．2つのロール周速度を比較すると明らかに，摩擦式が低速系で，研削式が高速系であることがわかる．精米圧力については測定が困難である．精米中の消費電力から空運転時の消費電力を引いた精米動力は，ロールの周速度や精白室内の米粒量によってロールに作用する接触力に対応した変化をするので，精米圧力に対応すると考えられる．そこで，2つの精米動力を比較すると，摩擦式が高圧系で研削式が低圧系であることがわかる．摩擦式の精米エネルギは 200 W×70 s＝14 kJ，研削式は 100 W × 66 s ＝ 6.6 kJ となり，摩擦式の方が大きく，単位質量当たりで比較しても，それぞれ 46.7 J/g，33.0 J/g と摩擦式の精米エネルギが大きかった．これは，1 回通し式は連続式で精米時間は 70 s であるが，1 つの米粒が精米される時間はそれより短いために，精米動力を高くする必要があり，試験用はバッチ式で全米粒が 66 s 間精白室で精米されるため，低精米動力でよいことが原因である．

(7) 併用型精米

短粒種の飯用精米は通常，摩擦式が使われるが，玄米の表面はワックス状の層でおおわれており，精米初期において米粒同士および米粒とロール間の摩擦係数が小さく，接触して相対運動するときの摩擦力が小さいため，有効な大きさのせん断力が発生しにくい．そのため，精米初期は米粒がすべりやすく，玄米表面の有効な局所的破壊が行われず，ロールを回転させるための精米エネルギの多くは摩擦熱に変換されるので，精米圧力を高くする必要があり，エネルギを余分に使っている．そこで，精米初期に研削式で 1 ～ 2 %削って，玄米の表面に傷を付け，その後，摩擦式で精白率 90 %まで精米する，精米エネルギの削減に有効な併用型も使われている．1 台に研削式と摩擦式を組み込んだ精米機や，図 3-23 の後ろに図 3-19 を 2 台つないで，3 台目で研磨するタイプも業務用で使われている．

(8) 酒造用精米

図 3-21 と同タイプの精米機において，インバータによって研削ロール駆動用三相モータの回転数をかえて真の精白率約 30 %まで，約 10 %ごとに精米した結果を図 3-24 に示す．精白米中のタンパク質が多いと，醸造工程での蒸米の消化性が悪くなることによって，酒質が低下したり酒粕が多くなるため，特定名称酒として 70 %以下，吟醸酒として 60 %以下，大吟醸酒として 50 %以下まで精白率を下げる．もう 1 つの方法は，精白米を扁平に研削することである．精白率 80 %の扁平精白米は 70 %の球状精白米と等しいタンパク質濃度であった

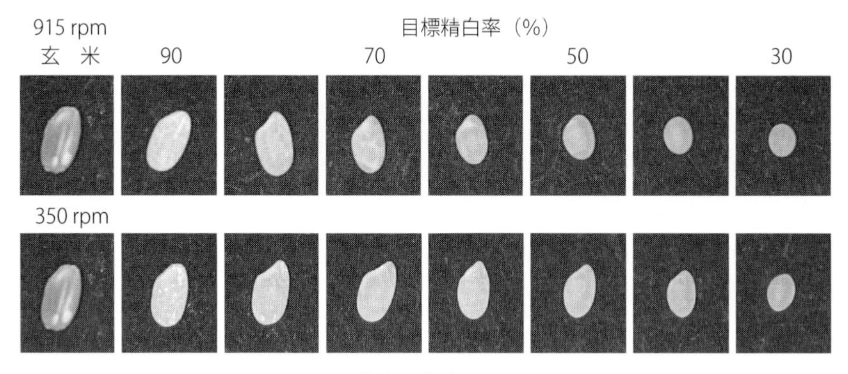

図 3-24　球状精白米と扁平精白米

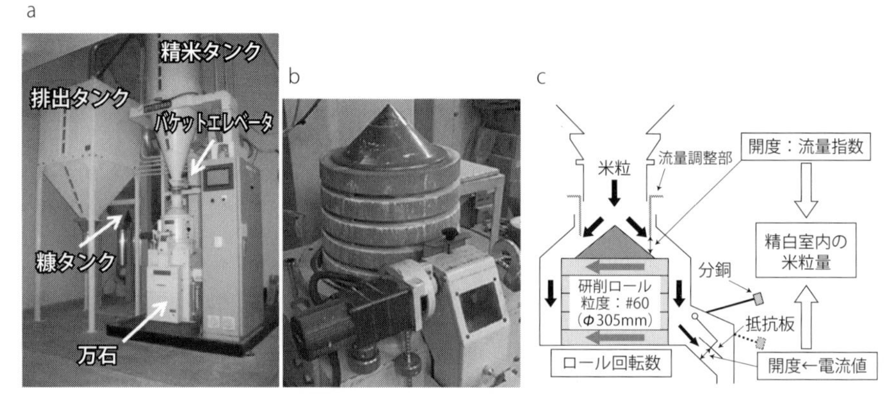

図 3-25　実用酒造用精白米

a：小型醸造用精米機，b：精白室内部，c：精白室内米粒制御法．

という報告があり，コスト削減効果が期待される．図 3-24 のように回転数を下げることによって扁平精白米は製造可能であるが，どのような扁平状態にすれば効果があるのかについては今後の課題である．また，理想の形状に近いと提案されている等厚精白米は試験用精米機では製造されたが，以下のような実用機では未だ報告がない．

図 3-25a に玄米最大供給量 300 kg の小型醸造用精米機の外観を示す．精白室の裏にある供給口に玄米を投入し，バケットエレベータで精米タンクに貯める．精米タンクから精白室に入って精米され，万石で糠と砕米を選別して糠タンクに空気搬送する．精白米は再びバケットエレベータで精米タンクに入り，タンクの

質量の測定値から見掛けの精白率を推定し，目標値になるまで循環精米する．終了後は精白米を排出タンクに移して回収する．研削ロールは図 3-25b のように 5 段重ねの竪型である．c のように，精白室の排出口での開度を設定負荷電流になるように自動分銅で調整して，米粒量をかえて精米圧力を制御している．精米中のロール回転数，流量指数，電流値の変化のパターンを検討することによって，低砕米率，低胚芽残存率，低精米エネルギ，要求される精白米形状を目指して日本酒原料精白米が製造されている．

演習問題 3-3

玄米 300 kg を見かけの精白率 70 %まで酒造用として精米した．得られた精白米の真の精白率を測定すると 73 %であった．また，その精白米から一部をサンプリングして砕米率を測定すると平均値で 1 %であった．精米後の完全米，砕米および糠の質量を求め，全精白米の砕米率を求めよ．

例解　真の精白率が 73 %なので，(3-4)式より全精白米質量は 300×0.73＝219 kg，糠の質量は 300－219＝81 kg である．見かけの精白率が 70 %なので，(3-3)式より回収精白米質量は 300×0.7＝210 kg で，回収砕米質量は 210×0.01＝2.1 kg となり，完全米質量は 210－2.1＝207.9 kg である．回収糠質量は 300－210＝90 kg なので，90－81＝9 kg が回収糠に含まれた砕米質量である．したがって，砕米質量は 2.1＋9＝11.1 kg である．当然，207.9＋11.1＝219 kg となる．(3-5)式より全精白米の砕米率は 11.1/219×100＝5.1 %である．真の精白率から見かけの精白率を引いた値を無効精白率といい，回収糠中の砕米量の目安として現場で用いられている．

演習問題 3-4

短粒種米と長粒種米に適した籾すり原理を検討せよ．また，それら 2 種類の玄米を，それぞれ飯用精米と酒造用精米するときに適した精米原理を検討せよ．

例解　籾すりについて　①短粒種米…本文に述べた通り，それぞれ利点と欠点はあるがロール式とインペラ式ともに適する．②長粒種米…細長い形状で，短粒種米より砕米になりやすいのでロール式が適する．供給時での籾同士の重なり合いによる砕米発生抑制のため，図 3-7 のような垂直落下式供給ではなく，2 つのロール間中心線に角度を付けて，その線に垂直な方向からシュート上に流して単層状態にされた籾をロール間隙に供給する機種もある．

<u>精米について</u>　①短粒種米飯用精米…デンプン層の研削は必要なく，精白米表面の残留糠が少ない摩擦式または研削 - 摩擦併用型が適する．②短粒種米酒造用精米…デンプン層を研削するので研削式が適する．③長粒種米飯用精米…砕米抑制のため低圧系の研削式が適する．④長粒種米酒造用精米…長粒種米を酒造原料精白米にしているのは蒸留酒の焼酎や泡盛であり，精米状態は製造者の要求に依存する．したがって，精白率 90 %以下にする，または砕米抑制が必要なら研削式が適するが，それ以外ならどちらでもよい．

2．搬送，選別，貯留

固体の農産物や食品の中でも，籾粒や玄米粒，精白米粒，小麦粒，大豆粒，小豆粒，米粉，小麦粉などを粉粒体（granular material）と呼ぶ．コンバインで収穫したコメ（籾）や小麦などの穀物は，コンバインのグレインタンクからトラックに移され，穀物乾燥調製貯蔵施設（カントリエレベータ，country elevator）に輸送される．図 3-26 に収穫した小麦をコンバインからトラックに積み込む様子を示す．カントリエレベータでは穀物の乾燥，選別，貯留（貯蔵）などの操作が行われ，それらの単位操作中および単位操作の間で穀粒の搬送（輸送）が行われる．

個々の米粒や小麦粒の１つ１つは固体であるが，それらが集団（バルク，bulk）で存在すると，固体とは異なる物理特性（物性）（physical property）を持つ．また，粉粒体が集団で流動すると，液体のような挙動をするが，その物理特性は液体とも異なる．粉粒体を取り扱う際の重要な物理特性や現象に，かさ密度（容積重，bulk density，bulk weight），粒子密度（particle density，grain density），安息角（repose angle，angle of repose），流動性（flowing

図 3-26　収穫した小麦をコンバインからトラックへ積み込む

コンバインの穀粒排出チューブの中にスクリュコンベアがあり，コンバインのグレインタンクからトラック荷台に小麦を搬送する．2012 年，北海道幕別町にて撮影．

property，fluidity），架橋現象（ブリッジ現象，bridge phenomenon，bridging），粒度偏析現象（particle size segregation，grain segregation）などがある．

粉粒体の搬送には，ベルトコンベア（belt conveyer），チェーンコンベア（chain conveyer），スクリュコンベア（screw conveyer），空気コンベア（空気輸送，pneumatic conveyer，pneumatic transport），バケットエレベータ（bucket elevator），シュート（chute）などが使われる．

穀物の選別には，比重選別機（gravity separator），揺動選別機（もみ選別機ともいう，oscillating separator，paddy separator），粒厚選別機（thickness grader），色彩選別機（color sorter）などが使われる．

穀物の貯留（貯蔵）には，タンク（tank），ビン（bin），サイロ（silo），穀物倉庫（grain storehouse）などが使われる．

1）かさ密度（容積重）

粉粒体を一定容積の容器に充填したときの質量をその体積で割った値をかさ密度（容積重）と呼ぶ．図3-27にブラウエル穀粒計を用いた玄米の容積重の測定の様子を示す．穀物の容積重は，g/L または kg/m^3 の単位で表すことが多い．

かさ密度は，充填する容器の形状，充填の仕方（例えば穀物の落下距離），充填後の容器の振動（タッピング）などにより，その測定値が異なる場合が多い．そこで，穀物のかさ密度（容積重）の測定では，ブラウエル穀粒計のように一定

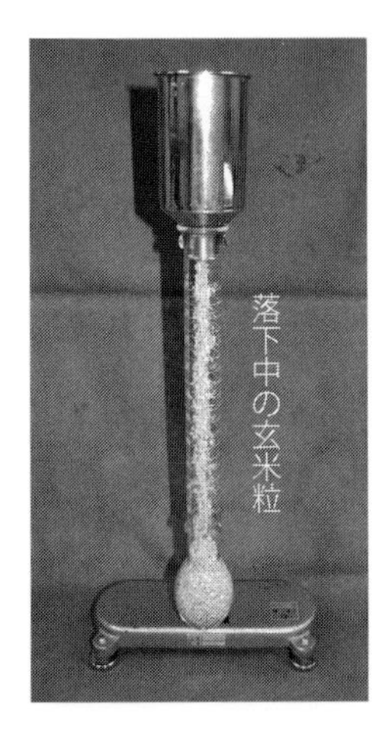

図3-27　ブラウエル穀粒計を用いた玄米の容積重の測定

玄米150.0 gを計量し，ガラス容器上部の金属容器にその玄米を入れる．金属容器の底のストッパを引き抜き，玄米をガラス容器に落下させる．ガラス容器に入った玄米の堆積表面の位置の目盛（かさ体積：玄米と玄米間の空間を含めた体積）を読み取り，容積重の単位（g/L）に換算する．籾の容積重は600 g/L前後，玄米の容積重は800 g/L前後である．2013年，北海道大学にて撮影．

の形状の容器を使い一定の高さから穀物を落下させて測定する.

穀物の容積重は，穀物の種類，成熟度（稔りの程度），水分，穀物の組成（整粒，未熟粒，被害粒などの割合），粒径（粒長，粒幅，粒厚）などにより変動する．一般に同種の穀物で水分がほぼ同じ場合には，容積重が大きいものの成熟がよく，その結果として品質もよいと判断される．容積重は農業生産現場（乾燥調製施設など）でも比較的簡単に測定できることから，穀物の品質を判断する1手段として利用されることが多い.

穀物の容積重は，乾燥機や貯留容器（タンク，ビン，サイロ）を設計する際の重要な物理特性である．乾燥機や貯留容器を設計する際に想定した容積重の範囲よりも小さな容積重の穀物を容器に投入すると，予定の質量の穀物を容器に収納することができない．一方，想定した容積重の範囲よりも大きな容積重の穀物を容器に投入すると，予定した質量以上の穀物を容器に収納することになるため，容器の強度が不足する可能性がある.

2）粒子密度

粒子密度は粉粒体の質量をその体積で割った値である．粒子密度の単位はかさ密度と同じ単位（g/L，kg/m^3）である．かさ密度の算出では，分母の体積には粉粒体の間の空間の体積も含まれる．しかし，粒子密度では粉粒体の間の空間の体積を含まない粉粒体のみの体積を分母とする．粉粒体の内部に密閉された空間（閉じた空洞）がある場合には，粒子密度を算出する際の分母の体積にその空間も含まれる．粒子密度の測定において，粉粒体の体積（粉粒体間の空間の体積を含まない体積）を測定するには，液体置換法（液浸法）や気体置換法（気体容積法）が用いられる.

一般に穀物では，成熟が不十分で未熟な場合には穀粒の細胞内の貯蔵物質（デンプンなど）の集積が不十分で細胞内に微細な空間が存在する．そのため，未熟粒は整粒（よく成熟した穀粒）に比較して粒子密度が小さい．穀物の比重選別機は穀物の粒子密度の違いを利用して整粒と未熟粒を分級する.

密度と比重が混同されることが多いが，これらは異なる物理量である．密度は質量を体積で割った値であり，単位がg/L，kg/m^{3}である．比重は，ある物質の密度を基準物質（固体の場合は4℃の水）の密度で割った比であり，したがって

図 3-28　小麦の安息角
フォークリフトのバケットから落下した小麦は，一定の角度の斜面を持つ小山を形成する．この斜面の角度を安息角という．2013 年，北海道芽室町にて撮影．

単位がない無次元の値である（粒子密度については第 3 章 3.2)「粉粒体の性状」にも記述あり）．

3）安　息　角

粉粒体を円錐状に堆積した際，その底面（水平面）と円錐斜面の角度を安息角という．図 3-28 に小麦の安息角の一例を示す．

安息角の測定法は，注入法，排出法，傾斜法などに大別される．かさ密度の測定と同様に，安息角も測定の方法によりその測定値が異なる場合が多いため，測定法を明示することが重要である．

穀物の安息角は，穀物の種類，水分，成熟度，組成，粒径などにより変動する．一般に収穫直後の穀物で水分が高い場合には安息角が大きく，乾燥後の穀物は安息角が小さい．

穀物を含む粉粒体を取り扱ううえで安息角は重要な物理特性である．貯留容器の設計に際しては，容器の上部に安息角を考慮した空間が必要である．容器への穀物投入口が容器の中央にある場合に比較して投入口が容器の側面近くにある場合には，約 2 倍の高さの容器内上部空間が必要となる．また，穀物乾燥調製施設での穀物の搬送は，高い位置から穀物をシュート（円柱形の筒）の中を落下させる場合が多い．このときのシュートの角度は安息角より十分に大きくする必要がある．

4）流　動　性

粉粒体の流動性は，ホッパ（漏斗（ろうと），じょうご）から粉粒体が流出する際の流出速度で一般に表される．図 3-29 に玄米の流動性の測定例を示す．流出速度の単位は，図 3-29 の測定の例では g/s である．

穀物の流動性は，穀物の種類，水分，組成などにより変動する．籾は玄米より流動性が悪い．高水分の穀物は乾燥した（低水分の）穀物より流動性が悪い．流

図 3-29　玄米の流動性の測定
玄米 150.0 g を計量し，金属容器（ホッパ）に入れる．金属容器の底のストッパを引抜き，玄米を落下させる．玄米が落下する時間を光センサで測定し（精度：10 ms），流出速度（g/s）を算出する．この装置で測定した玄米の流動性は 23 g/s 前後である．2013 年，北海道大学にて撮影．

動性が悪い穀物は穀物乾燥調製施設での搬送中に滞留や架橋現象（シュートの中で穀物が詰まる）を引き起す可能性がある．

5）架 橋 現 象

架橋現象は，タンクやサイロなどの容器に入れた粉粒体の一部が固結し，その部分がそれより上部の粉粒体の質量を支えることで，粉粒体の重力による落下ができなくなることである．また，パイプやシュートの中を流動する粉粒体が，その摩擦力やパイプ内壁との付着力により滞留し，最後には流動が停止することも架橋現象の 1 つである．架橋現象が発生すると，粉粒体が閉塞（流動できない）状態となり，粉粒体を取り扱ううえで大きな問題となる．

架橋現象を防止する方法には，タンクやサイロの排出部（ホッパ部）の傾斜角度を大きくする，排出口の口径を大きくする，シュートの内径や角度を大きくするなどがある．また，水分が高く夾雑物が多い穀物（安息角が大きく流動性が悪い穀物）を容器に入れない，穀物流量を少なくするなどの注意が必要である．

6）粒度偏析現象

粒度偏析現象は，粉粒体の 1 粒 1 粒の粒子密度，粒子形状，粒子径，粒子表面の性状などの違いにより，粉粒体を流動させた時に粉粒体層内で異なる性状の部分が生じる現象である．粉粒体の単位操作において粒度偏析が大きな問題を発生させることがある．例えば，サイロなどの貯留容器に穀物を投入する際に中央部と周辺部で粒度偏析が発生し，容器内に堆積した穀物の均質性が失われ，品質のばらつきが生じる．一方，粒度偏析を利用する単位操作もあり，篩(ふるい)分けや選別では粒度偏析現象を利用して品質のよい穀物と品質の悪い穀物を分級する．

7）搬　送　機

穀物の搬送機にコンベアやエレベータがある．コンベアやエレベータには，ベルトコンベア，チェーンコンベア，スクリュコンベア，空気コンベア（空気輸送），バケットエレベータなどがある．

ベルトコンベアやチェーンコンベアは，穀物を水平方向，またはわずかな傾斜を付けてほぼ水平方向に搬送する．ベルトコンベアは，幅の広い帯状のベルト（材質はゴムが多い）の両端を接着して輪状にし，両端の回転軸の回転によりベルトを一方向に回転させ，ベルト上に載せた穀物を搬送する．ベルトコンベアの穀物搬送能力は，大きいもので 50 t/h 程度である．

チェーンコンベアは，長いチェーンの両端を接続して輪状につなぎ，輪の両端の回転軸により 1 方向に回転させる．チェーンは四角いトンネル状の箱の中を移動し，一定間隔でチェーンに垂直に取り付けた板で穀物を押して搬送する．ベルトコンベアよりもチェーンコンベアは一般に搬送能力が高く，大きいもので 100 t/h 程度である．

スクリュコンベアは円柱形のチューブの中に螺旋状のスクリュがあり，スクリュの回転により穀物を搬送する（図 3-26）．図 3-30 にスクリュコンベアを示す．スクリュコンベアは水平から最大で 45° 程度の角度（揚角）で穀物を搬送できる．

空気コンベア（空気輸送）はパイプ（チューブ）の中に空気を流し，空気とと

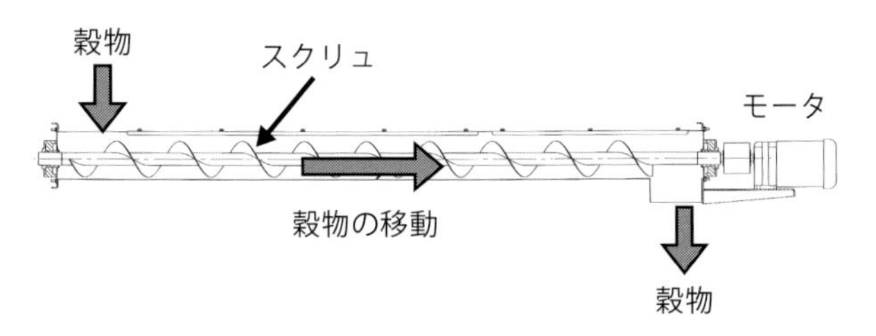

図3-30　スクリュコンベア
左上から穀物が入り，スクリュの回転により穀物が右に移動し，右下に落下する．（サタケ 原図）

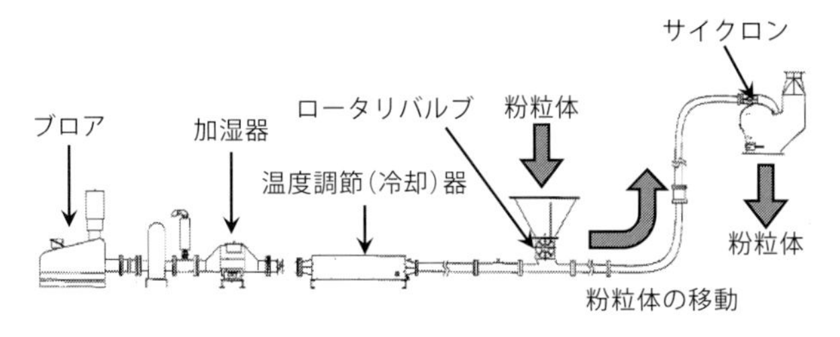

図3-31　空気コンベア(空気輸送)
(サタケ 原図)

もに粉粒体を搬送する．図 3-31 に空気コンベアを示す．パイプは水平から垂直までどのような角度にも設置可能で，またパイプ（直径 100 ～ 200 mm 程度）を通すスペースがあれば自由度の高い設置が可能である．空気とともに搬送された粉粒体は，サイクロンにより空気と分離され，回収される．空気コンベアは密閉状態での粉粒体の搬送が可能であり，粉粒体の飛散がないことから，製粉工場で多く用いられる．空気コンベアを籾，玄米，精白米などの穀粒の搬送に用いる際，

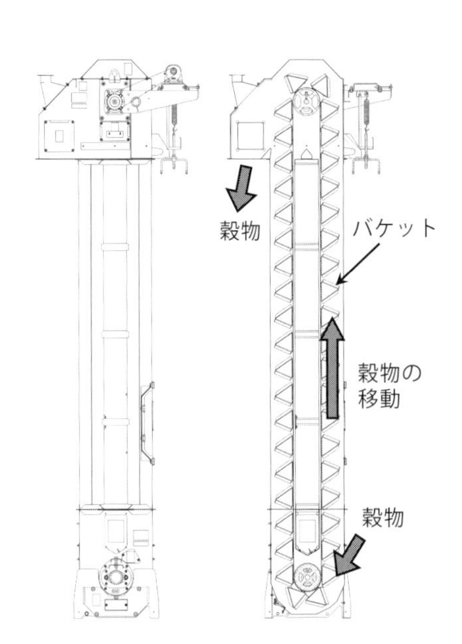

図3-32　バケットエレベータ
(サタケ 原図)

図 3-33　穀物乾燥調製施設内のバケットエレベータとシュート
乾燥調製施設ではバケットエレベータにより穀物を垂直に高い位置に持ち上げ，シュートで目的の場所に穀物を落下させる．バケットエレベータの上部から何本ものシュートが斜めに設置されている．バケットエレベータ上部の穀物落し口の切換弁の方向により，どのシュートに穀物を落とすかを選択する．2000 年，北海道大野町にて撮影．

搬送距離が長い場合，パイプの屈曲部が多い場合などに，籾の脱ぷ（籾殻が取れて玄米となる），玄米の脱芽（玄米の胚芽が取れる）や肌ずれ（玄米表面の糠層に細かな傷がたくさん付き品質劣化の原因となる），砕粒（米粒が割れる）などが発生する可能性が高くなるので注意を要する．

バケットエレベータは垂直方向に回転するベルトやチェーンに多数のバケットを取り付け，穀物を下から上に搬送する．図3-32にバケットエレベータを示す．バケットエレベータにより高い位置に上げた穀物を重力により目的の場所に移動させる（落下させる）ためにシュートが用いられる．バケットエレベータの穀物搬送能力は，大きいもので50 t/h程度である．

穀物乾燥調製施設では，穀物の水平移動にベルトコンベアが，垂直移動にバケットエレベータが，重力による落下にシュートが使われる例が多く，これらを組み合わせて穀物を搬送する．図3-33に穀物乾燥調製施設内のバケットエレベータとシュートを示す．ベルトコンベアやバケットエレベータは，そのベルト速度が一定であっても穀物の容積重により搬送能力が変動する．シュートは，穀物の容積重，安息角，流動性およびシュートの角度により搬送能力が変動し，またシュート内で滞留や架橋現象を生じる可能性もある．穀物乾燥調製施設の設計の際，各搬送機の搬送能力のバランスを考慮することが重要である．すなわち，上流側の穀物の搬送能力より下流側の搬送能力が大きい（もしくは同等である）ことが必要である．

演習問題 3-5

穀物の乾燥調製施設において，ベルトコンベア，バケットエレベータ，シュートを多数組み合わせて穀物の搬送を行う．このような穀物の搬送設備を設計する際の注意点を述べなさい．

例解　2.7)「搬送機」の項を参照．

演習問題 3-6

150.0 gの玄米を試料とし，図3-27のブラウエル穀粒計と図3-29の流動性測定器を用いて容積重と流動性を測定した．150.0 gの玄米の体積は185 mLであり，流下時間は6.65 sであった．この玄米の容積重（g/L）と流出速度（g/s）を求めなさい．

例解　容積重＝150.0 g ÷ 185 mL × 1000 ＝ 811 g/L

流動性（流出速度）＝ 150.0 g ÷ 6.65 s ＝ 22.6 g/s

8）選　別　機

穀物の選別機として，比重選別機，揺動選別機（もみ選別機），粒厚選別機，色彩選別機などが使われる．

比重選別機は，傾斜した網目状の選別板の下から吹き上げる風と，選別板の振動とにより穀物を選別する．図 3-34 に比重選別機による穀物の選別を示す．傾斜する選別板の上方に投入された（落とされた）穀物は，選別板の下から吹き上げる上向きの風によりバブリングする（穀物が泡立つように浮き上がり落下することを繰り返す）．このときの選別板上の穀層厚は 20 ～ 40 mm 程度である．浮き上がった穀物が落下する際に，粒子密度が大きい穀物（成熟がよく品質のよい整粒）の落下速度が大きく，一方，粒子密度が小さい穀物（成熟が不十分で品質の悪い未熟粒や被害粒）の落下速度が小さい．落下速度（終末速度ともいう）はストークスの法則（ストークスの式）により，風による上向きの浮力，下向きの重力，粒子密度，粒子径などにより決定される．したがって，粒子密度が大きい（品質がよい）穀物が早く落下し選別板に接する．選別板は，選別板に接した穀物が選別板上方に移動する方向に振動しており（振動数 6 ～ 9 Hz 程度），その結果，品質のよい穀物は選別坂上方に押し上げられる．一方，粒子密度が小さい（品質が悪い）穀物は遅く落下し，先に落ちた品質がよい穀物の上を選別板の傾斜角に沿って下方に転がる．穀物のバブリングとともに上記の現象が繰り返されて，穀物は徐々に整粒，未熟粒，被害粒などその品質によって分級される．比重選別機は籾，麦類や豆類など穀物の選別に利用される．

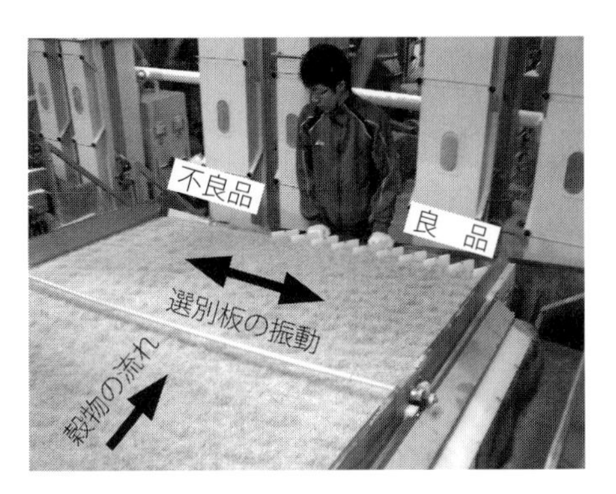

図 3-34　比重選別機による穀物の選別
比重選別機の選別板上をバブリングしながら流れる穀物．写真の左下から右上に穀物が流れる．選別口（写真の右上に流れていった穀物が選別板から落ちる所）の右側に品質のよい穀物（良品）が集積され，左側に品質の悪い穀物（不良品）が集積される．2009 年，北海道北斗市にて撮影．

揺動選別機（もみ選別機）は，籾摺直後の籾と玄米の混合物から籾と玄米とを分級するために利用される．揺動選別機は，表面に凹凸のある傾斜した選別板の振動により，籾と玄米を分級する．傾斜した選別板の上方に投入された籾玄米混合物は，選別板とともに振動する（振動数 4 ～ 6 Hz 程度）．このときの選別板上の穀層厚は20～30 mm程度である．振動に伴う粒度偏析現象により，籾（粒径が大きい）の間を玄米（粒径が小さい）がすり抜けるように下方に下がる．この現象を粒子篩ともいう．選別板は，選別板に接した玄米が選別板上方に移動する方向に振動しており，その結果，玄米は選別坂上方に押し上げられる．一方，玄米の上にある籾は選別板の傾斜角に沿って下方に転がる．振動の繰返しにより玄米と籾は徐々に分級される．

粒厚選別機は主として玄米の選別に利用される．図 3-35 に粒厚選別機に使われる縦目篩を示す．回転する縦目篩の中に投入された玄米は，篩の回転とともに篩の目幅より粒厚の小さい玄米（未熟で品質が悪い）が下に落ちる．穀粒の三軸方向の寸法は粒長，粒幅，粒厚である．その大きさ（長さ）は粒長が最も大きく，次に粒幅が大きく，粒厚が最も小さい．穀物が開花し受粉したあとに，種子（穀

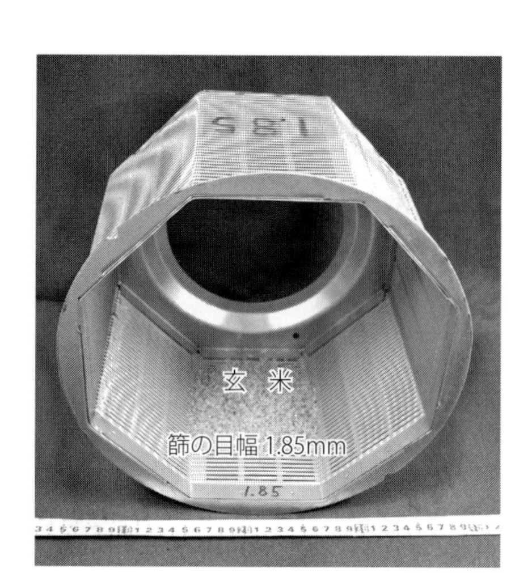

図 3-35　粒厚選別機の縦目篩
写真の篩の目幅は 1.85 mm．細長いスリット状の隙間（篩の目）のある八角円柱形の縦目篩が回転する．縦目篩の中に玄米を投入すると，1.85 mm 以下の粒厚の玄米が篩から下に落下する．2013 年，北海道大学にて撮影．

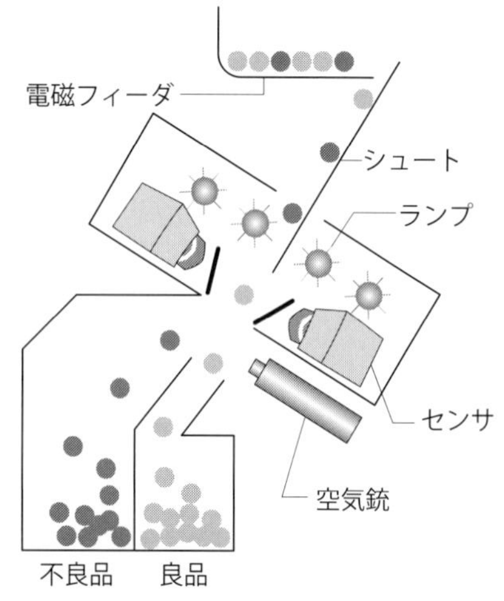

図3-36　玄米の色彩選別機の選別部の構造
電磁フィーダから供給された玄米は一粒ずつシュートを流れる．シュートの末端から玄米が自由落下するときにセンサで色情報を検知し，不良品（緑色の未熟粒，黒色の着色粒など）を空気銃で吹き飛ばす．（安西製作所 原図）

粒）はまず粒長方向に成長する．続いて粒幅方向に成長し，最後に粒厚方向に成長する．すなわち，粒長と粒幅は十分に成長していても，未熟な穀粒は粒厚が小さい．したがって，穀物の成熟の程度（品質の良し悪し）により選別するには粒厚の大小により選別することが効果的である．

色彩選別機は可視光を利用し穀粒1粒ごとの色情報に基づき選別を行う．図3-36に玄米の色彩選別機の選別部の構造を示す．粒厚選別機により穀物を選別すると，粒厚が小さい玄米は未熟粒の割合が多くなり，粒厚が大きい玄米は整粒（よく成熟した品質のよい米粒）の割合が多くなる．ところが，粒厚だけで玄米の成熟の程度（未熟粒か整粒）が決まるのではない．粒厚が大きくても成熟の遅れている米粒は糠層にクロロフィル（葉緑素）が残っており緑色である．米粒が十分に成熟すると糠層のクロロフィルが消失し，玄米の色が半透明な薄茶色（いわゆる黄金色）となる．そのため粒厚がやや大きいが未熟な玄米や，粒厚はやや小さいがすでに成熟した玄米も多く存在する．そこで，玄米を色情報により選別することが重要となる．色彩選別機により玄米から未熟粒，被害粒（着色粒）を除去し整粒割合を向上させることが可能である．可視光に近赤外光のセンサを加えると水分の検知が可能となり，玄米中の異物（小石，ガラス片，プラスチック片，金属片など水分をほとんど含んでいない物）の除去も可能となる．

収穫後の穀物は品質向上や異物除去のために各種の選別が行われる．穀物の選別は，その物理特性（質量，密度，粒径，色）や化学特性（水分，タンパク質）などの違いに着目して行われる．穀物の同じ特性に着目した同じ選別原理の選別を組み合わせて行ってもその選別効果には限界がある．選別による品質向上の重要なポイントは，異なる特性に着目して異なる原理の選別を組み合わせて行うことにより，その選別効果が倍増することである．

演習問題 3-7

収穫後の穀物は品質向上や異物除去のために各種の選別が行われる．この選別において考慮すべき重要な点を述べなさい．

例解　選別は，穀物や異物の物理特性（質量，密度，粒径，色）や化学特性（水分，タンパク質）などの違いを利用して行う．穀物や異物のある特性に関する同じ選別原理の選別機を組み合わせて行っても，その選別効果には限界がある．穀物の選別における品質向上（異物除去）の重要な点は，異なる特性を利用した異なる原理の選別を組み合わせて行うことにより，その選別効果が倍増することである．

9）貯留と貯蔵

穀物の貯留や貯蔵には，タンク，ビン，サイロなどの穀物容器や穀物倉庫などが使われる．貯留は穀物を数日から数ヵ月の比較的短い期間保存することであり，貯蔵は穀物を数ヵ月から数年間の比較的長い期間保存することであるが，両者の使い分けは明確ではない．

穀物をバラの状態で（袋などに入れない状態で）貯蔵するための円柱や四角柱の容器がタンク，ビン，サイロである．それぞれの区別は明確ではないが，タンクは数百 kg ～数十 t の穀物を入れる容器である．ビンは，一般に直径よりも高さが小さく，数十～数百 t の穀物を入れる容器である．サイロは直径よりも高さが大きく，数百～ 1 000 t 程度の穀物を入れる容器である．穀物倉庫は，袋に 30 kg，60 kg，1 t の穀物を入れ，その袋を積み上げて貯蔵する施設であり，1 棟で数千 t の貯蔵を行う．

図 3-37　コメの乾燥調製貯蔵施設（カントリエレベータ）のサイロ

12 基のサイロ群のうちの 4 基のサイロが写真中央に見える．サイロは鋼板溶接構造であり，サイロ 1 基はホッパ部を含めた高さが 23.3 m，直径が 7.4 m である．サイロ外周は厚さ 75 mm の硬質ウレタンフォームの断熱材で被覆されている．サイロ 1 基の籾貯蔵能力は 480 t であり，サイロ全体で 5 760 t の籾貯蔵が可能である．2000 年，北海道雨竜町にて撮影．

図 3-37 にコメの乾燥調製貯蔵施設（カントリエレベータ）のサイロを示す．ビンやサイロは数基から数十基を一体化して建設する場合が多く，全体の貯蔵能力は数百～数十万 t となる．

乾燥した穀物をサイロから排出する際の流動状態は，サイロ内の穀物表面がすり鉢状（じょうご状）となり，サイロ周辺部と中心部の穀物が混合して排出される．この排出状態をファネルフロー（funnel flow）と呼ぶ．サイロに貯留した穀物を排出する際に，サイロ下部のホッパ部で架橋現象が発生すると，穀物の排出ができなくなり，大きな問題となる．

演習問題 3-8

穀物のかさ密度と粒子密度について，特にその違いを述べなさい．

例解　かさ密度と粒子密度は，穀物の質量をその体積で割った値であり，物理量としては同じ単位（g/L，kg/m^3）である．しかし，かさ密度の場合は，穀物をある一定容積の容器に充填したときの体積であり，穀粒間の空間もその体積に含まれる．一方，粒子密度は穀粒間の空間の体積を除いた穀粒のみの体積である．したがって，同一の穀物について，かさ密度と粒子密度を測定した場合，かさ密度より粒子密度が常に大きい値となる．なお，粒子密度では穀粒内部の密閉された空間（閉じた空洞）は穀粒の体積に含まれる．穀粒内部の閉じた空洞の体積を含まない体積を基に計算した密度を真密度という（☞ 図 3-41）．

3．粉　　碎

粉砕は外力によって固体を細かくする機械的な操作である．粉砕によって得られる微粒子を粉体もしくは粉粒体と呼び，粉砕および粉粒体の取扱いに関する操作を粉粒体操作という．農産・食品分野でも粉粒体操作が広く適用されており，特に穀類を加工する際の重要な操作の１つとなっている．本節では粉砕の事例として，まず小麦粉を製造する際の「製粉」の概略を説明する．図 3-38 に示されるような伝統的な製粉には，小麦粉（粉粒体）を得るために石臼（粉砕機）が用いられており，石臼を回すための動力（粉砕エネルギ）はわが国では主に水車から得ている．この事例からも明らかなように，粉砕は大きく，「粉粒体自体の性状」，「粉砕するための道具（機器）」，「粉砕に要するエネルギ」，に分けて考えることができる．本節でもこれらの分類に従って解説する．

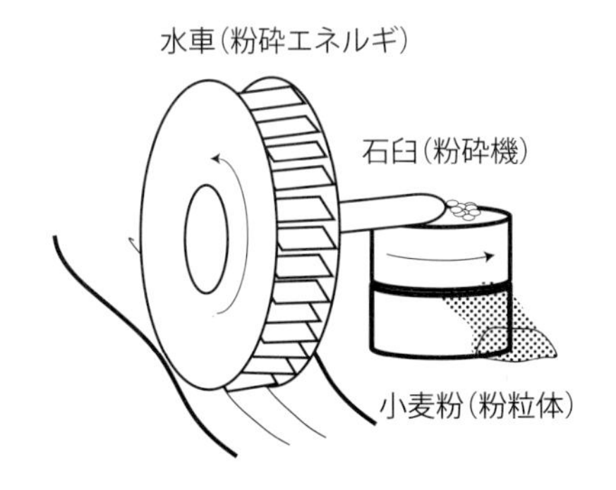

図3-38　伝統的製粉法
水車の動力で石臼を挽いて製粉．

1）製　　粉

現在行われている製粉（flour milling）では，小麦粉を均質化，高品質化するために段階的粉砕工程（段階式製粉法）が適用されている（図 3-39）.

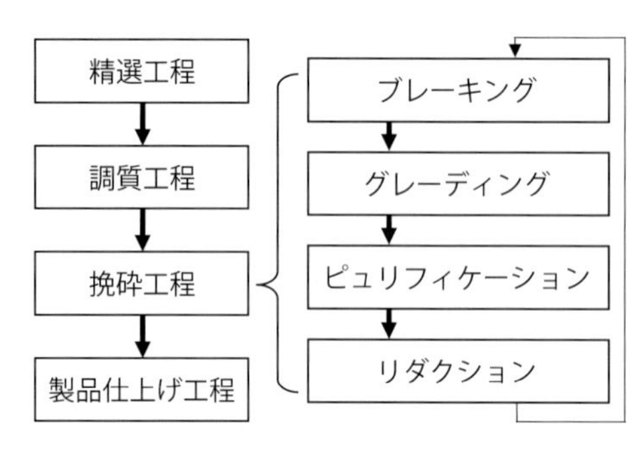

図3-39　段階式製粉法

(1) 精 選 工 程

サイロに一時貯留された原料小麦には，収穫時に混入した石，雑草，麦の茎，病害粒などの夾雑物や異物が混ざっている．精選工程（cleaning process）は，それらを取り除いて健全な小麦のみを選別する工程である．サイロから取り出された小麦は，大きさの違いで選別するふるい分け機（レシービングセパレータ，receiving separator），形状による分離機（ディスクセパレータ，disk separator），磁気を利用した金属分離機（マグネティックセパレータ，magnetic separator），比重の違いによる分離機（アスピレータ，aspirator；グラビティセパレータ，gravity separator；ストーナ，destoner）などによって選別および精選される．選別後の粒表面や粒溝に付着するゴミなどは研磨機（スカラ，scourer）によって除去される.

(2) 調 質 工 程

小麦の粉砕特性は粒自体の水分に左右される．粉砕前の最適水分は硬質小麦で 16 ～ 17 %，軟質小麦で 14 ～ 16 %とされているが，原料小麦の水分は 9 ～ 13 %程度である．このため，精選後の小麦に水を加えて常温で 24 ～ 36 時間ねかせ，粒内部が所定の水分状態となるようにする．これにより胚乳部分が粉砕しやすくなるとともに外皮は強靭になって剥離性が向上する．これら一連の操作を調質（conditioning），ねかせる操作をテンパリング（tempering）といい，良質の小麦粉を製造するためには欠かせない工程である．なお，小麦タンパク質（グルテン）を改善するための加熱処理が行われることもある．

(3) 挽砕（ばんさい）工程

高品質の小麦粉を得るためには外皮をなるべく砕かないようにして胚乳から分離し，胚乳に過度の機械的損傷を与えないよう段階的に少しずつ細かく砕くことが必要とされている．挽砕工程（milling process）は小麦を段階的に小麦粉（flour）とふすま（bran）に分ける工程であり，多段階ロール式粉砕機による粒の分割工程（ブレーキング，breaking），大きさによって胚乳粒子を分級する工程（グレーディング，grading），胚乳粒子と外皮の破片が混在している状態から外皮の破片だけを除去する工程（ピュリフィケーション，purification），胚乳粒子を細かく粉砕する工程（リダクション，reduction）の 4 工程に区分することができる．胚乳粒子は所定の粒度に粉砕されるまで前記の工程を繰り返して処理される．ブ

コラム「なぜコメは『粒』で小麦は『粉』？」

コメの糠層や小麦の外皮は繊維質の物性が食味を低下させるため，通常は除去する．コメの糠層（外糠層：果皮）は胚乳に比べて比較的柔らかく粒の外側を一律に覆っている（図）．このため，構造的にその全部が胚乳から分離しやすく，比較的容易に糠層の除去（搗精）が可能である．小麦の外皮も胚乳から分離しやすい組織ではあるが，粒溝で外皮が粒内部にめり込むような構造を持つ（図）．このため，粒構造を残したままでは外皮すべてを取り除くことができない．一方で，小麦の外皮はコメの糠層と比べて比較的硬く，胚乳はもろく砕けやすい．以上のような粒としての性質の違いから，コメの場合は粒のまま，小麦の場合は粉末にして利用されるようになったと考えられている．これら微小な粒の構造的特徴が穀物としてのそれぞれの加工適性を決定し，栽培に適する気候条件などと相まって食文化，ひいては文化人類学的な違いを生み出したと考えるととても興味深い．

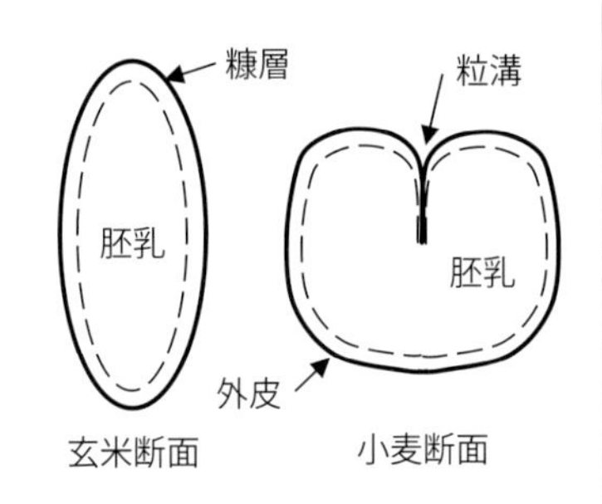

図　コメおよび小麦の構造

レーキングでは通常5～6段階のブレーキロール(break roll)が使われる．ブレーキロールは，1対のロール間に小麦を挟み込み，ロールの回転数差によって粒をねじるように圧縮せん断して粉砕する粉砕機である．ロール表面に目立をした条溝ロール（grooved roll）や表面が滑らかなスムースロール（smooth roll）がある．最初のブレーキロールでは小麦の表皮を分割および剥離展開して胚乳粗粒を取り出す．続くロールで展開した表皮の内側に残っている胚乳を剥離して掻き取る．ロールの歯型や向きは小麦の種類やブレーキの段数に適するよう選択される．グレーディングではロールによる粉砕物（ストック，stock）をふるい機（シフタ，sifter）によってふるい分けする．シフタは目開きの異なる数種類の平面ふるいを多数重ねた大きな箱状の装置で，箱ごと振動させてストックを粒度ごとに分ける．シフタ内に積み重ねられたふるいのうち最も目開きの細かいふるいを通過した粉末は「上り粉」もしくは「ブレーキ粉（break flour)」という．最初のブレーキロールで得られるブレーキ粉（first break flour）は，胚乳中心部のみの粉砕物となる．一方，目開きの粗いふるい上に残る外皮の破片が混在した粒子（ブレーキミドリングス，break middlings）は粒度別に分けられる．ピュリフィケーションではピュリファイヤ（purifier）によってブレーキミドリングスから外皮を除去する．ピュリファイヤはふるい面を通過する上昇気流で外皮の破片を吸い上げるとともに胚乳粒子（セモリナ（semorina）あるいは純化ミドリングス（purified middlings）と呼ばれる）を粒度別に分ける装置である．リダクションではセモリナおよび純化ミドリングスをスムースロールによって製品粒度まで細かく粉砕するとともに，胚芽も分離する．リダクションはさらに，サイジング（sizing）およびスクラッチ（scratch），テーリング（tailing），ミドリング（middling）の3工程に細分できる．サイジングはセモリナを細かくしてミドリング工程に送る工程であり，スクラッチは外皮が付着した胚乳から外皮を分離する工程である．テーリングはピュリファイヤやサイジングから出る外皮を含んだ粗い粒子からふすまを分離する工程，ミドリングは純化ミドリングスを粉砕，ふるい分けすることでより多くの粉を得る工程である．

(4) 製品仕上げ工程

小麦は粒の中心部と周辺部で成分組成に差がある．ブレーキングで得られる上り粉も工程の段階やロールごとに品質や特徴が異なる．このため，それぞれの段階での上り粉の品質をあらかじめ調べてから，混合機（mixer）で適切に混合して最終製品の品質を均一化する．最終製品は生産ロットごとに品質（水分, 灰分,, タンパク量，色など）が検査・評価され，包装・出荷される．

なお，製粉に関しての具体的な操作例は，製粉会社の HP にバーチャル工場見学などが開設されているので参照されたい．

2）粉粒体の性状

(1) 構造的特性

粉砕によって得られる粉粒体の形は不均一であり，粒子自体の大きさもさまざまである（図 3-40）．しかし，粉砕の程度を評価するためには，粉砕前後の粒子の大きさを測定する必要がある．表 3-1 に代表的な粒子径の定義を示す．一般的に，顕微鏡画像などで測定する場合は定方向径や円相当径が，また粉粒体操作に適した実用的粒子径として用いる場合はストークス径（Stokes diameter）がよく用いられる．測定した粒子径を表示する際は，どの定義による粒子径であるかを明確にすることが必要となる．

粒子の形状も，例えば粉粒体が流動する際の挙動などに関与するため，定量的に表現するための指標が数多く提案されており，大別すると形状指数と形状係数に分類できる．形状指数は粒子の投影像から得られる形状を定量化した値，形状係数は粒子を球とみなした場合の補正係数である．形状係数はまた，粒子の幾何学形状から決定される係数と，流体中を運動する粒子に作用する流体抗力と粒子形状との関係から決定される動力学的な係数に分類できる．最近ではフーリエ解析やフラクタル解析なども形状を表すために用いられている．形状の測定法は，顕微鏡写真などからの直接測定法と粒子の物理的特性を利用した間接法に分けることができる．

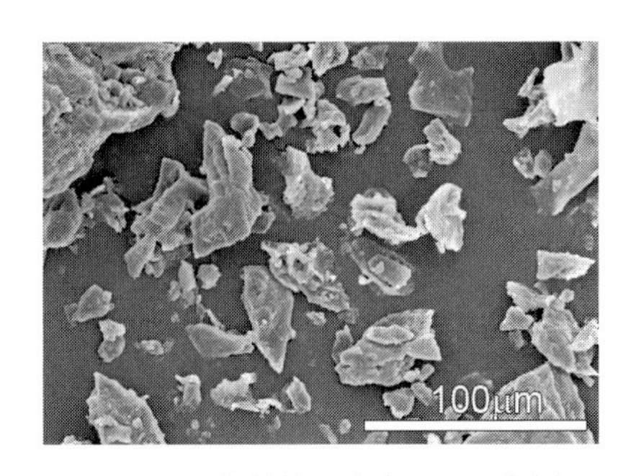

図 3-40　粉粒体の走査電顕画像例
カンキツ果皮粉砕物．

粒子の密度も粉粒体の性状を示す指標となる．ただし，粉砕された粒子は亀裂

表 3-1　粒子径の定義

分類		名称	定義
幾何学的径		長軸径	l
		短軸径	b
		厚さ	t
		2 軸平均径	$(b+l)/2$
		3 軸平均径	$(b+l+t)/3$
		3 軸幾何平均径	$(b\cdot l\cdot t)^{1/3}$
	定方向径	フェレー径	粒子をはさむ 2 本の平行線の距離（f）
		マーチン径	投影面積を 2 等分する線分の長さ（m）
		定方向最大径	一定方向における最大長さ（c）
相当径		外接円相当径	D
		内接円相当径	d
		周長円相当径	L/π（L：粒子周長）
		投影面積円相当径	$\sqrt{4S_p/\pi}$（S_p：粒子投影面積）
		表面積球相当径	$\sqrt{S/\pi}$（S：粒子表面積）
		体積球相当径	$\sqrt[3]{6v/\pi}$（v：粒子体積）
有効径		ストークス径 アレン径 ニュートン径	測定した粒子と同じ速度で沈降する同密度の球体の直径．沈降の終端速度はレイノルズ数（Re）によって異なるため，$Re<2$（ストークス域；層流域）ではストークス径，$2<Re<500$（アレン域；中間域）ではアレン径，$500<Re<10^5$（ニュートン域；乱流域）ではニュートン径と呼ばれる．通常はストークス径が用いられる．

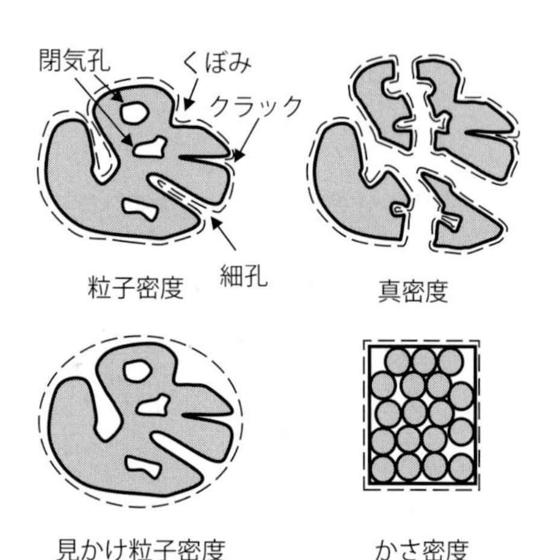

図3-41　粒子密度

や閉気孔を多く含む場合があり，それらを考慮する必要がある（図 3-41）．粒子密度（particle density）は，閉気孔は含むが粒子表面の凹みや割れ目，開いた空洞は粒子体積に含めない場合の密度である．真密度（true density）は材質そのものの密度で，粒子内部の閉気孔や異物などを除いた場合の密度である．粒子を十分に細かく粉砕して測定する必要がある．一方，クラックや細孔も粒子体積に含める場合は見かけ粒子密度（apparent density）となる．

粒子径分布を算出する場合，通常は見かけ粒子密度を用いることが多い．かさ密度（bulk density）は，一定容積の容器に粉粒体を充填してその内容積を体積としたときの密度のことである．粒子密度の測定には，液浸法（ピクノメータ法）や圧力比較法（ベックマン法）などが適用される．

粉粒体の単位体積あるいは単位質量当たりの表面積を比表面積（specific surface）といい，粒子径にほぼ反比例するため粒度（particle size）を表す指標として実用上よく用いられる．なお，亀裂やくぼみなど閉気孔以外のすべてを含む値を単に表面積もしくは全表面積といい，それらを含まない値を外部表面積として区別する場合がある．比表面積の測定法には，粉体層を透過する空気の透過量から求める空気透過法（air permeability method）をはじめ，ガス吸着法（gas adsorption method，もしくはBET法）などがある．

(2) 粒子径分布

粉粒体を多量の粒子からなる確率・統計的な集合体とみなすと，粒子径の分布状態を定量的に評価することができる．適切な粒子径間隔を横軸に，また各間隔に含まれる粒子の個数あるいは質量の全体に対する百分率を確率密度として縦軸に設定すると，粉粒体の粒子径分布（または粒度分布，particle size distribution）が得られる（図3-42）．一方，各粒子径間隔以下（ふるい下積算）あるいは以上（ふるい上積算）の積算粒子百分率による相対頻度から得られる頻度分布を積算分布（cumulative distribution）という．

ほとんどの場合，粒子径分布はある粒子径を中心とした粒子群からなっている．

コラム「粉塵爆発とは？」

可燃性ガスが存在しなくても粉塵だけで爆発が起きることは昔から認識されている．ただしどのような状況でも爆発するわけではなく，①粉塵が可燃性である，②微粉状態である，③支燃性ガス（空気）中で撹拌と流動がある，④発火源が存在する，の各条件が重ならないと爆発しない．通常であれば爆発可能な濃度の粉塵が浮遊することはほとんどない．しかし配管や装置内など局所的に粉塵濃度が高い場所で静電気などに起因する小さな爆発が起こり，その爆風によって周辺に堆積する粉塵が撹拌されればより大きな爆発（二次爆発）を生じる可能性がある．こうしたことからも粉粒体の扱いには十分な注意が必要であり，特に粉塵の堆積には気をつけねばならない．

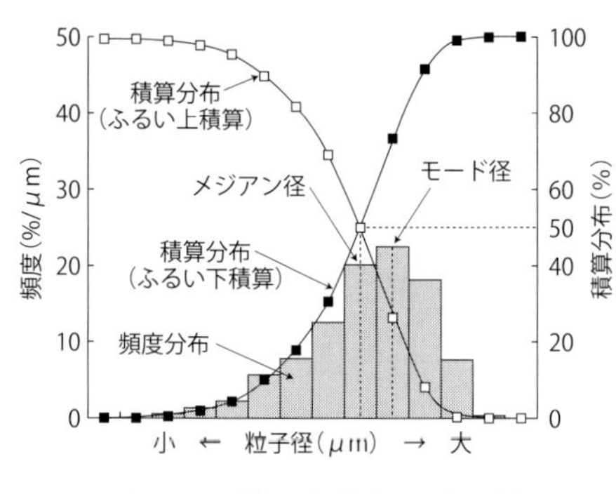

図3-42　粒子径分布の表示法

このため何らかの分布関数で近似的に表現することができれば，その関数で表される数学的パラメータを用いて分布状態を定量的に評価できる．以下に代表的な分布関数を示す．なお，粒子径分布で最高値を示す粒子径をモード径（modal diameter），積算分布の中央累積値（50 %）に相当する粒子径をメジアン径（median diameter）といい，粒度分布の簡易的，実用的な比較評価手段としてよく用いられる．

a．正 規 分 布

粒子径分布が正規分布（normal distribution）に近似できれば，粒径 D の粒子が現れる確率密度（%）は（3-1)式で示される．

$$f(D)=\frac{100}{\sigma\sqrt{2\pi}}=\exp\left\{-\frac{1}{2}\left(\frac{D-\overline{D}}{\sigma}\right)^2\right\} \tag{3-1}$$

ここで，$\overline{D}$:粒子の算術平均径，σ：標準偏差である．正規分布曲線は対称曲線のため，モード径，メジアン径いずれも算術平均と一致する．この場合，$\overline{D}$ と σ で粒度分布を表現することができる．

b．対数正規分布

工業的に生産される粉粒体は粗粒子側に偏った分布を示すため正規分布に近似できる場合が少ない．そのような非対称分布は対数正規分布（log-normal distribution）での近似に適合することが多い．（3-1)式の D および σ を $\log D$ と $\log\sigma_g$ に置き換えると（3-2)式となる．

$$f(D)=\frac{100}{\log\sigma_g\sqrt{2\pi}}\cdot\exp\left\{-\frac{1}{2}\left(\frac{\log D-\log\overline{D_g}}{\log\sigma_g}\right)^2\right\} \tag{3-2}$$

ここで，$\overline{D_g}$：幾何平均径（メジアン径），σ_g：幾何標準偏差である．

c．ロジン - ラムラー分布

Rosin と Rammler が石炭粉砕物の粒度分布を表す関数（(3-3)式）としてロジン - ラムラー分布（Rosin-Rammler distribution）を見出した．粒度分布範囲が広い場合の近似に適することが多い．

$$R(D) = 100 \cdot \exp(-bD^n) \qquad (3\text{-}3)$$

ここで，$R(D)$：ふるい上積算分率（%），b，n：粒度に関わる定数である．

$b = 1/D_e^n$ とおくと（3-3)式は，

$$R(D) = 100 \cdot \exp\left\{\left(-\frac{D}{D_e}\right)^n\right\} \qquad (3\text{-}4)$$

として表すことができる．ここで，D_e は粒度特性数（absolute size constant），n は均等数（distribution constant）という．n の値が小さいほど粒度分布範囲は広い．粉砕機による粉砕物では $n \leq 1$ になることが多い．なお，(3-4)式で $D = D_e$ とおくと，

$$R(D_e) = 100 \cdot \exp\{-1\} = \frac{100}{2.718} = 36.8\ \%$$

となる．したがって，D_e は $R(D) = 36.8$ %に対応する粒子径であり，n とともに粒度分布を評価するための指標となる．なお，対数正規分布およびロジン - ラムラー分布（Rosin-Rammler distribution）はそれぞれ対数確率線図およびロジン - ラムラー線図にプロットすると直線として表すことができる．

(3) 粒子径分布測定法

粒子径分布の測定には，粒子を幾何学径で区分してその頻度を重量百分率で表すふるい分け法が古くから利用されている．ふるい（sieve）には金網が多く用いられているが，最近では合成繊維の網も用いられている．電気化学的方法で作製された電成ふるい（electroformed screen）を用いれば湿式操作によって 5 μm 程度まで測定可能である．ストークス径で粒子を区分する沈降法（precipitation

表 3-2　粒子径分布測定法の分類

測定法		粒子径の物理的意味	測定量
ふるい分け法		幾何学径	重　量
画像解析法（顕微鏡法）		幾何学径	投影面積，長さ
沈降法	重量法	有効径	重量，圧力，比重
	光透過法	有効径	透過光量
	X 線透過法	有効径	透過 X 線量
レーザ回折・散乱法		相当径	光強度パターン
クロマトグラフィ法		有効径	透過光量

method）や，相当径で区分された粒子割合を個数百分率で表すことのできるレーザ回折・散乱法（laser diffraction method）などもよく利用される．表3-2に主な粒子径分布測定法（particle size distribution measurement）を示す．

3）粉　砕　機

所望の特性を維持した粉砕物を得るには目的に応じた粉砕機（mill，milling machine）の選定が必要である．例えば，粉粒体に対する熱負荷をできるだけ抑えたい場合には低速回転式の石臼や高速気流を用いるジェットミルなどが適する．こうした選定を行うには，粉砕機構や原理などによって粉砕機が分類されている必要がある．しかし，粉砕時の機械的な操作による粉粒体への実際の力学的作用機構がほとんどわかっていないため，未だに粉砕機の明確な分類基準はない．このため便宜的に，粉砕可能な粒度範囲や機械としての力の伝達機構などによる分類が適用されている．ここではそれら便宜上の分類に基づいて，農産・食品分野で利用される代表的な粉砕機について説明する．

(1) 粗　砕　機

粗砕機（coarse crusher）は，10 cm以上の原料を数cm程度に粉砕する．ジョークラッシャ（jaw crusher）は，固定板と可動板の間に原料をはさみ込み強い圧縮力で粉砕する．可動板の動かし方によりブレイク型，シングルトグル型などに分類される．ジャイレトリクラッシャ（gyratory crusher）は，固定したコンケーブと偏心回転する傘歯車の間に原料を噛み込んで圧縮破砕する．ハンマクラッシャ（hammer crusher）は，高速回転するスイング式のハンマ（ビータ）の衝撃力で原料を粉砕する．

(2) 中　砕　機

中砕機（secondary crusher）は，数cm程度の原料を数mm以下に粉砕する．ロールクラッシャ（roll crusher）は，回転方向および回転速度の異なる1対の円筒形水平ロールの間隙に原料を通し，ロールによる圧縮せん断で粉砕する．製粉に用いられ，ローラミル（roller mill）とも呼ばれる．カッタミル（cutter mill）は，鋭いカッタを取り付けたロータを高速で回転させ，せん断力あるいは切断力によって原料を粉砕する．微細粉末を得るには適さないが比較的粉砕されやすい材料の過粉砕を抑える場合や繊維状の材料，比較的熱に弱い材料などの粉砕に適する．ディスインテグレータ（disintegrator）は，2 個のケージ型ロータを同心軸の周りに反対方向に回転させ，内側ロータに供給した原料を遠心力と回転作用によってロータ間に分散させながら繰り返し衝撃力を与えて粉砕する．軟質材料や凝集したもろい材料，繊維質材料の粉砕に適する．

(3) 微粉砕機

微粉砕機（pulverizer）は，数 mm 以下を数十 μm 以下に粉砕する．衝撃式粉砕機（impact mill）は，衝撃力や衝撃に伴うせん断力，摩擦力によって原料を粉砕する．粉砕の程度は衝撃速度に関係する．衝撃の方法によってスクリーン型（screen mill，hammer mill），回転盤型（pin mill），軸流型（cyclone mill）に大別される．ジェットミル（jet mill）は軸流型の 1 つで，高圧の空気または不活性ガス，蒸気などで原料の粒子を音速程度に加速し，粒子相互間，粒子と壁面または衝突板と衝突させて粉砕する．熱負荷をかけずにサブミクロンの微細粒子にまで粉砕可能であるが，大きな動力が必要でエネルギ効率が低いなどの欠点がある．気流の循環方式によりいくつかの形式に大別される．ボールミル（ball mill）は，原料の粒子とともにセラミックなどの硬質のボールを粉砕媒体として円筒形の容器に入れ，容器の回転によるボールの落下衝撃で粉砕する．湿式，乾式いずれでも利用できる．

(4) 摩　砕　機

回転式石臼（rotary quern）は，細かく溝が刻まれた丸い円盤形の石を重ね合

コラム「食品ナノテクノロジとは？」

ナノサイズではなくとも数十 μm 以下の物質には人間が感覚的に接しているサイズ（$> 10^{-3}$ m）の世界と異なる性質が見られる．例えば，外皮を含んだ小麦粉であっても，20 ～ 30 μm 程度まで粉砕すれば滑らかな食感のパンを作ることができる（通常の小麦粉は 50 μm 程度）．コメも 30 ～ 60 μm 程度に極微細化することでパンの原料など，これまでとは異なる用途が広がりつつある．こうした食材の微粉末化にはジェットミルなどの粉砕装置が利用されている．

わせて回転し，重ね合わせ面に原料を送り込んでせん断力によって粉砕する．古くから穀類の製粉に用いられている．湿式，乾式いずれでも微粉末を得ることができる．擂潰機（らいかい）（raikai mixer）は，乳鉢様の容器（臼）に原料を投入し，1～3本の鉢棒（杵）を鉢面にすりつけるようにして摩砕と圧縮により粉砕，混練する．摩砕機は粉砕時の発熱が抑制できるため，比較的高品質な粉砕物を得ることができる．

4）粉砕理論

所望の粒度分布を得るために要する粉砕エネルギの見積りには，個々の粒子の粉砕に要したエネルギを全粒子分積算する必要がある．しかしながら，そうした解析は現実的に不可能であるため，粒子全体に加えられた有効仕事量と粉砕効果あるいは粉砕量との関係から推定せねばならない．固体粒子を粉砕する際，粉砕前後で粒子全体の質量や体積は変化しないが粒子径の減小とともに粒子全体の表面積は増加する．したがって，粉粒体の粒子径あるいは表面積の変化に着目すれば，粉砕に要するエネルギの見積りが可能となる．

（1）ルイスの一般式

ルイス（Lewis）は粉砕による粒子の代表長さ（D）当たりの所要エネルギ（E）増加を一般式として（3-5)式の形にまとめた．

$$dE = -k_L D^{-n} dD \quad (3\text{-}5)$$

ここで，k_L：物質および粉砕条件による定数，n：粉砕条件で決まるべき数である．

（2）キック（Kick）の法則

「粉砕に必要なエネルギは粒子の体積または重量に比例し，粉砕比の関数として表すことができる」との考え方が基本となっている．粗砕に対して成り立つ傾向を示し，花崗岩のような材料の粉砕によく適合する．ルイスの一般式を$n=1$として積分すると導くことができる．

$$E = k_K \log\frac{D_0}{D} = k_{K'} \cdot \log\frac{S}{S_0} \quad (3\text{-}6)$$

ここで，k_K，$k_{K'}$：物質および粉砕条件による定数，D_0，D：粉砕前後の粒子径（モード径やメジアン径あるいはロジン - ラムラー分布の粒度特性数などで表される代表粒子径），S_0，S：粉砕前後の比表面積である．

（3）ボンド（Bond）の法則

「一定重量の固体粒子を粉砕するのに必要なエネルギは，粉砕物の粒径の平方根に反比例する」との考え方が基本となっている．ルイスの一般式を $n=1.5$ として積分すると導くことができる．

$$E=k_B\left(\frac{1}{\sqrt{D}}-\frac{1}{\sqrt{D_0}}\right)=k_{B'}(\sqrt{S}-\sqrt{S_0}) \tag{3-7}$$

ここで，k_B，$k_{B'}$：物質および粉砕条件による定数である．

ボンドはまた粉砕抵抗に相当する仕事指数（work index）の概念を導入した．仕事指数 Wi は，無限大の粒子を $D=100$ µm まで粉砕するのに要する仕事（kWh/t）と定義される．

$$E=k_B\left(\frac{1}{\sqrt{D}}-\frac{1}{\sqrt{D_0}}\right)=Wi\left(\frac{\sqrt{D_0}-\sqrt{D}}{\sqrt{D_0}}\right)\cdot\sqrt{\frac{100}{D}}=Wi\left(\frac{\sqrt{r}-1}{\sqrt{r}}\right)\cdot\sqrt{\frac{100}{D}} \tag{3-8}$$

ここで，r：粉砕比（D_0/D）である．

（4）リッティンガー（Rittinger）の法則

「粉砕に必要なエネルギは粉砕により新しく生成した粉砕表面積に比例する」との考え方が基本となっている．微粉砕に適するといわれている．ルイスの一般式を $n=2$ として積分すると導くことができる．

$$E=k_R\left(\frac{1}{D}-\frac{1}{D_0}\right)=k_{R'}(S-S_0) \tag{3-9}$$

ここで，k_R，$k_{R'}$：物質および粉砕条件による定数である．

（5）田中（限界比表面積）の式

粉砕が進行すると，リッティンガーの式で表される直線関係は次第にずれて効率が低下し始め，最終的にどれだけエネルギを投入しても比表面積が増加しなくなる．田中はこれを限界比表面積とし，粉砕中の比表面積の変化はエネルギの指数関数で表されるとした．限界比表面積を S_∞ とすると，

$$\frac{dS}{dE}=k_T(S_\infty-S) \qquad (3\text{-}10)$$

（$S_\infty \gg S_0$ となるので）

$$S \cong S_\infty(1-\exp(-k_T E)) \qquad (3\text{-}11)$$

ここで，k_T：物質および粉砕条件による定数である．

演習問題 3-9

縦軸に比表面積（S），横軸に粉砕エネルギ（E）をとって，キック，ボンド，リッティンガーの各法則および田中の式をグラフ上にプロットしなさい．なお，初期比表面積 $S_0=2$，限界比表面積 $S_\infty=20$，$k_{K'}=2.6$，$k_{B'}=3.2$，$k_{R'}=1$，$k_T=0.07$，$0<S<30$ の範囲でプロットするものとする．

例解　キックの法則（(3-6)式）より，$S=S_0\cdot\exp(E/k_K)$　…①

ボンドの法則（(3-7)式）より，

$$S=\left(\frac{E}{k_{B'}}+\sqrt{S_0}\right)^2 \qquad \cdots②$$

リッティンガーの法則（(3-9)式）より，

$$S=\frac{E}{k_{R'}}+S_0 \qquad \cdots③$$

田中の式（(3-11)式）より，$S\cong S_\infty\{1-\exp(-k_T E)\}$　…④

各値を代入し，それぞれをグラフ上にプロットすると図のようになる．各法則の特徴がある程度把握できる．

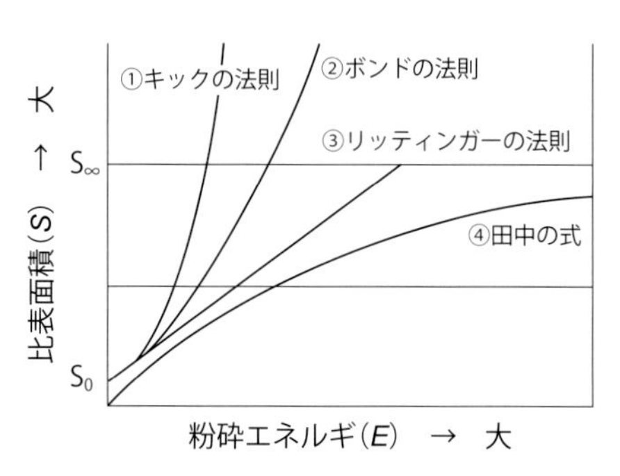

図　粉砕エネルギ(E)と比表面積(S)

第4章

流体操作

1. 輸　　送

液体と気体を合わせて流体といい，流体の流れ動く現象が流動である．農産物の加工や食品製造においてさまざまな単位操作は連続的に行われ，原料から製品に至るまで流体や半固体状の原料や製品は管路を連続的に輸送される．輸送法は生産活動に大きく影響を及ぼすため，流動に関する知識は技術者にとって重要である．また，伝熱や物質移動などの操作を行うための装置内では，流動状態が操作に影響を及ぼすことが知られている．そのため，流動に関する知識は流体輸送だけでなく，これらの諸操作を理解するための基礎としても重要である．ここでは流動の基礎的事項や流れの計測法，およびポンプや送風機など輸送機器に関する基礎的事項について学ぶ.

1）流動の基礎

(1) 流体の性質

密度（density，kg/m^3）は，流体の単位体積当たりの質量と定義され，流動や伝熱，拡散などの問題を考える場合に必要となる基本的な物性値の 1 つである．また，密度の逆数を比容積または比体積（specific volume，m^3/kg）という.

流体の密度は温度と圧力の関数であるため,圧力が変化すると体積も変化する．この性質を圧縮性といい，圧縮性を持つ流体を圧縮性流体，圧縮性を持たない流体を非圧縮性流体という．実在の流体は厳密には圧縮性流体であるが，液体の密度あるいは体積は温度や圧力による変化がきわめて少ない．そのため，液体は非圧縮性流体として取り扱うことができる．また，気体の場合も，圧力変化が小さい流動状態においては非圧縮性流体とみなすことができる.

流体を動かそうとした場合，流体内にはそれを妨げようとする抵抗力が働く．このような性質を流体の粘性（viscosity）という．粘性の度合いを示す物性値が粘度（Pa•s）であり，その数値が大きい流体ほど流動させるためには大きな力を加える必要があり，流動しづらい．ずり応力（Pa）（せん断応力ともいう）が，ずり速度（1/s）（速度勾配ともいう）の増加に伴って直線的に増加し，ずり応力とずり速度の関係（流動曲線）が原点を通る直線で示される流体をニュートン流体（Newton fluid）という．ニュートン流体では，粘度はずり速度によらず一定の値となる．水や食用油などはニュートン流体である．ずり応力とずり速度の関係が原点を通る直線で表されない流体を非ニュートン流体（non-Newtonian fluid）という．非ニュートン流体は流動曲線の形状からビンガム流体，擬塑性流体，ダイラタント流体などに分類され，ずり応力が異なると粘度も変化する．ケチャップ，マヨネーズなどは非ニュートン流体である．

(2) 流速と流量

流体が円管を流れるとき，同一断面において，実際にはその速さは一定ではなく，管の内壁に接した部分は流体の粘性によって壁面に付着して遅く，管の中心部分が最も速くなる．しかし，便宜上，円管内の同一断面のどの部分も一定の速さで流れていると仮定した平均流速（average velocity）（単に流速ともいう）を用いて計算することが多い．

流体が円管断面を満たしながら連続的に定常状態（流速や流体温度，圧力などが常に一定に保たれている状態）で流れているとき，単位時間当たりに流れる流体の体積を体積流量（volume flow rate，m^3/s）という．体積流量 Q（m^3/s）は，円管内の平均流速を u（m/s），管断面積を S（m^2），管内径を d（m）とすると次式で示される．

$$Q = Su = \frac{\pi}{4}d^2u \qquad (4\text{-}1)$$

一方，単位時間に流れる流体の質量を質量流量（mass flow rate，kg/s）という．流体の密度を ρ（kg/m^3）とすると，質量流量 w（kg/s）は次式から計算できる．

$$w = Q\rho = Su\rho = \frac{\pi}{4}d^2u\rho \qquad (4\text{-}2)$$

(3) 連続の式

図 4-1 に示すような管路内を流体が定常流れで断面①から断面②の方向に流れるとき，断面①と断面②を通過する流体の質量が等しいことから，全物質収支が成り立つ．すなわち，断面①と断面②における質量流量をそれぞれ w_1（kg/s），w_2（kg/s）とすると次式が成り立つ．

$$w_1 = w_2 \tag{4-3}$$

断面①と断面②における流体の流速をそれぞれ u_1，u_2（m/s），流体密度をそれぞれ ρ_1，ρ_2（kg/m^3），また断面積をそれぞれ S_1，S_2（m^2）とすると，(4-2)式を用いれば（4-3)式は次のように書き換えられる．

$$S_1 u_1 \rho_1 = S_2 u_2 \rho_2 \tag{4-4}$$

この関係を連続の式（equation of continuity）という．

液体のような非圧縮性流体や定常流れにおいて流体の温度や圧力の変化が小さいとき，密度は一定とみなせる．そのため（4-4)式において $\rho_1 = \rho_2$ とすることができ，(4-4)式は次のような簡単な式になる．

$$S_1 u_1 = S_2 u_2 = Q \tag{4-5}$$

つまり，任意断面において体積流量が一定となる．さらに，(4-5)式は円管の内径 d_1（m），d_2（m）を使うと次式のように変形される．

$$u_1 / u_2 = (d_2 / d_1)^2 \tag{4-6}$$

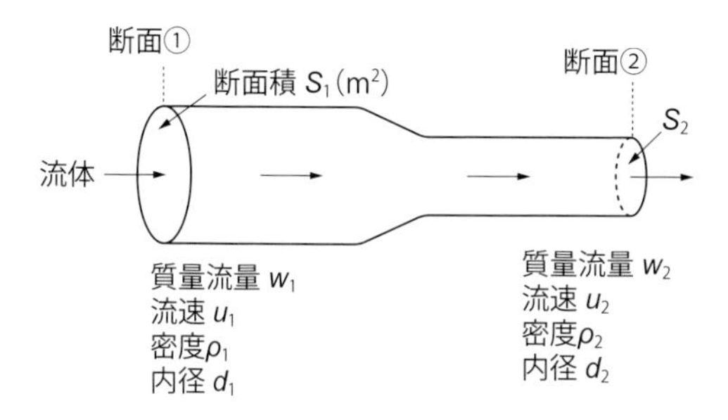

図4-1　定常流れの物質収支（連続の式）

演習問題 4-1

直径が 20 cm から 10 cm に細くなっている管路がある．この管路では定常流れで水が流れており，直径 20 cm の断面での流速は 1.0 m/s である．このとき直径 10 cm の断面での流速はいくらか．また，このときの体積流量と質量流量を求めよ．ただし，水の密度を 1 000 kg/m^3 とする．

例解　密度は一定であるので，連続の式より $S_1u_1 = S_2u_2$ が成り立つ．(4-6)式を変形してそれぞれ数値を代入すると，直径 10 cm の断面での流速 u_2 は

$$u_2 = u_1(d_1/d_2)^2 = 1.0 \times (0.2/0.1)^2 = 4.0 \text{ (m/s)}$$

直径 10 cm の断面での体積流量 Q_2 は (4-1)式から

$$Q_2 = S_2u_2 = \frac{\pi}{4}d_2^{\,2}u_2 = \frac{\pi}{4} \times (0.1)^2 \times 4.0 = 0.0314 \text{ (m}^3\text{/s)}$$

また，直径 10 cm の断面での質量流量 w_2 は (4-2)式から

$$w_2 = Q_2\rho_2 = 0.0314 \times 1\,000 = 31.4 \text{ (kg/s)}$$

(4) ベルヌイ式

図 4-2 に示すような管路内の定常流れを考える．基準面からそれぞれ Z_1, Z_2(m) の高さにある断面①, ②における流体の流速を u_1, u_2 (m/s), 圧力を P_1, P_2 (Pa), 比容積を v_1, v_2 (m^3/kg), 内部エネルギを U_1, U_2 (J/kg), さらに断面①から②の間で流体 1 kg がポンプ（またはブロア）から与えられた機械的エネルギを W (J/kg), 加熱器より与えられた熱エネルギを H (J/kg) とする．エネルギ保存の法則により，断面①を通過する流体の持つエネルギと断面①から②までの間で加えられたエネルギとの和が断面②を通過する流体の持つエネルギに等しくなるので，断面①から断面②までのエネルギ収支は次のようになる（重力加速度を g (m/s^2) とする）.

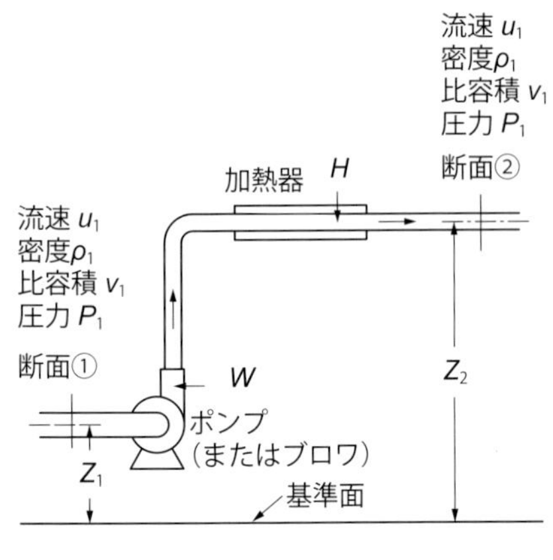

図4-2　定常流れのエネルギー収支（ベルヌイ式）

$$gZ_1 + \frac{1}{2}u_1^{\,2} + P_1v_1 + U_1 + W + H = gZ_2 + \frac{1}{2}u_2^{\,2} + P_2v_2 + U_2 \qquad (4\text{-}7)$$

(4-7)式を全エネルギ収支（total energy balance）という．また，(4-7)式において $u^2/2$，gZ，Pv は，それぞれ流体 1 kg が持つ運動エネルギ，位置エネルギ，圧力エネルギを表す．

断面①から②の間で外部からのエネルギ（仕事や熱）の出入りがなく，温度が一定に保たれている場合は $W = 0, H = 0, U_1 = U_2$ となるので，(4-7)式から(4-8)式が得られる．

$$gZ_1 + \frac{1}{2}u_1^2 + P_1 v_1 = gZ_2 + \frac{1}{2}u_2^2 + P_2 v_2 \tag{4-8}$$

(4-8)式は，位置エネルギ，運動エネルギ，圧力のエネルギの和が一定であることを示しており，ベルヌイ式（Bernoulli's equation）の基本形である．

(4-8)式の両辺を重力加速度 g で割ると次式が得られる．

$$Z_1 + \frac{1}{2g}u_1^2 + \frac{P_1 v_1}{g} = Z_2 + \frac{1}{2g}u_2^2 + \frac{P_2 v_2}{g} \tag{4-9}$$

さらに，比容積 v を密度の逆数 $1/\rho$ で置換すると（4-9)式は（4-10)式のように変形される．

$$Z_1 + \frac{1}{2g}u_1^2 + \frac{P_1}{g\rho_1} = Z_2 + \frac{1}{2g}u_2^2 + \frac{P_2}{g\rho_2} \tag{4-10}$$

(4-9)式，(4-10)式のそれぞれの項は，すべて長さ（m）の次元で表され，ヘッドあるいは頭（とう）という．Z を位置ヘッド，$u^2/2g$ を速度ヘッド，Pv/g および $P/g\rho$ を圧力ヘッド（静圧ヘッド）という．

演習問題 4-2

直径が 50 cm（断面①）から 30 cm（断面②）に細くなっている垂直管内を上から下に定常状態で 8.4 m^3/min の流量で水が流れている．上方の断面①でのゲージ圧が 70 kPa のとき，それより 1.5 m 下の断面②におけるゲージ圧を求めよ．ただし，水の密度を 1 000 kg/m^3 とする．

例解　断面①と②において，ベルヌイの変形式（4-10)式を適用すると（密度は一定），

$$Z_1 + \frac{1}{2g}u_1^2 + \frac{P_1}{g\rho} = Z_2 + \frac{1}{2g}u_2^2 + \frac{P_2}{g\rho}$$

$$P_2 - P_1 = \rho g\left\{\left(\frac{u_1^{\,2} - u_2^{\,2}}{2g}\right) + (Z_1 - Z_2)\right\}$$

今，体積流量が 8.4 m^3/min = 0.14 m^3/s で，管内径がそれぞれ d_1 = 0.5 m，d_2 = 0.3 m であるから，連続の式より流速 u_1，u_2 は

$$u_1 = \frac{Q}{S_1} = \frac{0.14}{(\pi/4)\times 0.5^2} = 0.713 \text{（m/s）}$$

$$u_2 = \frac{Q}{S_2} = \frac{0.14}{(\pi/4)\times 0.3^2} = 1.982 \text{（m/s）}$$

これらの値を上式に代入して，

$$P_2 - P_1 = 1\,000 \times 9.8\left\{\left(\frac{0.713^2 - 1.982^2}{2 \times 9.8}\right) + 1.5\right\} = 12\,990 \text{（Pa）} = 13.0 \text{（kPa）}$$

したがって，断面②におけるゲージ圧は，70.0 ＋ 13.0 ＝ 83.0（kPa）

●補足 1　圧力の関係（大気圧，ゲージ圧，絶対圧）

大気圧を基準（ゼロ）として測った圧力がゲージ圧で，絶対圧は次のようになる．

絶対圧＝ゲージ圧＋大気圧

大気圧より高い圧力を正圧，低い圧力を負圧あるいは真空度という．

(5) 流れの性質

流体流れのエネルギ損失の大きさは，流れの状態の影響を受ける．流体の流れは流動機構の差異によって層流（laminar flow）と乱流（turbulent flow）の２つに分けられる．流体の各粒子が流れ方向に向かってすべて平行に動く流れを層流といい，流体粒子が流れの主流以外の方向にも分速度を持ち，その大きさが絶えず変化しながら流れる乱れた流れを乱流という．

流れが層流か乱流であるかはレイノルズ数（Reynolds number）Re という無次元数の大きさにより判別される．流れの代表長さを l（m），平均流速を u（m/s），流体密度を ρ（kg/m^3），流体粘度を μ（Pa•s）とすれば，レイノルズ数は次式で与えられる．

$$Re = \frac{lu\rho}{\mu} \tag{4-11}$$

円管内流動に対しては，流れの代表長さ l は管の内径 d を用いる．円管の場合，$Re < 2\,100$ の流れは層流，$Re > 4\,000$ の流れは乱流となることが知られている．また，$2\,100 < Re < 4\,000$ では流れが不安定で，この範囲の流れは遷移域（transition region）の流れといわれる．

(6) 流れのエネルギ損失

管路を用いた流体輸送では，さまざまな原因によって機械的エネルギの損失が起こるため，エネルギ損失以上のエネルギを与えないと流体は流れない．そのため，流体を輸送する際にはどのようなエネルギ損失が起こるのかを考慮する必要がある．エネルギ損失には摩擦によるもの，管路断面の急激な変化に基づくもの，管路内に挿入された継手や弁類に基づくものなどがある．

a．直管内流れの摩擦エネルギ損失と圧力損失

管径一定のまっすぐな管内を流体が流れる場合のエネルギ損失は，流体と管壁面との摩擦および流体の内部摩擦によるもので，これを摩擦エネルギ損失といい，摩擦エネルギ損失の値に流体密度を乗じたものを摩擦圧力損失という．管が水平な場合には，管内の2点間の摩擦圧力損失は実際の圧力低下に等しい．

直径が一定の直円管を流体が流れるときの流体の摩擦損失の大きさ F（J/kg）は，流体の運動エネルギ $u^2/2$ と管長 L に比例し，管内径 d に反比例することが知られており，次のファニングの式（Fanning's equation）から計算できる．

$$F = 4f\frac{u^2}{2}\cdot\frac{L}{d} \tag{4-12}$$

(4-12)式における比例定数 f は，摩擦係数(friction factor)といわれる無次元数で，Re と管壁面の粗さの関数である．層流の場合には次の式が適用できる．

$$f = \frac{16}{Re} \tag{4-13}$$

(4-11)，(4-13)式を（4-12)式に代入すると次式が得られる（$L = d$）．

$$\Delta P = F\rho = \frac{32\,\mu\,Lu}{d^2} \tag{4-14}$$

(4-14)式の ΔP（Pa）は，摩擦エネルギ損失に相当する圧力損失（圧力降下）で，ΔP は摩擦エネルギ損失 F に流体密度 ρ を乗ずることにより求められる．また，

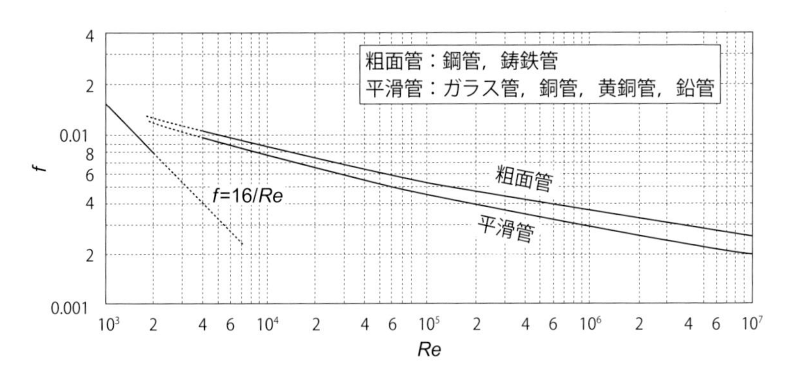

図4-3　円管内流れの摩擦係数fとレイノルズ数Reの関係

(4-14)式をハーゲン・ポアズイユの式（Hagen-Poiseuille's equation）という．

乱流の場合には，摩擦係数を層流のような一般的な式で表すことが難しく，多くの実験式が提案されている．平滑面管ではカルマンの式（Karman's equation）といわれる（4-15)式が，また粗面管に対してはニクラッチェの式（Nikuradse's eqaution）といわれる（4-16)式がそれぞれ適用できる．

$$\frac{1}{\sqrt{f}} = 4\log_{10}\left(Re\sqrt{f}\right) - 0.4 \tag{4-15}$$

$$\frac{1}{\sqrt{f}} = 3.2\log_{10}\left(Re\sqrt{f}\right) + 1.2 \tag{4-16}$$

(4-15)式はプラントルの式（Prandtl's eqaution）ともいわれ，ガラス管，銅管，鉛管などに適用できる．(4-16)式は鋼管，鋳鉄管，亜鉛引鉄管などに適用できる．図4-3は円管内流れの摩擦係数fとレイノルズ数Reの関係を示した相関図で，この図を利用すればfの値を読み取ることができる．なお，平滑面管に対しては，$Re < 10^5$の範囲で次のブラジウスの式（Blasius' equation）がfの実測値とよく一致する．

$$f = 0.0791Re^{-0.25} \tag{4-17}$$

(4-17)式は式の形が簡単なのでよく用いられる．

演習問題 4-3

内径10 mmの水平に設置された平滑円管を用いて水（粘度1.00 mPa•s，密度1 000 kg/m³）を流速3.0 m/sで100 mの距離を輸送する．このときの摩擦によるエネルギ損失および圧力損失を求めよ．

例解

$$Re = \frac{10 \times 10^{-3} \times 3.0 \times 1\,000}{1.0 \times 10^{-3}} = 3.0 \times 10^{4} > 4\,000$$

であるので，流れは乱流である．(4-12)式における摩擦係数fを図4-3から読み取ると0.006である．

各数値を（4-12)式に代入すると，摩擦によるエネルギ損失Fは

$$F = 4 \times 0.006 \times \frac{3.0^2}{2} \cdot \frac{100}{10 \times 10^{-3}} = 1.08 \times 10^{3}\ \text{(J/kg)}$$

また，圧力損失ΔPは，Fに流体密度ρを乗じて，

$\Delta P = F \cdot \rho = 1.08 \times 10^{3} \times 1\,000 = 1.08 \times 10^{6}$ (Pa) $= 1.08$ (MPa)

※この問題の場合，摩擦係数fは（4-17)式から求めることもできる．

b．管路断面積の急激な変化によるエネルギ損失

管路の断面積が急に拡大したり，または縮小したりする場合には，流動流体中に渦を生じるために機械的エネルギの損失が起こる．ただし，流れが層流のときには，この種のエネルギ損失はきわめて小さく，たいていの場合に無視しても差し支えない．

管路の断面積がA_1 (m^2)（内径d_1 (m)）からA_2 (m)（内径d_2 (m^2)）に急激に拡大し（$A_1 < A_2$, $d_1 < d_2$)，その結果，流速がu_1 (m/s) からu_2 (m/s) に減少する場合のエネルギ損失F_e (J/kg) は次式で表される．

$$F_e = (1 - A_1/A_2)\frac{u_1^{\,2}}{2} = \{1 - (d_1/d_2)^2\}\frac{u_1^{\,2}}{2} \qquad (4\text{-}18)$$

それに対して管路の断面積がA_1 (m^2)（内径d_1 (m)）からA_2 (m)（内径d_2 (m^2)）に急激に縮小し（$A_1 > A_2$, $d_1 > d_2$)，流速がu_1 (m/s) からu_2 (m/s) に増加する場合のエネルギ損失F_c (J/kg) は次式で表される．

$$F_c = K_c \frac{u_2^{\,2}}{2} \qquad (4\text{-}19)$$

$$\begin{aligned} &A_2/A_1 < 0.715\text{ のとき，} K_c = 0.5 - 0.4(A_2/A_1) = 0.5 - 0.4(d_2/d_1)^2 \\ &A_2/A_1 > 0.715\text{ のとき，} K_c = 0.75 - 0.75(A_2/A_1) = 0.75 - 0.75(d_2/d_1)^2 \end{aligned} \qquad (4\text{-}20)$$

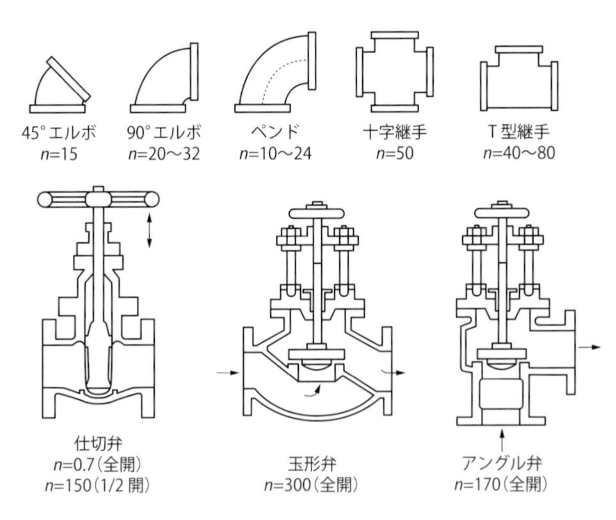

図4-4　管付属品と係数 n

c．継手や弁などの管付属品によるエネルギ損失

流体を輸送する際，管路の途中に図4-4に示したような継手や弁などが接続され，そこでもエネルギ損失が起こる．この場合のエネルギ損失 F_a（J/kg）は次式のように相当長さ L_e（m）を用いて表される．

$$F_a = 4f\frac{u^2}{2}\cdot\frac{L_e}{d} \tag{4-21}$$

相当長さ L_e は，継手や弁などの与えるエネルギ損失と等しいエネルギ損失を生じるような直管の長さに相当し，エネルギ損失に相当する分だけ管が長くなったとみなす．相当長さ L_e は，管付属品による損失を水平に設置された管の直径の何倍に相当するかという値に換算されたもので，次式から求められる．

$$L_e = nd \tag{4-22}$$

係数 n の値は付属品ごとに与えられている．(4-22)式から求めた相当長さを実際の直管の長さに加えることで，管付属品によるエネルギ損失を加算できる．

d．流体輸送機に与える動力（輸送動力）の計算

管路に流体を流すには，管路のエネルギ損失を上回るエネルギをポンプあるいは送風機などの流体輸送機に与える必要がある．このとき，単位時間に必要なエネルギを動力といい，（W = J/s）の単位を持つ．

管路における各種のエネルギ損失（直管部での摩擦損失や流れの拡大および縮小，管継手や弁などによるエネルギ損失など）の総和を$\sum F_m$（J/kg）とすると，管路に供給すべき仕事W_m（J/kg）は次式から算出できる．

$$W_m = (Z_2 - Z_1)g + \frac{u_2^{\ 2} - u_1^{\ 2}}{2} + \frac{P_2 - P_1}{2} + \sum F_m \tag{4-23}$$

流体輸送機を用いて流体を一定の流量で輸送する際に理論的に必要な動力は，供給されるすべてのエネルギが流体を輸送する仕事に使われる場合の動力に等しい．これを理論動力（theoretical power）L_w（W = J/s）といい，理論動力は（4-23）式から求められた仕事W_m(J/kg)に質量流量w(kg/s)を乗ずることで求められる．

$$L_w = W_m \cdot w \tag{4-24}$$

動力は仕事率ともいわれる．

流体輸送機に供給された動力の一部は，輸送機内部の摩擦などによっても消費される．そのため，流体を一定の流量で輸送するために流体輸送機に加えなければならない動力は，理論動力に輸送機内部の摩擦などによって消費される動力を加えたものとなる．これを軸動力（shaft power）L_s（W = J/s）という．軸動力は，その流体輸送機の理論動力を効率ηで割ることにより求めることができる．

$$L_s = \frac{L_w}{\eta} = \frac{W_m \cdot w}{\eta} \tag{4-25}$$

ηは流体輸送機の性能を表す値である．

演習問題 4-4

内径 30 mm の鋼管とポンプを用いて，地下の貯水槽から高さ 30 m にある別のタンクに水を流速 2.0 m/s で汲み上げる．管路の直管部の長さは 100 m で，管路中には 90° のエルボ 3 個（係数 n = 32）と，玉形弁 2 個（係数 n = 300）が取り付けられている．このとき，摩擦によるエネルギ損失およびポンプの総合効率を 60 %としたときの必要動力を求めよ．ただし，水の密度は 1 000 kg/m^3，粘度は 1.00 mPa·s とする．

例解

$$Re = \frac{30 \times 10^{-3} \times 2.0 \times 1\,000}{1.0 \times 10^{-3}} = 6.0 \times 10^4 > 4\,000$$

であるので，流れは乱流である．摩擦係数fを図 4-3 から読み取ると 0.006

である．

管付属品によるエネルギ損失 F_a (J/kg) は (4-21)式から求められる．(4-21)式における相当長さ L_e (m) は，管の直径 $d = 0.03$ (m) であるから，(4-22)式より

$$L_e = (32 \times 3 + 300 \times 2) \times 0.03 = 20.88 = 20.9 \text{ (m)}$$

したがって，管付属品によるエネルギ損失 F_a (J/kg) は，(4-21)式より

$$F_a = 4f\frac{u^2}{2} \cdot \frac{L_e}{d} = 4 \times 0.006 \times \frac{2.0^2}{2} \times \frac{20.9}{0.03} = 33.44 = 33.4 \text{ (J/kg)}$$

摩擦によるエネルギ損失 F (J/kg) は，(4-12)式より

$$F = 4f\frac{u^2}{2} \cdot \frac{L_e}{d} = 4 \times 0.006 \times \frac{2.0^2}{2} \times \frac{100}{0.03} = 160.0 \text{ (J/kg)}$$

したがって，全エネルギ損失 ΣF_m (J/kg) は，

$$\Sigma F_m = F + F_a = 160.0 + 33.4 = 193.4 \text{ (J/kg)}$$

(全エネルギ損失 ΣF_m (J/kg) を

$$\sum F_m = 4f\frac{u^2}{2} \cdot \frac{(L + L_e)}{d} = 4 \times 0.006 \times \frac{2.0^2}{2} \times \frac{(100 + 20.9)}{0.03} = 193.44 \text{ (J/kg)}$$

と求めてもよい)

管路系に供給すべき仕事 W_m (J/kg) は，(4-23)式より ($u_1 = 0, P_2 - P_1 = 0$)

$$W_m = (Z_2 - Z_1)g + \frac{u_2{}^2 - u_1{}^2}{2} + \frac{P_2 - P_1}{2} + \sum F_m$$

$$= 30 \times 9.8 + \frac{2.0^2}{2} + 193.44 = 489.4 \text{ (J/kg)}$$

汲み上げられる水の質量流量 w (kg/s) は，(4-2)式より

$$w = \frac{\pi}{4} d^2 u_2 \rho = \frac{\pi}{4} 0.03^2 \times 2.0 \times 1\,000 = 1.413 = 1.41 \text{(kg/s)}$$

したがって，管路内のポンプを運転するのに必要な動力 L_s (W = J/s) は，(4-25)式より

$$L_s = \frac{(W_m \cdot w)}{\eta} = \frac{489.4 \times 1.41}{60 \times 10^{-2}} = 1150.09 \text{ (W)} = 1.15 \text{ (kW)}$$

2）流動に関する計測

(1) 圧力の測定

流体の圧力を測定するには圧力計(pressure gauge)を用いる．その主なものに，マノメータ（manometer）と弾性式圧力計（elastic pressure gauge）がある．

マノメータは，液柱計ともいわれ，液柱の高さの差によって圧力を測定する機器である．U 字管マノメータの原理は，U 字部分に水銀や水などの液体（封液）を入れ，一方の液面上に測定すべき圧力を，もう一方に大気圧または測定圧と比較すべき圧力を作用させる．両圧力の差圧により両柱の液面高さに差が生じるため，マノメータにより圧力が測定できる．

弾性式圧力計は，弾性体が変形するときの力と流体の圧力を釣り合わせ，その変位から圧力を計測する．弾性式圧力計にはブルドン管，ダイヤフラム，ベローズ圧力計がある．

(2) 流速の測定

a．ピトー管

ピトー管（Pitot tube）は，主に流体の局部流速を測定するために用いられるが，流速の測定結果から流量を求めることもできる．ピトー管による流速の測定原理はベルヌイ式に基づいており，ピトー管を用いて流路に流れる流体の動圧を測定し，流速に換算する．

b．熱線風速計，熱膜流速計

流体温度より高く保持された金属細線が気流によって冷却されるとき，金属の温度変化が生じる．熱線風速計（hot-wire anemometer）や熱膜流速計（hot-film anemometer）は，この温度変化に対応する電気抵抗の変化を測定して流速を求める流速センサである．熱線風速計の測定部は，絶縁被覆された 2 本の支柱に直径 2.5 ～ 10 μm の白金，白金 - ロジウム，タングステンなどの金属細線が張られている．熱膜流速計の測定部では，円錐状のプローブに薄膜状に白金やニッケルなどの金属がコーティングされている．熱線流速計は主として気体，液膜流速計は液体の流速測定に用いられる．

c．レーザドップラ流速計

レーザドップラ流速計（laser doppler velocimeter，LDV）は，流速と微粒子による散乱光の周波数シフトの関係を利用して流速を計測する非接触型の流速計である．この流速計は気体と液体の流速計測に用いられ，実験・研究用に有用な流速計である．

d．超音波流速計

超音波流速計（ultrasonic velocity meter）には，伝搬時間差から超音波測線上の流速を求める伝搬時間差法と送受波する超音波周波数のドプラシフトから流速を求めるドプラ法の２種類がある．超音波流速計は，非接触型の流速計で，気体と液体の流速計測に用いられている．流量補正係数を利用して流速から流量に換算し，流量を測定する超音波式流量計（ultrasonic flow meter）も販売されている．

(3) 流れの可視化

流動状態を検討するために，流動状態を眼に見えるようにすることを流れの可視化という．種々の流動現象のメカニズムの解明に流れの可視化法が果たす役割は大きい．可視化は流れ全体を把握できる利点を持つが，得られた写真や映像がどのような物理量を表現しているかを明確にしておくことが重要である．また，流れの可視化法には多くの手法があるが，どの手法も適用可能な条件が異なるため，流れの状態や流体の種類，目的に応じて最適なものを選択する必要があり，複数の手法の組合せを考えることも必要である．可視化手法は，トレーサ法，表面トレース法，タフト法，光学的方法，コンピュータ利用法，などに分けられる．トレーサ法には直接流入トレーサ法，電気制御トレーサ法，化学反応トレーサ法があるが，いずれのトレーサ法も流れの中に流体運動を追従するトレーサを導入して流れを可視化する方法である．直接流入法は，煙，染料，液滴，微小液滴，アルミ粉などを流れに直接導入する方法である．電気制御法は水素気泡，火花，煙などを電気的に制御された方法で流れの中に発生させ，画像記録もそれらに連動するように行われることが多い．化学反応法は化学反応による色彩変化を利用して流体中にトレーサを発生させる方法である．

表面トレース法は，流れに接する固体表面に各種油やそれらの混合液を塗布して，せん断応力の作用による表面模様を観察し，せん断応力の分布や層流乱流遷移の状況などの情報を得る．感温性の塗料や液晶によって温度分布を可視化したり，感圧フィルムにより圧力分布を可視化したりすることも行われる．

タフト法は，タフト（細く短い糸など）を，方向を自由にかえられるように物体表面や格子に取り付けて，風向計のように使用する方法である．

光学的方法にはシャドウグラフ法，シュリーレン法，干渉法，ホログラム法がある．光学的方法の多くは流体の密度の不均一に基づく光路変化を光干渉によって可視化する．この方法は流体中にトレーサなどを導入しない非接触法であることが大きな特徴である．

コンピュータ利用法は，対象とする流動場の運動方程式を数値シミュレーションして得られる結果に基づく方法である．

PIV（particle imaging velocimeter）はトレーサ粒子を流れ場に混入し，その動きを追跡することで流速分布を計測する手法である．PIV は 2 次元および 3 次元の流れ場を計測する手法であり，高精度で多次元同時計測可能な手法である．また，PIV は層流および乱流にかかわらず，流体の複雑な流れにも適用できるので，従来の点計測を基本とする各種流速計に比較して優れたものとして注目されている．

3）輸 送 機 器

農産物の加工や食品の製造工程における輸送機器には，液体用輸送機と気体用輸送機がある．液体用輸送機は通常ポンプと呼ばれ，気体用は送風機（ファン，ブロワ）や圧縮機（コンプレッサ）と呼ばれる．ここでは代表的な輸送機器の概要を説明する．

(1) 液体用輸送機

a．往復ポンプ

往復ポンプにはピストンポンプとプランジャポンプがある．図 4-5 に往復ポンプの概略を示す．ピストンポンプはシリンダ内部でピストンを，またプランジャポンプは長棒状のプランジャ（棒状ピストン）を往復運動させて液体の吸込みと吐出しを交互に行わせるもので，小容量で比較的高圧を要する場合や高粘度液を

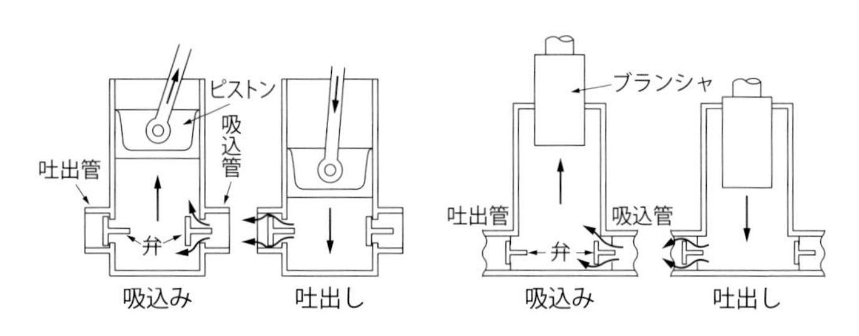

図4-5　往復ポンプ
左：ピストンポンプ(単動式)，右：プランジャポンプ(単動式).

輸送する場合に適している.

b．遠心ポンプ

羽根車の回転で液体に遠心力を与えて圧力を高めて液体を輸送するポンプを遠心ポンプまたはうず巻きポンプと呼ぶ．遠心ポンプにはボリュートポンプとタービンポンプがある．図 4-6 に遠心ポンプの概略を示す．ボリュートポンプは羽根車の外周にうず形室だけあるポンプで，タービンポンプは，羽根車の外周に案内羽根が設置されており，遠心力により液体は案内羽根を通じてうず形室へ入る．遠心ポンプは，構造が簡単で運転性能がよく，保守・管理も容易であることから広く利用されている.

c．回転ポンプ

ケーシングに内接する回転子（羽根や歯車）の回転で液体を押し出す形式のポンプを回転ポンプと呼ぶ．図 4-7 に回転ポンプの概略を示す．流量は回転子の回転数で制御するが，回転数の制限があり，流量はあまり大きくできない．高圧で

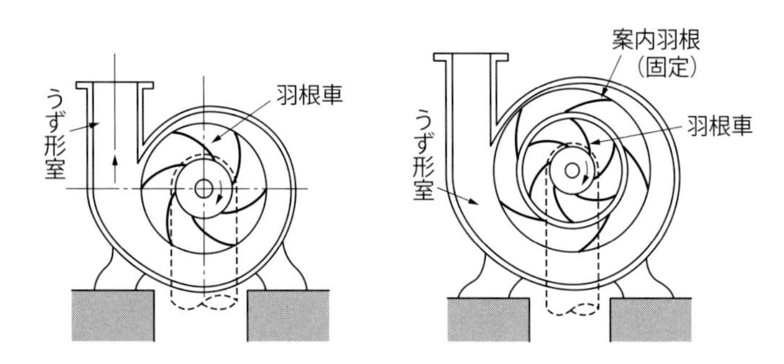

図4-6　遠心ポンプ
左：ボリュートポンプ，右：タービンポンプ.

の輸送を必要とする場合や高粘度の液体の輸送に適している．

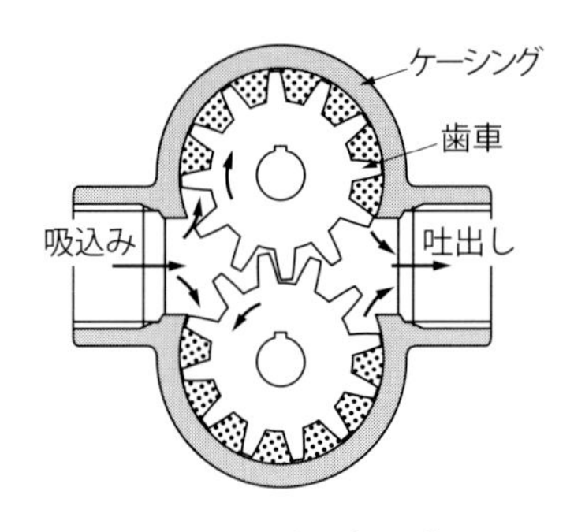

図4-7　回転ポンプ

d．ポンプの計算

ポンプは，液体にエネルギを与えて，液体を高いところへ汲み上げたり，圧力を高めたりする機械である．ポンプが液体を汲み上げている高さを揚程という．吸込み水面からポンプ中心までの高さを吸込揚程，ポンプの中心から吐出し水面までの高さを吐出揚程という．また，ポンプが実際に液体を汲み上げている高さ，すなわち吸込揚程と吐出揚程の和を実揚程という．吐出揚程には理論的限度はないが，吸込揚程には限度があり，水の場合は実用的には 6 ～ 7 m が限度とされている．

ポンプが運転されると，吸込管路や吐出管路，管路出口などで，管内の摩擦損失やその他の損失に相当するヘッドを失うから，ポンプから，その損失ヘッドの分だけ多くのヘッドを液体に与える必要がある．これらの種々の損失に相当するヘッドを加えたものを実揚程に加えたものを，ポンプの全揚程という．

$$\text{全揚程}\ H\ (\mathrm{m}) = \text{実揚程}\ H_a\ (\mathrm{m}) + \text{損失ヘッド}\ H_l\ (\mathrm{m}) \qquad (4\text{-}26)$$

$$\text{実揚程} = \text{吐出揚程} + \text{吸込揚程} \qquad (4\text{-}27)$$

1 秒間に ρgQ（N/s）の液体を H（m）の高さに持ち上げる仕事は ρgQH（W）である．したがって，Q（$\mathrm{m^3/s}$）の水を，全揚程 H（m）の高さに汲み上げるときのポンプの理論動力 L_0（W）は，

$$L_0 = \rho gQH\ (\mathrm{W}) = \rho gQH/1\,000\ (\mathrm{kW}) \qquad (4\text{-}28)$$

となる．水の場合は，密度を 1 000（$\mathrm{kg/m^3}$）とすると，$L_0 = gQH$（kW）となる．L_0 のことを水動力ともいう．実際にポンプを運転する場合，ポンプ内の流体摩擦，軸受けなどの機械摩擦，水漏れなどによる動力損失があるから，理論動力よりも大きな動力が必要である．この実際に運転するために必要な動力を軸動力という．水動力 L_0 の軸動力 L に対する割合をポンプの効率といい，ポンプ効率 η は次式で定義される．

$$\eta = \frac{L_0}{L} \times 100\ (\%) \qquad (4\text{-}29)$$

ポンプの効率は，ポンプの形式，揚程，揚水量などによって異なるが，60～85 %である．一般にポンプの効率 η と流体の摩擦損失に対応する水力効率 η_h，ぬれによる損失に対応する体積効率 η_v，そして軸受けなどの機械部分の摩擦損失に対応する機械効率 η_m の間に次の関係がある．

$$\eta = \eta_h \cdot \eta_v \cdot \eta_m \ (\%) \tag{4-30}$$

演習問題 4-5

全揚程 25 m，揚水量 0.05 m^3/s で運転するポンプがある．このポンプの理論動力を求めよ．また，ポンプの効率が 80 %のときの軸動力を求めよ．ただし，水の密度は 1 000 kg/m^3 とする．

例解　ρ =1 000 kg/m^3, Q = 0.05 m^3/s, H = 25m であるから，(4-28)式から，

$$L_0 = \rho gQH = 1\,000 \times 9.8 \times 0.05 \times 25 = 12\,250\ (\mathrm{W}) = 12.25\ (\mathrm{kW})$$

また，軸動力は（4-29)式から，

$$L = L_0/\eta = 12.25/80 \times 10^{-2} = 15.3\ (\mathrm{kW})$$

(2) 気体用輸送機

気体用輸送機は圧縮機，ブロワー，ファンの 3 種類に大別される．気体輸送機の原理や構造は液体輸送機と類似しており，その機構も往復式，遠心式，回転式などがある．

a．往　復　式

往復圧縮機は往復ポンプとほとんど同一構造で，シリンダ内でピストンを往復運動させて気体を吸い込み，これを圧縮して吐き出す．気体は圧縮すると発熱し，高温となって圧縮性能その他に悪影響を及ぼすので，これを防ぐために気体やシリンダが冷却できる構造になっている．

b．遠　心　式

高速回転する羽根車内に気体を吸い込み，遠心力によって加圧するもので，遠心ポンプと同一原理に基づくものが遠心式である．羽根車の形状と風圧によってターボ圧縮機，ターボ送風機，ターボファン，多翼ファン(シロッコファン)，プレートファンに分けられる．

c．回　転　式

1 個または数個の回転子をシリンダ内で回転または転動させて，気体の吸い込

み，圧縮を行う形式のものが回転式である．

d．送風機および圧縮機の計算

管に水を送る際と同様に，ダクト（気体を通す通路）に空気を流す場合にも抵抗が生じる．ダクトのまっすぐな部分では，空気とダクト壁面の間に摩擦による抵抗を生じる．ダクトの曲がっている部分や分岐点では，空気の渦が生じるための抵抗が起こる．ダクト内を流れている空気の圧力は，これらの抵抗によって，ダクトの先に進むにつれて次第に減少する．この抵抗が送風抵抗で，空気を送るためには送風抵抗を超えるだけの圧力エネルギを空気が持っていなければならない．送風機の役割は圧力エネルギを空気に与えることである．

送風機の抵抗には，風速（風量）とは無関係に一定の抵抗Aと風速の2乗に比例して増減する抵抗Bがある．抵抗Aは，ポンプでは実揚程といわれる抵抗である．送風機では一定の圧力のタンクにガスを送り込む場合を除き，抵抗Aは考慮する必要はない．抵抗Bは，ポンプでは管摩擦抵抗に相当し，送風機ではダクトロスといい，送風機はこの抵抗Bを考慮する．

ダクトの抵抗に対する空気の圧力は，静圧，動圧，全圧の3つがある．全圧を p_t（Pa），静圧を p_s（Pa），動圧を p_d（Pa）とすると，次の関係がある．

$$p_t = p_s + p_d \tag{4-31}$$

動圧 p_d（Pa）は，気体密度を ρ（kg/m^3），風速を u（m/s）とすると，

$$p_d = \frac{\rho}{2}u^2 \tag{4-32}$$

ある風量を流すときの圧力損失 p_r（Pa）は，ダクト（管路）の長さ，内面の粗さ，曲がり，断面積の変化の度合いなど，ダクト自身の持つ性質と内部を通る空気の速度で決まり，次式で表される．

$$p_r = \xi \frac{\rho}{2}u^2 \tag{4-33}$$

(4-33)式における ξ はダクトの形状による抵抗係数である．この式からわかるように，圧力損失は風量（風速）の2乗に比例する．同一ダクトに流す風量を2倍にするには，4倍の圧力が必要である．ダクトの抵抗係数 ξ がわかれば，圧力損失，すなわち必要な風量を流すための静圧が計算できる．

演習問題 4-6

内径 500 mm のダクトに 100 m^3/min の風量を送りたい．100 m 当たりの圧力損失はいくらか．また，送風機の仕様（静圧）は，どの程度が適切か．ただし，ダクトの抵抗係数 ξ は，$\xi = 0.02L/D$ で与えられる（L：ダクト長さ，D：ダクト内径）．また，空気密度（20℃）は 1.2kg/m^3 とする．

例解

風速　$u = \dfrac{Q}{S} = \dfrac{100}{60 \times \pi/4\ (500 \times 10^{-3})^2} = 8.5\ (\mathrm{m/s})$

ダクトの抵抗係数　$\xi = 0.02\dfrac{L}{D} = 0.02\dfrac{100}{500 \times 10^{-3}} = 4$

圧力損失は（4-33)式から

$$p_r = \xi\,\frac{\rho}{2}u^2 = 4 \times \frac{1.2}{2} \times 8.5^2 = 173.4\ (\mathrm{Pa})$$

必要な送風機の仕様は，余裕を見て風量 100 m^3/min，静圧 180 Pa，温度 20℃とする．

2．洗　　浄

1）洗浄の目的

一般に，洗浄（cleaning）とは汚れ（fouling，stain）を表面（surface）から取り除く操作を指す．食品加工プロセスにおいて，洗浄は製品の品質を左右する重要な役割を担う．製品加工のために取り除かなくてはならない汚れは多岐にわたる．化学的危害要因となりうる汚れや物理学的危害要因である異物，そして生物学的危害要因である食中毒の原因菌に対し，洗浄はこれらの危害要因を取り除くプロセスであり，その効果は食品の安全性に直接的に影響する．洗浄の対象は，農畜水産物やその加工品の場合と，包丁やまな板のような加工器具や各種の食品機械といった生産設備の場合に大別される．特に，後者については，対象物が接触しうるすべての表面が洗浄の対象となる．

食品の品質や安全性確保の観点からは，洗浄の効果はなるべく高いことが望まれるが，一方では洗浄によって風味や形状といった食品の価値を毀損しないよう工夫することも求められる．さらに，洗剤（detergent）や汚れを含む廃水（wastewater）の発生による環境負荷や，洗浄に伴う費用といった項目も洗浄過程の設計において考慮が必要になる．

2）汚れの付着と洗浄

(1) 汚れの種類

洗浄媒体や洗浄剤は，汚れの種類に合わせて選択する必要がある．表 4-1 に性状に基づく一般的な汚れの分類を示す．農産食品分野において対象となる汚れも，水溶性，油溶性（脂溶性）そして固体汚れに大別することができる．水溶性汚れには，食塩や糖類といった易水溶性汚れと一部のタンパク質のような難水溶性汚れに分けられる．油溶性汚れは，脂肪酸，動物性油脂といった有機溶媒に可溶な成分が該当し，アルカリ性溶液や界面活性剤（surfactant）の利用によってこれらの汚れの洗浄性が向上する．固体汚れは無機性固形分が主であり，例えば収穫後の農産物に付着した土や砂が該当する．製造業における生産過程では，汚れは日常的に発生しその対策が求められる．特に，食品加工業においては，製造機器表面に付着した汚れは，製品の品質とりわけ食中毒に直接影響を及ぼす．したがって，汚れの洗浄は食品製造過程においてきわめて重要である．表 4-2 に食品製造機器における汚れの種類を示す．原材料由来としてタンパク質，炭水化物，そして脂肪といった有機性の汚れ，リン酸塩やカルシウム塩といった無機性の汚れがあげられる．もちろん，これらの成分が混じりあった複合物による汚れもある．特に微生物が含まれる汚れは，バイオフィルムとして製造機器表面に強固に付着

表 4-1　汚れの性状別分類

汚れの種類	性　状	代表的な成分
水溶性汚れ	易水溶性	食塩，糖類
	難水溶性	一部のタンパク質
油溶性（脂溶性）汚れ	高極性	脂肪酸
（有機溶剤に可溶）	中極性	動物性油脂
	低極性	鉱油
固体汚れ	親水性	汚泥，酸化鉄
（水，有機溶剤に不溶）	疎水性	カーボンブラック

（大矢　勝：表面技術，60(2)，85-59，2009）

表 4-2　食品製造機器における汚れの種類

分　類	種　類	成分（状態）
有機物	タンパク質	乳タンパク質，動・植物タンパク質（変性，凝縮物）
	炭水化物	糖質，デンプン質，植物繊維質（カラメル化，糊化，老化）
	脂肪（油脂）	動・植物油，乳脂肪（変性，重合物）
無機物	Ca，Mg 塩	リン酸塩，炭酸塩
	Fe スケール	水酸化物，酸化物
	ケイ酸塩	Ca 塩，Mg 塩，Al 塩
有機・無機複合物	タンパク質	乳タンパク質
	無機塩	Ca 塩，Mg 塩，酒石
	微生物	細菌，カビ，酵母，藻類，ウイルス，バイオフィルム，スライム
その他	機械油系	鉱油，動・植物油
	砂塵，塵埃	ケイ酸（塩），繊維質
	洗剤，殺菌剤	酸，アルカリ，塩素系薬剤，界面活性剤

（福崎智司：化学洗浄の理論と実際，米田出版，2011）

している場合が多い．これら以外に，製造機器由来の汚れや洗浄・殺菌操作で使用した薬品由来の汚れもある．

(2) 汚れの付着と脱離 *

洗浄とは，対象表面（被洗浄表面）に付着している汚れに対し，外部から何らかのエネルギを加えて除去することである．一方，表面への汚れの付着は，エネルギを加えることなく自然発生的に起こる現象である．これらの付着や脱離は，汚れ / 表面，洗浄液 / 表面，汚れ / 洗浄液との界面（もしくは表面）における現象と捉えるとよい．界面（interface）とは，気体，液体および固体において 2 つの相(phase)が接する境界面を指す．一方の相が気体の場合は表面とも呼ばれる．

a．汚れの付着

表面への汚れの付着は複雑な現象であるが，物理化学的に考えると汚れと対象との界面における自由エネルギの変化と捉えることができる（図 4-8）．遊離状態にある汚れは，ポテンシャルエネルギが高い状態にある．一方，表面に付着した汚れのポテンシャルエネルギは低い．したがって，遊離状態にある汚れは，自然発生的に表面に付着することができる．すなわち，エネルギ的に安定な状態へ移行する．溶液 L に含有する汚れ F が固体表面 S に付着するために必要な仕事

* 福崎智司ら：『化学洗浄の理論と実際』，米田出版，2011 を参考に記述した．

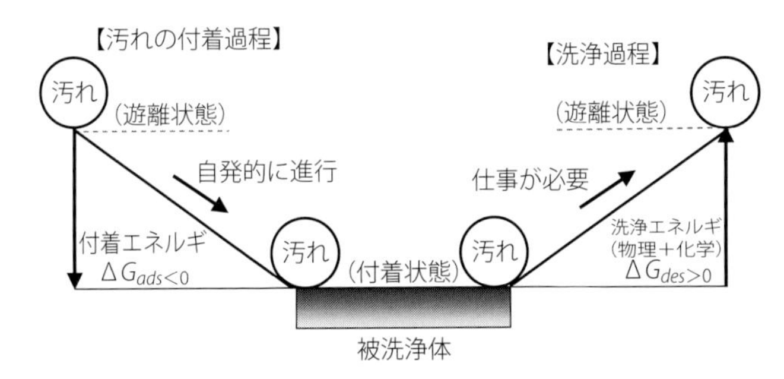

図 4-8　汚れの付着と洗浄における自由エネルギ変化
（福崎智司：化学洗浄の理論と実際，米田出版，2011）

W_A は，単位面積当たりの自由エネルギの変化 ΔG_{ads} であり，次式で表すことができる．

$$\Delta G_{ads} = \gamma_{SF} - \gamma_{SL} - \gamma_{FL} \tag{4-34}$$

ここで，γ_{SF}，γ_{SL}，γ_{FL} は，それぞれ表面 / 汚れ，表面 / 媒質，そして汚れ / 媒質における二相間の界面張力（interfacial tension）である．

汚れは表面に自然発生的に付着することから，自由エネルギの変化 ΔG_{ads} は負の値になる．

b．汚れの脱離

汚れの付着と同様に，汚れの脱離も界面における自由エネルギの変化の視点で扱うことができる．汚れの付着は自発的に進行するのに対し，対象表面からの汚れの脱離すなわち洗浄は，何らかの仕事が必要になる（図 4-8）．洗浄エネルギ ΔG_{des} は次式のように表すことができる．

$$\Delta G_{des} = \gamma_{FW} + \gamma_{SW} - \gamma_{SF} \tag{4-35}$$

ここで，γ_{FW}，γ_{SW} は，それぞれ汚れと洗浄液，表面と洗浄液における界面張力である．

洗浄エネルギは，汚れを除去するために必要な単位面積当たりの仕事量である．汚れの除去を容易にするには洗浄エネルギを小さくする必要がある．(4-35)式から，洗浄エネルギを小さくするためには，γ_{FW} および γ_{SW} の値を減少させる必要がある．すなわち，汚れと洗浄液，表面と洗浄液における界面張力を低減させればよい．具体的には，汚れと表面の両方に対して洗浄液を用いて濡れやすい状態を実現すればよく，界面活性剤を洗浄液として使用することは，きわめて効果的な手法である．

3）洗浄力の要素と洗浄速度

(1) 洗浄媒体

食品加工プロセスにおいて，最も一般的な洗浄媒体は液体である．水を用いたすすぎ（rinsing）は基本的な洗浄操作である．さらに，各種の洗剤を活用することによってより効果的な洗浄を行うことも多い．除去すべき汚れが水に溶けにくい場合は，有機溶媒を洗浄媒体として使用することもある．被洗浄物質が埃や塵のような場合は，気体が洗浄媒体として利用され，エア洗浄とも呼ばれる．いずれの場合も，洗浄媒体を介して被洗浄物質を表面から剥離させることが求められる．液体や気体といった洗浄媒体はポンプなどを用いることによって流れの制御が容易であり，洗浄工程の機械化や自動化が実現できる．配管を含む製造装置を極力分解することなく自動的に洗浄する方法をCIP（cleaning in place, 定置洗浄）と呼び，食品や医薬品製造ラインでは多く採用されている．洗浄液や空気といった洗浄媒体をポンプやバルブを用いて自動的に操作できることによってCIPは実現する．

(2) 物理的要素

a．被洗浄物質に作用する物理力

表面に付着した被洗浄物質を剥離するためには，対象物に何らかの物理力を作用させることが求められる．身近な例をあげると，表面をスポンジでこする行為は，付着した汚れに対し物理的な力を直接的に作用させている．

b．界面流動

洗浄の対象となる表面に対し，スポンジやブラシといった洗浄器具を洗浄対象に接触させることができる場合，汚れに対し剥離に必要な力を直接作用させることができる．しかし，より効率的に洗浄を行うには，液体や気体といった洗浄媒体を利用することが一般的である．例えば，食品で汚れた容器の場合，まずは水道水ですすぐことが洗浄の基本であるが，これは水という媒体を利用していることになる．洗浄媒体が液体であれば，その成分によって洗浄性（cleanability）が大きく変化する．一方，汚れが付着した表面に洗浄液を接触させただけでは汚れの脱離に限界がある．効率的な洗浄のためには界面流動が必要であり，洗浄液

を流すことによって汚れは取れやすくなる．とりわけ，ポンプの内部や長いパイプの内面のような手が届かない場所の場合は，液体や気体といった洗浄媒体を介して汚れに対する界面流動が重要になる．液体媒体を用いた洗浄では，洗浄性は被洗浄表面上の界面流動によって生じるせん断力に影響されることが知られている．図4-9は洗浄表面における洗浄液の流動方向を示したものである．最も洗浄性が高いのは①の方向であることが経験的に知られている．一方，液体食品加工においてステンレスパイプが多用されるが，パイプ内部での流れは③の方向になる．一般に，レイノズル数と洗浄性との間に関連性が見出されており，層流よりも乱流の方が洗浄性は高い．

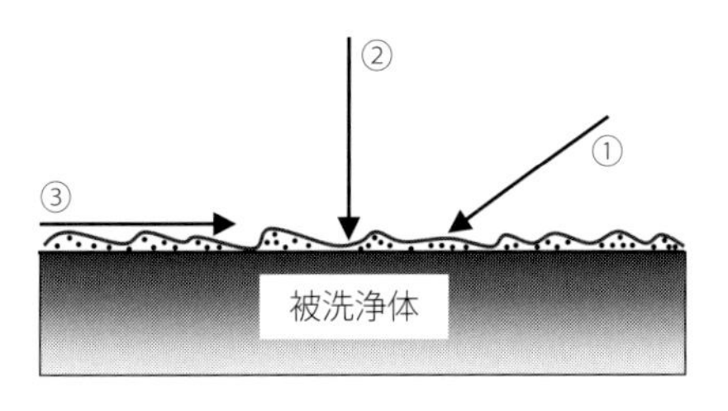

図4-9　洗浄液の流動角度
（福崎智司：化学洗浄の理論と実際，米田出版，2011）

c．その他の物理的な要素

洗浄媒体が水のような液体では，温度は洗浄効果に大きな影響を与える．また，洗浄媒体が液体あるいは気体，いずれの場合でも圧力の利用も有効である．ノズルを用いることによって，大きな衝撃力を得ることができる．また，超音波による液体浸漬洗浄も有力な方法である．キャビテーションによる汚れの解離力や分散力が高いことが特徴である．

(3) 化学的要素 *

汚れ落ちをよくするために洗剤を利用することは，一般的なことである．洗浄媒体が液体の場合，その成分や性状は洗浄性を大きく左右する．汚れが付着した表面と洗浄液が接する界面において，液体の洗浄媒体（洗浄液）はさまざまな役割を担う．主な化学的洗浄要素として，洗浄媒体への汚れの溶解性や分散性，洗浄媒体の界面活性，そして化学反応性の3点があげられる．一般に，液体を用いた洗浄は，水洗浄と薬剤洗浄の2つに分けることができる．

洗浄媒体は，汚れに対して優れた溶解性を示すことが求められる．実際の汚れは多種多様であり，すべての汚れが洗浄媒体に溶解できるとは限らない．そのよ

* 福崎智司ら：『化学洗浄の理論と実際』，米田出版，2011を参考に記述した．

うな場合，洗浄媒体が汚れに対して高い親和性を持つのであれば，汚れは洗浄媒体に分散し洗浄が可能になる．汚れの溶解性や分散性は洗浄液の溶媒と関わる性質である．通常の食品加工プロセスでは洗浄液の溶媒として水が使用される．水は極性を持つ物質の代表であり，食品加工プロセスにおいて多く存在する水溶性の汚れ成分を溶解させることができる．

洗浄媒体が持つ界面活性は，汚れが接触する界面において吸着に関連するエネルギを変化させ，洗浄効果を大きく向上させることができる．一般には，界面活性剤とそれらの働きを助ける助剤を洗浄液に添加することが多い．

洗浄において，洗浄液に対する汚れや被洗浄体との化学反応性を利用することも多い．酸性条件下の反応，アルカリ性条件下の反応，そして両者とは区別して物質分解を目的とした酸化剤を用いた反応に大別される．酸性溶液は被洗浄体表面に付着した無機物を含む汚れに対して洗浄効果がある．一方，アルカリ性溶液は，有機性汚れの除去に威力を発揮する．特に，食品製造装置において表面に残存しやすい動植物系油脂やタンパク質を溶解もしくは分散させる効果がある．洗浄において，有機物の分解や殺菌を目的とした場合，酸化剤を洗浄液として用いることがある．次亜塩素酸は不安定な物質であるが有機物分解や微生物の殺菌に効果があり，洗浄プロセスにおいて広く用いられる．さらにオゾンやOHラジカルといった酸化剤も洗浄に使われることがある．どちらも強力な酸化剤であり，促進酸化法と呼ばれる手法で生成される．

(4) 洗浄速度*

実際の洗浄は，前述の物理的要素や化学的要素だけではなくさまざまな因子が影響することから，その洗浄メカニズムは複雑である．効率的な洗浄を実現するための評価指標として洗浄速度（cleaning rate）がある．過剰な洗浄時間は，費用や廃水の増大を招く．通常は，単位時間当たりの汚れの除去量もしくは表面残存汚れの変化量で定義される．

水洗浄（water cleaning）は，①薬液洗浄の前に実施する予備洗浄，②洗剤除去のための中間洗浄，③洗浄の仕上げを目的とした後洗浄の場合がある．図4-10は水洗浄曲線（cleaning curve）の一例である．洗浄時間と装置出口におけ

* 大矢　勝ら（編）：『洗剤・洗浄百科事典』，朝倉書店，2008を参考に記述した．

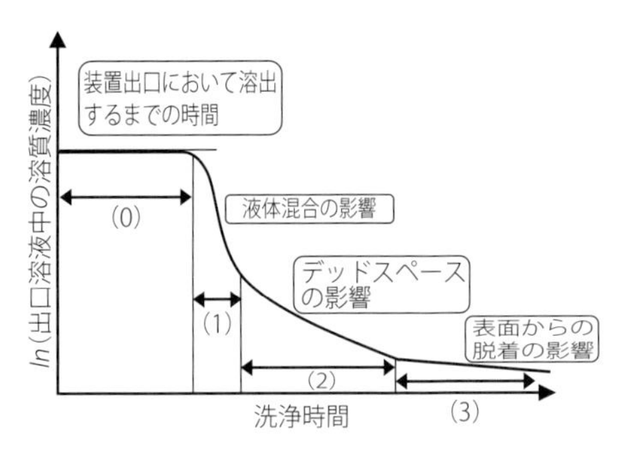

図 4-10　水洗浄曲線
（大矢　勝：洗剤・洗浄百科事典，朝倉書店，2008）

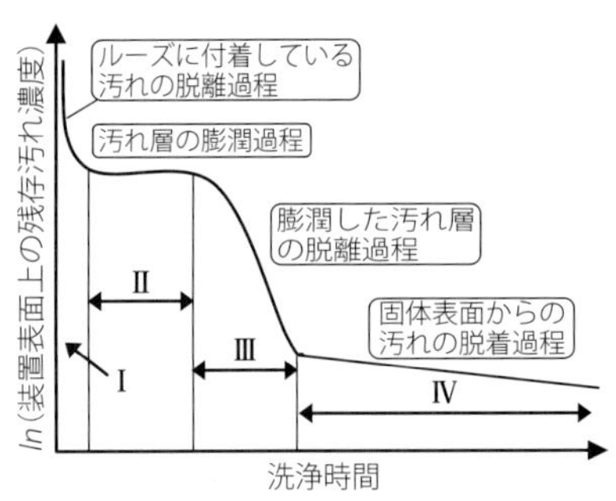

図 4-11　薬剤洗浄曲線の例
（大矢　勝：洗剤・洗浄百科事典，朝倉書店，2008）

る溶液中の汚れ成分濃度との関係を示したものである．領域 0 は装置出口に汚れを含む水が到達する期間である．領域 1 では流体の混合と分散の影響，領域 2 ではデッドスペースの影響，そして領域 4 では表面からの汚れの脱離の影響を受ける．これらの領域において，洗浄時間を必要とする最も大きな要因は装置内のデッドスペースの存在である．

薬剤洗浄（chemical cleaning）は水洗浄の後に実施されることが多い．図 4-11 は薬剤洗浄曲線の一例を示したものである．領域 I は表面上にルーズに付着している汚れが速やかに剥離する期間である．領域 II は汚れに洗剤が浸透する期間であり，領域 III は膨潤した汚れが界面流動によるせん断力によって脱離する期間である．領域 IV は固体表面に強固に接着した分子が緩やかに脱着する期間である．この領域における汚れの脱離はきわめて遅く，完全な除去は困難である場合が多い．

4）洗浄液の種類と特徴

(1) 水

水は液体媒体として洗浄に広く用いられてきた．洗浄に使用される水は，水道水が主であるが目的によっては地下水や再生水なども洗浄に使用できる．特に優れた点として，安価で大量使用が容易であること，そして洗浄対象に対する高い溶解性や分散性の 2 点がある．水資源が豊富な日本では，大量の水道水の確保も容易であり，高度な浄水技術によって水質は高い水準で安定している．汚れに含まれる多様な物質は水に対し高い溶解性や分散性を持つことも，洗浄媒体として優れた長所である．食品製造装置の主要な汚れである炭水化物，タンパク質，低級脂肪酸は水に対する溶解性が高い．これらの有機系汚れだけではなく，無機塩類や鉱物といった無機系の汚れも容易に溶解することができる．これらの特徴に加えて，水は無味無臭であることも洗浄媒体としての大きな利点である．食品加工プロセスにおいて，洗浄媒体が無味無臭であることは洗浄による食品への影響を極力抑制することになり，結果として最終製品の品質向上に貢献する．一方で，水は表面張力が著しく大きい液体である．表面張力が大きくなると汚れや被洗浄面における濡れ性が低下するとともに，洗浄媒体の浸透が不足し洗浄効果が十分に得られなくなる．水の表面張力を下げるために，界面活性剤を利用することになる．

(2) 界面活性剤

一般的な洗剤は，界面エネルギを変化させる界面活性剤とその働きを助ける助剤の両方が含まれ，洗浄力を発揮する．水に少量の界面活性剤を添加させると，表面張力は大きく下がる．表面張力の大幅な低下といった界面の性質を大きく変化させることができる物質を界面活性剤と呼ぶ．洗浄に関連する界面活性剤の作用を表4-3に示す．界面活性剤は同一分子内に親水基と疎水基（親油基）の両方を持つ．この特異な構造は界面張力や表面張力を低下させ，被洗浄表面のぬれと洗浄液の汚れへの浸込みが促進される（湿潤・浸透作用，wetting and penetrating）．また，通常は混ざり合うことがない油分と水分の混合物に対して界面活

表4-3　洗浄に関連する界面活性剤の基本作用

作用名	概　要
浸透，湿潤	表面張力や界面張力を下げ，被洗浄表面のぬれと洗浄液の浸込みを促進する
乳　化	界面張力を下げることによって，混ざり合わない水と油を乳液やクリームのように混ぜ合わせる
分　散	水と固体粒子を混ぜ合わせて分離しないようにする
可溶化	界面活性剤水溶液に油成分を溶かし込む
起　泡	界面活性剤水溶液に気泡を安定的に保持して泡立たせる
再汚染防止	離脱した汚れの再付着を抑止する

（大矢　勝：図解入門よくわかる最新洗浄・洗剤の基本と仕組み，秀和システム，2013）

性剤を添加すると，両者は混ざり合って一様になり（乳化作用，emulsifying），エマルションが生成される．固形物と接触している液体に対し界面活性剤を添加すると，液体の表面張力が低下し両者が混ざり合うことによって，固形物は液体に分散する（分散作用，dispersing）．

界面活性剤は親水基と疎水基が結合しているが，両者のバランスによって界

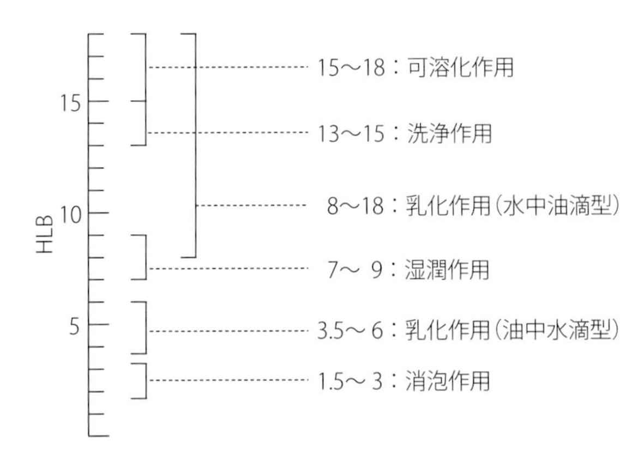

図 4-12　HLB の値と界面活性剤の作用
（辻　薦：精密洗浄技術，工学図書，1983）

表 4-4　界面活性剤の分類と特徴

分　類	極性基	洗浄特性	代表例	用　途
陰イオン界面活性剤	$-COO^-$ $-SO_3^-$ $-OSO_3^-$ $-PO_3^{2-}$	洗浄力が大きい，起泡力が大きい	石鹸，アルキルベンゼン，スルホン酸塩	手洗い石鹸，食器用洗剤，シャンプー
非イオン界面活性剤	$-OH$ $-O-$ $-NH_2$	臨界ミセル濃度が低い，安全性が高い，洗浄力が小さい，起泡力が小さい	ショ糖脂肪酸エステル，リグリセリン，脂肪酸エステル	台所洗剤，野菜洗浄剤，食品乳化剤
陽イオン界面活性剤	$[R_4N]^+ \cdot X^-$	洗浄力が小さい 殺菌力が大きい	第四級アンモニウム塩	殺菌消毒液，乳軟剤，リンス剤，帯電防止剤
両性界面活性剤	R_1 $RN^+ \cdot R_2$ $R_3\text{-}COO^-$	洗浄力が小さい（アルカリ性），殺菌力（酸性）	ベタイン系，イミダゾリン系	殺菌消毒剤，トイレ用洗剤，シャンプー

（福崎智司：化学洗浄の理論と実際，米田出版，2011）

面活性剤の性質が大きく変化する．このバランスの指標として HLB（Hydrophil-lipophil balance）がある．図 4-12 は HLB の値と界面活性剤の作用を示したものである．洗浄作用を発揮するには HLB 値は 13 ～ 15 が適当である．

表 4-4 に主な界面活性剤の種類を示す．界面活性剤は水溶液中での解離特性の差異によって，イオン性と非イオン性の 2 種類に分けられる．さらにイオン性界面活性剤は，アニオン性（陰イオン性），カチオン性（陽イオン性）そして両性界面活性剤に大別できる．非イオン性界面活性剤は，水溶液中において解離しない．洗浄剤として汎用されるのは，アニオン性および非イオン性界面活性剤である．一方，カチオン性および両性界面活性剤は殺菌剤としての利用が多い．

(3) 酸性物質

洗浄に使用される主要な酸を表 4-5 に示す．硫酸や塩酸をはじめとする無機酸と，シュウ酸やスルファミン酸等の有機酸に大別され，それぞれの用途は異なる．一般に，酸性洗浄剤はカルシウムやマグネシウムを含む無機塩の溶解や除去に効果がある．搾乳機械や乳製品製造ラインに付着しやすい乳石はカルシウムを多く含み，その除去には酸性洗浄剤の使用が効果的である．

(4) アルカリ性物質

洗浄に使用される主なアルカリ性物質を表 4-6 に示す．アルカリ性洗浄剤はタンパク質や油脂を含む汚れの除去に使用される．一般に水酸化物イオンは，タン

表 4-5　洗浄に使用される主な酸

分　類	名　称	化学式（分子式）
無機酸	硝　酸	HNO_3
	塩　酸	HCl
	リン酸	H_3PO_4
	フッ酸	HF
	硫　酸	H_2SO_4
有機酸	クエン酸	$HOC(COOH)(CH_2COOH)_2$
	シュウ酸	HO_2CCO_2H
	酒石酸	$HO_2CCH(OH)CH(OH)CO_2H$
	スルファミン酸	NH_2SO_3H
	グリコール酸	$HOCH_2COOH$

表4-6　洗浄に使用される主なアルカリ性物質

分　類	名称（別名）	化学式（分子式）
炭酸塩	炭酸ナトリウム（炭酸ソーダ）	Na_2CO_3
	炭酸水素ナトリウム（重曹，重炭酸ナトリウム）	$NaHCO_3$
	テトラトリタ炭酸ナトリウム（セスキ炭酸ナトリウム，セスキ炭酸ソーダ）	$Na_2CO_3 \cdot NaHCO_3 \cdot 2H_2O$
重合リン酸塩	ピロリン酸四ナトリウム	$Na_4P_2O_7$
	トリポリリン酸ナトリウム（ポリリン酸ナトリウム）	$Na_5P_3O_{10}$
ケイ酸塩	オルトケイ酸ナトリウムn水和物	$Na_4SiO_4 \cdot nH_2O$
	メタケイ酸ナトリウム五水和物	$Na_2SiO_3 \cdot 5H_2O$
水酸化物	水酸化ナトリウム（苛性ソーダ）	$NaOH$

パク質，多糖類，油脂などの広範囲の有機系汚れに対し，優れた溶解力を示す．表に示した物質の中で，洗剤もしくは助剤として汎用性が高いのは，炭酸塩およびケイ酸塩である．なお，表に示した重合リン酸塩は，キレート作用があることから金属封鎖剤として利用できる．しかし，リンは河川や湖沼といった水環境における富栄養化の原因物質であることから，現在は家庭用洗剤にはほとんど使用されていない．

演習問題 4-7

界面活性剤を利用することによって表面に付着した汚れの洗浄効果が向上する理由を，洗浄エネルギの観点から説明せよ．

例解　洗浄エネルギとは，汚れを除去するために必要な単位面積当たりの仕事量であり，洗浄効果を高めるためには，洗浄エネルギを小さくすればよい．(4-35)式より，汚れ / 洗浄液，表面 / 洗浄液における界面張力を小さくすれば，洗浄エネルギは減少する．界面活性剤を利用することによって，汚れと表面の両方に対して濡れやすくなり，これらの界面張力を小さくできる．すなわち，洗浄効果が向上する．

第5章 伝熱操作

1．伝熱の基礎

農畜産物の生産後の処理や食品加工では熱の移動を伴うさまざまな操作が行われる．穀物の乾燥，青果物の冷蔵，牛乳の加熱殺菌，その他，加熱調理や冷凍保存など，伝熱が関係する操作は多い．伝熱の目的は乾燥，蒸発，凝縮，凍結のための潜熱の供給や除去，野菜のブランチング（blanching）での酵素失活，微生物の加熱殺菌，加熱調理でのデンプン糊化やタンパク変性などであり，物質や流体の移動，化学反応を伴い，混合，搬送など他の操作と組み合わされて行われることが一般的である．

伝熱の様式は熱の伝わり方（伝達機構）により，伝導伝熱（heat conduction），対流伝熱（heat convection）および放射伝熱（heat radiation）に分類され，これを伝熱の３形態と呼ぶ．伝導伝熱では固体や静止流体において，物質を構成する原子の振動，運動や衝突を通じて熱エネルギが伝達される．対流伝熱は流体の移動を伴い，伝導伝熱に比べ伝熱の効率が高い．このように，伝導伝熱と対流伝熱では熱媒体を必要とする．放射伝熱は電磁波によるエネルギ伝達であり，太陽から地球への光の伝播に見られるように真空中でのエネルギ移動が可能であり，熱媒体を必要としない．

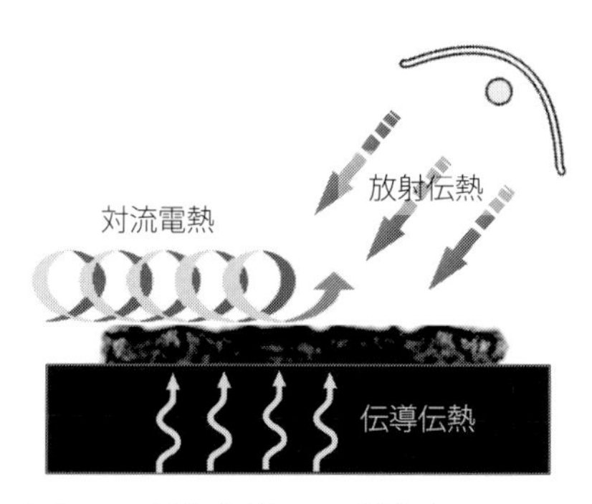

図 5-1　伝熱機構の３形態（ハンバーガーパティの加熱）

例として，ハンバーガーパティの加熱調理を図 5-1 に示す．パティ下面のグリル鉄板からの伝導伝熱，加熱通風空気からの対流伝熱，赤外線ヒータからの放射伝熱によりパティは加熱されている．さらに，パティの内部は表面からの伝導伝熱により加熱される．この調理のように，過渡的な温度変化を対象とする伝熱現象を非定常伝熱（unsteady state heat transfer），一方，熱交換器での入口・出口温度が一定に保たれた時間変化がない場合の伝熱現象を定常伝熱（steady state heat transfer）と呼ぶ．以下では，定常伝熱を扱う．

1）伝導伝熱

一次元の伝導伝熱の例を図5-2に示す．単位時間，単位伝熱面積当たりの伝熱量 q（熱流束，W/m^2）は温度勾配 dT/dx に比例する．伝熱面積（伝熱方向に垂直な断面積）が A（m^2）の材料の伝熱量 Q（W）は次式で表される．

$$Q = q \cdot A = -\lambda A \frac{dT}{dx} \tag{5-1}$$

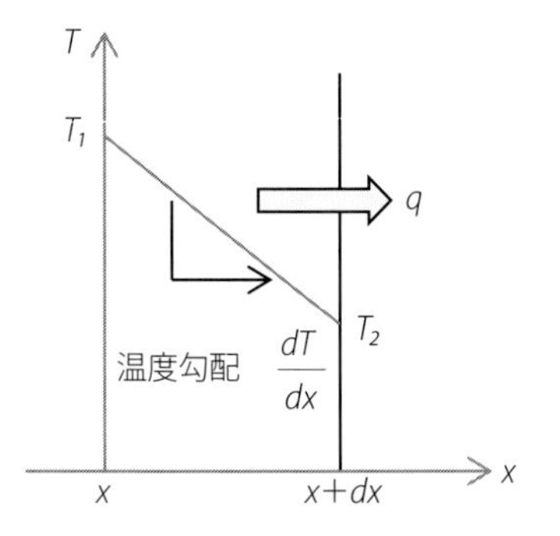

図5-2　伝導伝熱の様式

(5-1)式をフーリエの法則（Fourier's Law）という．式中の比例定数 λ は熱伝導率（thermal conductivity，W/m・K）と呼ばれる物性値である．代表的な物質の熱伝導率を表5-1に示す．穀物層のように空隙を含むバルクな状態では，穀粒の充填状態が層全体の伝熱に影響を及ぼす．その場合の熱伝導率を有効熱伝導率と呼ぶ．表中ではバルクと表記した．

(5-1)式の温度勾配 dT/dx を離散形の $\Delta T/\Delta x$ で置きかえると，図5-2の温度分布は直線状のため，(5-1)式は次式の形で表される．

$$Q = q \cdot A = -\lambda \cdot A \frac{\Delta T}{\Delta x} = -\lambda \cdot A \frac{T_2 - T_1}{\Delta x} = \frac{T_1 - T_2}{\left(\dfrac{\Delta x}{\lambda \cdot A}\right)} = \frac{T_1 - T_2}{R} \tag{5-2}$$

コラム「金属の熱伝導」

金属の熱伝導では，原子の振動に加え，自由電子の運動が熱の伝達を促すため，金属は他の物質に比べ高い熱伝導率を示す．

表 5-1　農畜産物および食品，その他の熱伝導率

材料名	熱伝導率（W/m・K）	材料名	熱伝導率（W/m・K）
籾（バルク）	0.103 ～ 0.163	豚　肉	0.453
籾（粒）	0.311	サーモン	0.531
玄米（バルク）	0.102	マグロ（5 ～ 30℃）	0.469
小麦（バルク）	0.151	エビ（5 ～ 30℃）	0.543
トウモロコシ（バルク）	0.153	空気（27℃）	0.0261
大豆（バルク）	0.116	水（27℃）	0.610
タマネギ	0.574	氷	2.2
にんじん	0.605	ステンレス鋼	16.0
バナナ	0.481	銅	398
リンゴ	0.513	アルミニウム	237
牛肉（24℃）	0.481	グラスウール	0.034
鶏肉（20℃）	0.412	発泡ポリスチレン	0.018

村田　敏ら：農産物性研究（第1集），農業機械学会，1979.
豊田淨彦ら：単一穀粒の通風伝熱に関する実験，農業施設，12.1，1982.
Sweat，V. E.：J. Food Science，1974.
ASRAE：ASHRAE Handbook，2006.
Radhakrishnan，S.：Doctor Thesis，Virginia Polytechnic Institute and State University，1974.
庄司正弘：伝熱工学，東京大学出版会，1995.
以上のデータより作成.

ここで，$R\ (\equiv \Delta x/(\lambda \cdot A))$ を伝熱抵抗（thermal resistance）と呼ぶ. 伝熱抵抗は伝熱計算において，伝熱経路の単純化に便利な概念である.

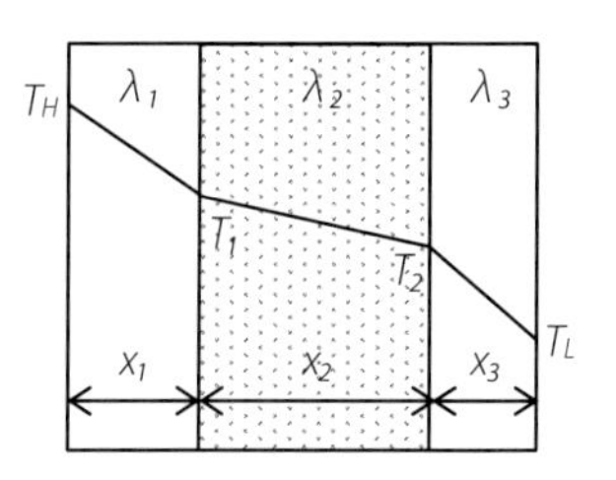

図 5-3　多層壁の伝熱

(1) 多層壁の熱伝導

図 5-3 に示す多層壁では，各層での伝熱量は等しく，(5-2)式から，

$$Q = -\lambda_1 \cdot A_1 \frac{T_1 - T_H}{x_1} = -\lambda_2 \cdot A_2 \frac{T_2 - T_1}{x_2} = -\lambda_3 \cdot A_3 \frac{T_L - T_2}{x_3}$$

$$= \frac{(T_H - T_1) + (T_1 - T_2) + (T_2 - T_L)}{\left(\dfrac{x_1}{\lambda_1 \cdot A_1}\right) + \left(\dfrac{x_2}{\lambda_2 \cdot A_2}\right) + \left(\dfrac{x_3}{\lambda_3 \cdot A_3}\right)} = \frac{T_H - T_L}{R} \tag{5-3}$$

ここで，

$$R \equiv \left(\frac{x_1}{\lambda_1 \cdot A}\right)+\left(\frac{x_2}{\lambda_2 \cdot A}\right)+\left(\frac{x_3}{\lambda_3 \cdot A}\right)=\sum_{i=1}^{3}\left(\frac{x_i}{\lambda_i \cdot A}\right)=\sum_{i=1}^{3} R_i \tag{5-4}$$

ただし，図5-3では，$A = A_1 = A_2 = A_3$と仮定している．

(5-3)式より，伝熱量Qは多層壁の両端の温度T_HとT_L，伝熱抵抗Rにより求まり，各層の境界の温度T_1，T_2には関係しないことがわかる．(5-4)式に示すように，多層壁の伝熱抵抗Rは各層の伝熱抵抗R_iの和（直列結合）となる．

演習問題 5-1

熱伝導率λ_A（1.0 W/m・K），厚さΔX_A（10 mm）の炉壁Aがある．今，この壁を熱伝導率λ_B（0.4 W/m・K）の断熱材で覆い，伝熱面積1 m^{2}当たりの熱損失を1 830 W以下とする場合の断熱材の厚さΔX_Bを求めよ．

ただし，壁の内側表面温度T_1を1 300℃，断熱材の外表面温度T_3を30℃と仮定する．

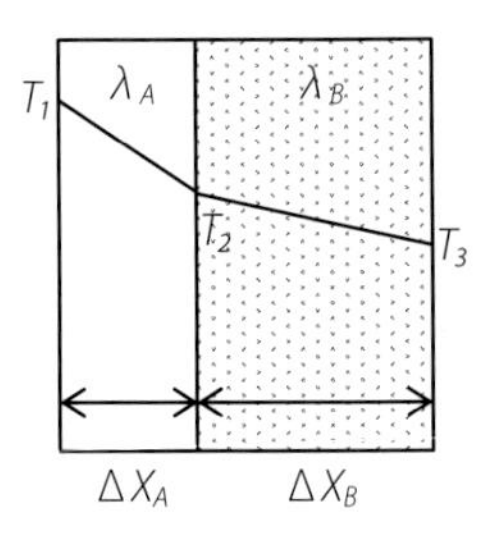

図　断熱材による熱損失低減

例解　題意より，λ_A=1.0 W/m・K，ΔX_A=0.01 m，λ_B=0.4 W/m・K，$Q=q \cdot A$=1 830 W，T_1=1 300℃=1 573 K，T_3=30℃=303 K．ただし，A=1 m^{2}と仮定する．

(5-3)式より，

$$q=\frac{(T_1-T_3)}{\Sigma R}=\frac{(T_1-T_3)}{\left(\frac{\Delta X_A}{\lambda_A}+\frac{\Delta X_B}{\lambda_B}\right)}=\frac{(1\,573-303)}{\frac{0.01}{1.0}+\frac{\Delta X_B}{0.4}}=\frac{1\,270}{0.01+\frac{\Delta X_B}{0.4}}=1\,830$$

$$\therefore \quad \Delta X_B=\{(1\,270/1\,830)-0.01\}\times 0.4=0.274$$

したがって，断熱材の厚さは約27.4 cm以上となる．

(2) 円管の熱伝導

図5-4の断面形状を持つ奥行方向の長さLの円管において，半径方向のみに伝熱が生じる場合を仮定する．半径rでの伝熱面積をA_rとすると，(5-1)式から，

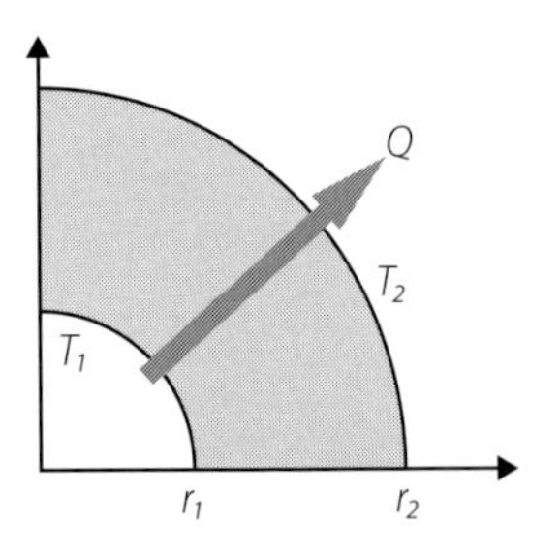

図5-4　円管壁の熱伝導

$$Q = -\lambda \cdot A_r \frac{dT}{dr} = -\lambda \cdot (2\pi r \cdot L) \frac{dT}{dr} \tag{5-5}$$

ただし，L：円管の奥行方向長さ（m）.

定常伝熱，すなわち，Qは一定と仮定し，$r_1 \sim r_2$の範囲で積分すると，

$$Q = -\frac{\lambda(2\pi \cdot L)(T_2 - T_1)}{ln(r_2/r_1)} = \frac{(T_1 - T_2)}{\left\{\dfrac{ln(r_2/r_1)}{\lambda(2\pi L)}\right\}} = \frac{(T_1 - T_2)}{\left\{\dfrac{(r_2 - r_1)}{\lambda \cdot A_{lm}}\right\}} = \frac{(T_1 - T_2)}{R} \tag{5-6}$$

ここで，

$$A_{lm} = \frac{A_2 - A_1}{ln(A_2/A_1)},\quad R = \frac{r_2 - r_1}{\lambda \cdot A_{lm}} \tag{5-7}$$

ただし，A_{lm}：円管の内表面積A_1と外表面積A_2の対数平均値である.

2）対流伝熱

牛乳や果汁，ワインなどの冷却に用いる熱交換器や殺菌装置，加熱通風乾燥機で見られる対流伝熱は，流体と固体壁面間の伝熱過程に支配される．図 5-5 は乱流状態の流体が固体壁に接して流れる様子を示している．流体は壁面に近い領域では壁面との摩擦により，その流速Uは小さく，流れは層流となる．この領域を粘性底層（層流底層）と呼び，その範囲は速度境界層 Δ として表される．粘性底層での伝熱では伝導伝熱が支配的になる．一方，壁面から離れた流体本体（乱流域）は渦を生じ十分に混合されるが，流体の流れ方向の速度の時間平均値u_fは一定と見なされる.

乱流域では図中の流れ方向と垂直な方向にも流体は移動，混合され，熱移動も活発であるため，流体－壁面間の伝熱過程は粘性底層の伝導伝熱に支配されると見なすことができる．この粘性底層の伝熱抵抗により壁面付近では温度分布が生じ，その流体層の範囲を温度境界層Δ_Tと呼ぶ．温度境界層Δ_Tと速度境界層

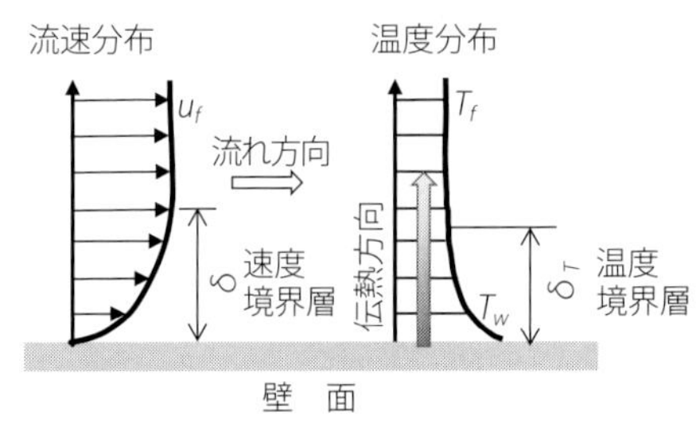

図 5-5　対流伝熱における速度・温度境界層

Δは Pr 数（プラントル数，$C \cdot \mu / \lambda$，C：比熱，μ：粘度）が1付近の流体ではほぼ等しく，低 Pr 数の流体では $\Delta_T > \Delta$，高 Pr 数の流体では $\Delta_T < \Delta$ の関係がある．

図5-5の温度境界層 Δ_T の厚さを，壁面から温度が流体本体の温度 T_f にほぼ等しくなる位置までの距離と見なし，温度境界層内の伝熱に伝導伝熱を仮定すると，図中の伝熱方向の熱流束 q はフーリエの法則より，以下のように表される．

$$Q = -\lambda A \frac{\Delta T}{\Delta x} \cong -\lambda \cdot A \left(\frac{T_f - T_w}{\Delta_T} \right) = \frac{\lambda A}{\Delta_T}(T_w - T_f) \tag{5-8}$$

(5-8)式で $h \equiv \lambda / \Delta_T$ と置くと，次の Newton の冷却則が得られる．

$$Q = hA\ (T_w - T_f) \tag{5-9}$$

h は対流伝熱係数（熱伝達率，$\mathrm{W/m^2 \cdot K}$）であり，その値は流体の熱伝導率 λ と温度境界層の厚さ Δ_T に関係する特性値である．実際には，温度境界層の厚さの決定は困難なため，各種条件下の実験で測定した熱流束 q（$= Q/A$）と温度差（$T_w - T_f$）から，(5-9)式により対流伝熱係数 h を求め，それらを整理した相関式が提唱されている．表5-2に強制対流の場合の相関式を示す．式中の無次元数 Nu 数（ヌセルト数，hL/λ，L：代表長さ）は対流伝熱量と伝導伝熱量の比を，Re 数（レイノズル数，$\rho Lu/\mu$）は慣性力と粘性力の比を，Pr 数は熱拡散と運動量拡散の

表5-2　対流伝熱に関する相関式

対流伝熱の形態	相関式	適用範囲
円管内の発達した乱流の強制対流伝熱（管長 / 管径≧ 60）	$Nu = 0.023Re^{0.8}Pr^{0.4}$	$0.7 \leqq Pr \leqq 120$ $10^4 \leqq Re \leqq 1.2 \times 10^5$
平板上の発達した乱流の強制対流伝熱	$Nu = 0.036Re^{0.8}Pr^{1/3}$	
単一球外面の強制対流伝熱	$Nu = 2.0 + 0.6Re^{0.5}Pr^{1/3}$	$0.6 \leqq Pr \leqq 400$ $1 \leqq Re \leqq 7.0 \times 10^4$
穀物粒子，穀物充てん層（バルク）の相関式		
穀物（状態）	相関式	適用範囲
籾（単一粒子）	$Nu = 0.334Re^{0.407}$	$60 \leqq Re \leqq 180$
籾（充てん層）	$Nu = 0.0198Re^{1.02}$	$20 \leqq Re \leqq 95$
ビール大麦（単一粒子）	$Nu = 1.35Re^{0.275}$	$60 \leqq Re \leqq 180$
ビール大麦（充てん層）	$Nu = 0.477 \times 10^{-3}Re^{1.99}$	$24 \leqq Re \leqq 94$

化学工学会（編）：化学工学 第3版，槇書店，2006.
豊田淨彦ら：単一穀粒の通風伝熱に関する実験，農業施設，12.1，1982.
豊田淨彦ら：穀物充填層の通風伝熱実験，農業施設，12.2，1982.
以上のデータより作成．

比をそれぞれ表す．流体の流動条件から求めた Re 数と流体物性から求めた Pr 数を相関式に代入し Nu 数を求め，Nu 数の定義式より対流伝熱係数 h を算出する．表 5-2 の相関式は次元解析により導出できる（☞ 第 1 章，演習問題 1-2）．

3）熱　通　過

熱交換器などの伝熱機器では，図 5-6 に示すように固体壁を介して両側の流体間で伝熱が生じる．この伝熱様式を熱通過（熱貫流）と呼ぶ．熱通過は，①高温流体－固体壁表面間の対流伝熱，②固体壁内の伝導伝熱，③固体壁表面－低温流体間の対流伝熱の 3 つの伝熱過程が直列結合した系と見なせる．定常状態では各伝熱過程での伝熱量は等しいので，次式が成立する．

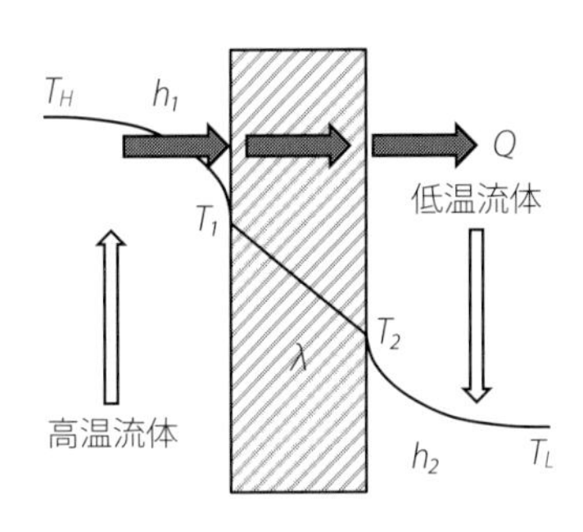

図 5-6　熱通過

$$Q = \frac{T_H - T_1}{\left(\dfrac{1}{h_1 A_1}\right)} = \frac{T_1 - T_2}{\left(\dfrac{x}{\lambda A_{av}}\right)} = \frac{T_2 - T_L}{\left(\dfrac{1}{h_2 A_2}\right)} = \frac{T_H - T_L}{R} \tag{5-10}$$

ここで，A_{av} は固体壁の平均伝熱面積であり，前述のように，円管の場合は対数平均値を用いる．R は全体の伝熱抵抗であり，

$$R = \left(\frac{1}{h_1 A_1}\right) + \left(\frac{x}{\lambda A_{av}}\right) + \left(\frac{1}{h_2 A_2}\right) + r_i \tag{5-11}$$

と表される．ただし，固体壁表面の水垢や汚れの影響が無視できない場合には，それらによる伝熱抵抗 r_i を付加する．(5-11)式を (5-10)式に代入し，

$$Q = \frac{T_H - T_L}{\left(\dfrac{1}{h_1 A_1}\right) + \left(\dfrac{x}{\lambda A_{av}}\right) + \left(\dfrac{1}{h_2 A_2}\right) + r_i} \tag{5-12}$$

コラム「伝熱容量係数 ha_v」

穀物層などの充てん層の対流伝熱では，層内の伝熱面積を決定することは困難なため，対流伝熱係数 h と比表面積 a_v (m^2/m^3) の積を 1 つの係数と見なした伝熱容量係数 ha_v (heat volumetric coefficient，$W/m^3 \cdot K$) を用いる．

さらに，対流伝熱の（5-9)式と類似表現の次式が用いられる．

$$Q = U_1A_1(T_H - T_L) = U_{av}A_{av}(T_H - T_L) = U_2A_2(T_H - T_L) \tag{5-13}$$

ここで，Uは総括伝熱係数（overall heat transfer coefficient，W/m^2•K），U_1，U_{av}，U_2は各部の伝熱面積A_1，A_{av}，A_2を基準とした総括伝熱係数を表す．

4）放射伝熱（熱放射）

すべての物質は，その温度が絶対零度でない限り，物質を構成する原子や電子の振動や運動が熱により生じ，電磁波を発生する．この電磁波によるエネルギ移動を熱放射（heat radiation），または輻射と呼ぶ．エネルギ伝達の役割を果たす電磁波は主に可視光，赤外線領域であり，物体間の放射伝熱は，それらの温度差により生じる．ここでは，固体表面の熱放射について述べる．

(1) 黒体の熱放射

熱放射を理解する際に，理想的な熱放射面を仮定すると便利である．そこで，以下の性質を持つ黒体の概念を導入する．①黒体は入射する熱放射線を完全に吸収する．②同一温度であれば，すべての物体の中で黒体面は最も高い熱放射のエネルギを射出する．③黒体面から射出される熱放射エルネギは方向によって変化しない．したがって，黒体は完全吸収体であり，完全射出体でもある．

(2) 射　出　能

物体表面から射出される電磁波による放射エネルギは電磁波の波長λにより異なり，波長当たりの放射エネルギを単色射出能E_λと呼ぶ．黒体の単色射出能$E_{b\lambda}$は波長λと温度Tの関数として表される．それらの関係を図5-7に示す．

$$E_{b\lambda} = \frac{c_1\lambda^{-5}}{e^{C_2/\lambda T} - 1} \tag{5-14}$$

ただし，$E_{b\lambda}$：黒体の単色射出能（W/m^2•μm），λ：波長（μm），T（K）：絶対温度，C_1 = 3.74041 × 10^8 W•μm^4/m^2，C_2 = 1.43868×10^4 μm•K である．

(5-14)式をプランク（Planck）の法則と呼ぶ（☞ 第5章2.3)）．図5-7に示すように，黒体の単色射出能の最大値を示す波長λ_{max}は温度が高くなるにつれて短波長側へと遷移する．これをウィーン（Wien）の変位則と呼び，次の関係が

ある，

$$\lambda_{max}T = 2\,897.6\ (\mu m \cdot K) \quad (5\text{-}15)$$

単色射出能を全波長領域にわたって積分した値を全射出能 E (total emissive power，W/m^2) と呼び，単位時間，単位面積当たりの放射エネルギ E_b は次式で定義される．

$$E_b \equiv \int_0^\infty E_{b\lambda}\, d\lambda \qquad (5\text{-}16)$$

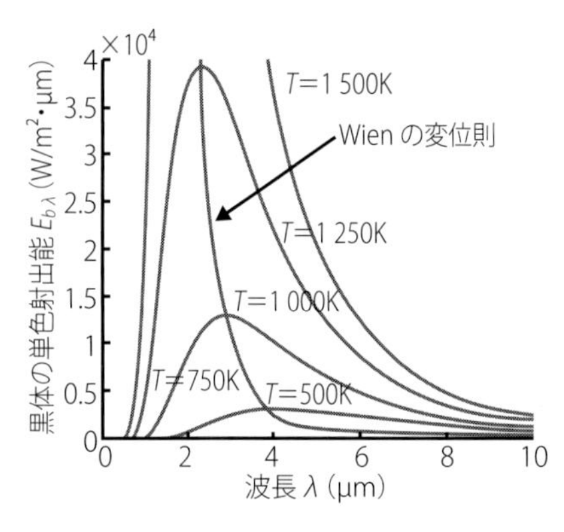

図 5-7　黒体の単色射出能

ここで，E_b：黒体の全射出能（W/m^2）である．

(5-14)式を（5-16)式に代入し求めた黒体の全射出能 E_b は，絶対温度の 4 乗に比例する．

$$E_b = \int_0^\infty E_\lambda d\lambda = \sigma T^4 \qquad (5\text{-}17)$$

ここで，σ：ステファン・ボルツマン定数，5.667×10^{-8}W/m^2·K^4 である．

(5-17)式の関係をステファン・ボルツマン（Stefan-Boltzmann）の法則と呼ぶ．(5-17)式は $E_b = 5.667(T/100)^4$ と書くと計算しやすい．

(3) 射出率（放射率）

黒体の定義から，黒体の単色射出能はすべての物体において最大となるため，実在物体の単色射出能の評価には，黒体に対する実在物体の単色射出能の比を表す次式の単色射出率 ε_λ を用いる．全射出率 ε も同様に定義される．

$$\varepsilon_\lambda = \frac{E_\lambda}{E_{b\lambda}}, \quad \varepsilon = \frac{E}{E_b} \qquad (5\text{-}18)$$

この関係から，ε の既知な実在物体の全射出能 E を $E = \varepsilon \cdot E_b$ として求めることができる．射出率（emissivity）は物体の種類，表面の性状，温度によって異なる．表 5-3 に例を示す．

表 5-3　代表的な物質の射出率

材料名	射出率（－）	材料名	射出率（－）
籾	0.95	牛肉（21℃）	0.74
小　麦	0.987	鋼（SUS）	0.55 ～ 0.61
トウモロコシ	0.984	銅（研磨面）	0.023
トマト	0.90 ～ 0.95	アルミニウム（38℃）g	0.040
リンゴ	0.94 ～ 0.96	水（10℃）	0.95 ～ 0.963

Zhongi Pan et al.：Infrared Heating for Food and Agricultural Processing，CRC Press，2008.
Singh，P. et al.：Introduction to Food Engineering，Academic Press，2nd Ed.，1984.
高倉　直ら（訳）：ヘンダーソン / ペリー・農業プロセス工学，東京大学出版会，1966.
Mohsenin，N. N.：Thermal properties of food and agricultural materials，CRC Press，1980.
以上のデータより作成.

(4) 放射（射出）強度

放射伝熱量の計算では，放射源から離れた位置にある受熱面での放射エネルギの密度（強度）を知る必要がある．すべての方向に射出された熱放射エネルギの密度は，放射源の物体表面から離れるほど低下し，放射面の受熱面への投影面積に比例する．投影面積は放射面と受熱面との位置関係により決まる．図 5-8 に示す放射源物体の微小面積 dA_1 から射出される放射線の単位立体角 $d\omega$（sr：ステラジアン）当たり，放射方向に垂直な面 dA_n の単位面積当たり，単位時間当たりのエネルギを I_b（$W/m^2 \cdot sr$）とすると，dA_n の受ける伝熱量 dQ は

$$dQ = I_b \cdot (dA_1 \cos\theta)\, dA_n \tag{5-19}$$

ここで，$dA_1 \cos\theta$ は面 dA_1 の正射影を表す．

立体角 $d\omega$ は図 5-8 の天頂角 θ，方位角 ϕ を用いると，次式で表される．

$$d\omega = \frac{dA_n}{r^2} = \frac{(r \cdot d\theta)(r \cdot \sin\theta \cdot d\phi)}{r^2} = \sin\theta\ d\theta\ d\phi \tag{5-20}$$

(5-20)式から得られる dA_n を (5-19)式に代入し，半径 $r = 1$ の単位半球を仮定すると，dA_n を通過する熱放射のエネルギ dQ は

$$dQ = I_b\, dA_1 \cos\theta\ \sin\theta\ d\theta\ d\phi \tag{5-21}$$

(5-21)式を半球の全面積にわたり積分すると，面積 dA_1 から射出される熱放射エネルギ Q が求まる．単色の熱放射エネルギ Q_λ の場合，

$$Q_\lambda = dA_1 \int_0^{2\pi} \int_0^{\pi/2} I_{b\lambda} \cos\theta\ \sin\theta\ d\theta\ d\phi \tag{5-22}$$

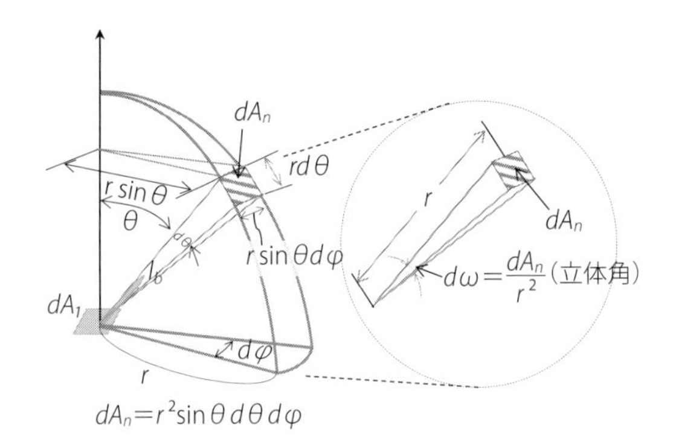

図 5-8　放射強度

さらに，放射源物体の単位表面積当たりの全波長領域の熱放射エネルギ E_b は，

$$E_b = \frac{1}{dA_1}\int_0^{\infty} Q_\lambda \, d\lambda = \int_0^{\infty}\int_0^{2\pi}\int_0^{\pi/2} I_{b\lambda}\cdot\cos\theta \ \sin\theta \ d\theta \ d\phi \ d\lambda \qquad (5\text{-}23)$$

$I_{b\lambda}$が射出方向によらず一定，すなわち，θ，ϕ の関数でないとすると，

$$I_b = \int_0^{\infty} I_{b\lambda} \, d\lambda \qquad (5\text{-}24)$$

$\int_0^{2\pi}\int_0^{\pi/2} \cos\theta\cdot\sin\theta \ d\theta \ d\phi = \frac{1}{2}\int_0^{2\pi}\int_0^{\pi/2} \sin 2\theta \ d\theta \ d\phi = \pi$ より，

$$E_b = \pi I_b \qquad (5\text{-}25)$$

したがって，全波長領域の放射強度（radiant intensity）は（5-17)式より，

$$I_b = \frac{E_b}{\pi} = \frac{\sigma T^4}{\pi} \qquad (5\text{-}26)$$

と表される．

(5) 吸収，反射，透過，キルヒホフの法則，灰色体

物体の表面に入射した熱放射線は，そのエネルギの一部が反射，透過し，残りは吸収される．入射した熱放射線のエネルギに対する反射，透過，吸収されたエネルギの比を，それぞれ，反射率 r，透過率 τ，吸収率 α とすると，

$$r + \tau + \alpha = 1 \qquad (5\text{-}27)$$

の関係があり，単色放射の場合も同様な式が成り立つ．

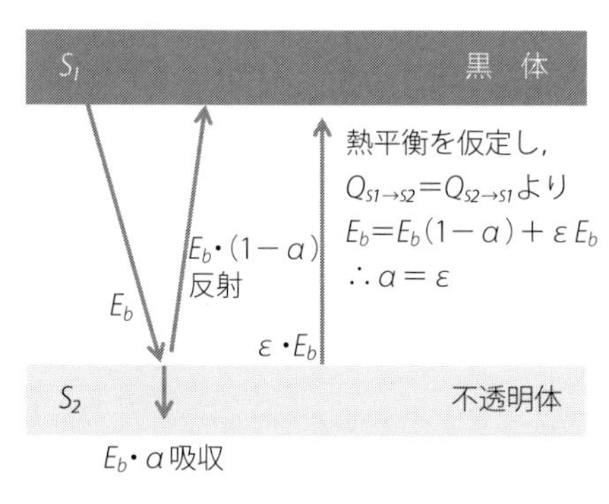

図 5-9　キルヒホフの法則

黒体では，その定義から$\alpha=1$となる．固体や液体では表面付近での吸収が大きく，$\tau=0$と見なせ，$\alpha=1-r$となる．物体表面に熱放射線が入射したとき，入射角と同じ角度で反射されるものを鏡面反射，入射角に関係なくあらゆる方向に一様に反射されるものを散乱反射と呼ぶ．

今，十分な広がりを持って相対する温度の等しい平行な2平面を仮定する（図5-9）．両平面の間の空間では熱放射が完全に透過されるとする．平面S_1は黒体であり，S_2は不透明体と仮定し，S_2の吸収率をα，放射率をεとする．このとき，S_1から射出された全放射E_bのうち$E_b\cdot\alpha$がS_2に吸収され，$E_b(1-\alpha)$はS_2で反射されたのち，S_1に吸収される．S_2から射出される全放射はεE_bであり，これもS_1にすべて吸収される．S_1，S_2は等温で熱平衡の状態にあるとすると，熱収支から，$S_1\to S_2$への放射伝熱量 と$S_2\to S_1$への放射伝熱量 は等しいので，$E_b=E_b(1-\alpha)+\varepsilon E_b$の関係が成立する．したがって，

$$\alpha=\varepsilon \tag{5-28}$$

となり，等温条件下では，吸収率αと放射率εは等しい．これをキルヒホフ（Kirchhoff）の法則と呼ぶ．単色放射の場合も同法則は成り立つ．

実際の物体の単色射出率ε_λは波長により変化するが，近似的に波長に関係なく一定と仮定することで計算が容易になる．これを灰色体（gray body）の仮定と呼ぶ．仮定により灰色体の放射率（吸収率）は波長，温度に関係なく，一定と見なせる．したがって，灰色体の射出率 では，キルヒホフの関係から次の関係式が成立する．

$$\varepsilon_g=\varepsilon_\lambda=\alpha_\lambda=\alpha_g$$

ただし，入射放射線と射出放射線の波長分布が大きく異なる場合には灰色体の仮定は成立が困難になる．

(6) 温度の異なる２つの黒体間の放射伝熱

図 5-10 に示すように面の中心間の距離が r の２つの黒体面１，２があり，両者の温度は $T_1 > T_2$ の関係にあると仮定する．このとき，面１から面２に伝達される放射熱量 $Q_{1\to 2}$ は Lambert の法則から，

$$Q_{1\to 2} = \frac{E_b}{\pi}\int_{A_1}\int_{A_2}\frac{1}{r^2}\cos\theta_1\cdot\cos\theta_2\ dA_1\,dA_2 \qquad (5\text{-}29)$$

ここで，扱いを容易にするため，形態係数 F を導入する．形態係数 F はある面からの熱放射が他の面により遮られる割合を表し，その場合の伝熱量を

$$Q_{1\to 2} = F_{1\to 2}A_1E_b \qquad (5\text{-}30)$$

と表す．したがって，(5-29)式との比較から，

$$F_{1\to 2}A_1 = \frac{1}{\pi}\int_{A_1}\int_{A_2}\frac{1}{r^2}\cos\theta_1\cdot\cos\theta_2\ dA_1\,dA_2 \qquad (5\text{-}31)$$

また，r^2 に比べて A_1 と A_2 が小さい場合，次の近似が成り立つ．

$$F_{1\to 2} \cong \frac{\cos\theta_1\cdot\cos\theta_2\cdot A_2}{\pi r^2} \qquad (5\text{-}32)$$

逆に面２から面１への熱放射を考えれば，相互関係から，$F_{1\to 2}A_1 = F_{2\to 1}A_2$ であることがわかる．また，形態係数の性質として次式が成立する．

$$\sum_{j=1}^{n} F_{i\to j} = 1 \qquad (5\text{-}33)$$

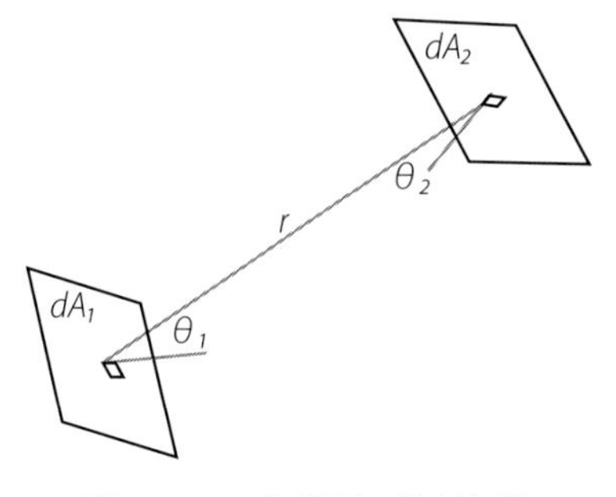

図 5-10　２物体間の放射伝熱

平面や凸面では，自分自身が見えないため $F_{i\to j}=0$，相互に見えない面同士では，$F_{i\to j}=F_{j\to i}=0$，面１が面２に完全に囲まれている場合，$F_{1\to 2}=1$ となる．

図 5-10 の場合，黒体の面１，面２間の放射による正味の伝熱量 $\hat{Q}_{1\to 2}$ は

$$\hat{Q}_{1\to 2} = Q_{1\to 2} - Q_{2\to 1} = F_{1\to 2}\,A_1E_{b1} - F_{2\to 1}\,A_2E_{b2} = F_{1\to 2}\,A_1(E_{b1} - E_{b2}) \qquad (5\text{-}34)$$

したがって，(5-26)式の関係から，

$$\hat{Q}_{1\to 2} = 5.667\times F_{1\to 2}A_1\left\{\left(\frac{T_1}{100}\right)^4 - \left(\frac{T_2}{100}\right)^4\right\} \qquad (5\text{-}35)$$

演習問題 5-2

地球軌道上で計測された太陽からの放射エネルギ E_{earth} は 1 368 W/m^2 であった．太陽を黒体と仮定し，太陽表面温度を求めよ．求めた値と太陽表面温度の推定値 6 100 K との差について理由を考察せよ．太陽と地球の大きさ，位置関係を図に示す．

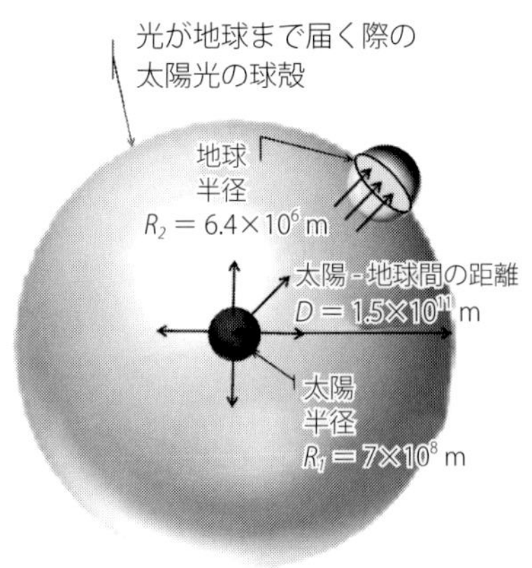

図　太陽からの熱放射

例解　熱放射は温度を有する物体すべてから生じるため，厳密には太陽の他，地球，宇宙空間（2.7 K）からの放射熱が考えられる．しかし，太陽の温度が地球，宇宙空間に比べ非常に高いことから，地球，宇宙空間からの放射熱は無視するものとし，図の関係を仮定する．ここで，太陽を物体 1，地球を物体 2 とする．

太陽の表面積　$S_1 = 4\pi R_1^2$

太陽→地球間の形態係数 $F_{1\to2}$ は，太陽光の地球までの球殻表面積（$4\pi D^2$）に対する地球の投影面積 A_2（πR_2^2）の比に等しい．

すなわち，

$$F_{1,2} = \frac{\pi R_2^2}{4\pi D^2}$$

太陽表面の温度を T_1 とすると，太陽の放射エネルギ密度 E_1 は黒体を仮定し，

$$E_1 = \sigma T_1^4$$

太陽から地球への放射伝熱量 Q は

$$Q = E_1 \cdot S_1 \cdot F_{1,2} = (\sigma T_1^4)\cdot(4\pi R_1^2)\cdot\left(\frac{\pi R_2^2}{4\pi D^2}\right) = (\pi R_1^2)\left(\frac{R_2}{D}\right)^2(\sigma T_1^4)$$

軌道上で観測される太陽光の放射エネルギ E_{earth}(W/m^2)

$$E_{earth} = \frac{Q}{A_2} = \left(\frac{1}{\pi R_2^2}\right)\cdot(\pi R_1^2)\cdot\left(\frac{R_2}{D}\right)^2(\sigma T_1^4) = \left(\frac{R_1}{D}\right)^2(\sigma T_1^4) = \left(\frac{7\times10^8}{1.5\times10^{11}}\right)^2(5.667\times10^{-8}\times T_1^4)$$

$$= 1\ 368$$

これより求めた温度 T_1 は 5 770 K となり，ウィーンの変位則（5-15)式と太陽放射の最大単色射出能の波長 0.475 μm から求まる推定値 6 100 K より

若干小さい. これは太陽放射がウィーンの変位則とずれを持つためとされる.

(7) 温度の異なる2つの灰色体間の放射伝熱

実際の物体に近い灰色体の場合，灰色面1からの射出エネルギは $A_1 \varepsilon_1 E_{b1}$ であり，そのうちの形態係数 $F_{1\to2}$ をかけた $F_{1\to2}A_1 \varepsilon_1 E_{b1}$ のみが灰色面2に到達する. 到達したエネルギに吸収率 α_2（$= \varepsilon_2$）をかけた $\alpha_2 \cdot F_{1\to2}A_1 \varepsilon_1 E_{b1}$ が吸収され，残りの$(1 - \varepsilon_2)$分は反射される. 反射されたエネルギの一部は面1へ伝達され，これを面1と面2の間で繰り返す多重反射が生じ，両面間の放射エネルギの授受関係は複雑となる.

多重反射を無視すると，正味の伝熱量 は

$$\hat{Q}_{1\to2} = Q_{1\to2} - Q_{2\to1} = \alpha_2 \cdot F_{1\to2}A_1 \varepsilon_1 E_{b1} - \alpha_1 \cdot F_{2\to1}A_2 \varepsilon_2 E_{b2} = F_{1\to2}A_1 (\alpha_2 \varepsilon_1 E_{b1} - \alpha_1 \varepsilon_2 E_{b2})$$

$$= F_{1\to2}A_1 \cdot \varepsilon_1 \varepsilon_2 (E_{b1} - E_{b2}) = F_{1\to2}A_1 \cdot \varepsilon_1 \varepsilon_2 \cdot \sigma (T_1^4 - T_2^4) \qquad (5\text{-}36)$$

演習問題 5-3

オーブンによりケーキを加熱焼成する場合を考える. 今，図のようにオーブン内の天板からの放射伝熱によりケーキの上面を加熱する. オーブンの天板の大きさは 40 cm×40 cm，天板温度は 277℃とする. ケーキ上面の面積は 25×25 cm^2，上面温度は 77℃，天板とケーキ上面との高さ方向の間隔は 50 cm とする. ケーキの中心は天板の中心とは一致せず，天板の中心より 10 cm 手前側に位置する. このとき，天板からケーキ上面への伝熱量を求めよ. ただし, 天板の射出率は 0.8, ケーキの射出率は 0.9 とする.

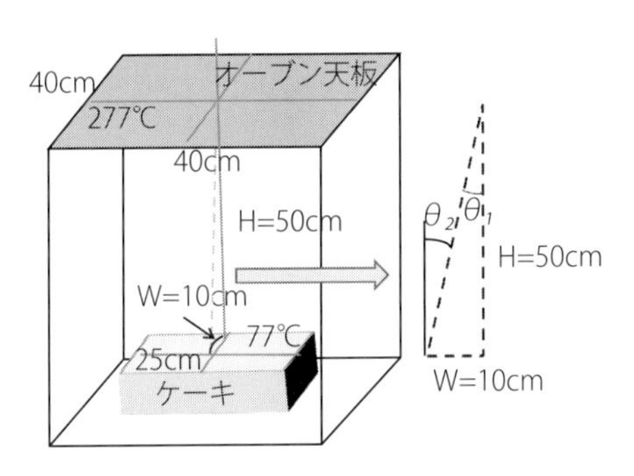

図　オーブンによるケーキ加熱調理

例解　伝熱は両面の中心を代表位置として，中心間の形態係数を求める.

図から，天板中心とケーキ中心間の距離 r は，

$$r = \sqrt{H^2 + W^2} = \sqrt{(0.5)^2 + (0.1)^2} = 0.510 \text{ m}$$

天板とケーキ上面は平行なので，$\cos\theta_1 = \cos\theta_2 = H/r = 0.50/0.51 = 0.981$

天板の面積 $A_1 = 0.4^2 = 0.16$ m^2，ケーキ上面の面積 $A_2 = 0.25^2 = 0.0625$ m^2,

$r^2 = 0.51^2 = 0.26\ \mathrm{m}^2$，ゆえに，$r^2 > A_1$，$A_2$ と見なして，(5-32)式の近似より，

$$F_{1\to 2} \cong \frac{\cos\theta_1 \cdot \cos\theta_2 \cdot A_2}{\pi r^2} = \frac{0.981 \times 0.981 \times 0.0625}{3.14 \times 0.510^2} = 0.0736$$

したがって，

$$\hat{Q}_{1\to 2} = F_{1\to 2} A_1 \varepsilon_1 \varepsilon_2 \sigma (T_1^4 - T_2^4)$$

$$= 0.0736 \times 0.16 \times 0.8 \times 0.9 \times 5.667 \times \left\{ \left(\frac{277+273}{100} \right)^4 - \left(\frac{77+273}{100} \right)^4 \right\}$$

$$= 4.805 \times 10^{-2} \{5.5^4 - 3.5^4\} = 36.76\ \mathrm{W}$$

天板からケーキ上面への熱放射エネルギは，44.0 W（$=F_{1\to 2} A_1 \cdot \varepsilon_1 \varepsilon_2 \cdot \sigma T_1^4$）であり，その約 84 %がケーキ上面の加熱に使われている．ケーキ上面の単位面積当たりの伝熱量は 36.76/0.0625＝588.2 W/m^2 となる．ただし，オーブン側壁面からの熱放射を考慮していないので，伝熱量は実際より過少に見積もられている．

問題 5-1 ……………………………………………………………

(5-6)式を参考に熱伝導率の異なる 3 層の円管の伝熱抵抗 R と伝熱量 Q の式を求めよ．

解答

$$Q = \frac{(T_4 - T_1)}{R}$$

$$R = \sum_{i=1}^{3} Ri = \sum_{i=1}^{3} \left(\frac{\Delta r_{i1}}{\lambda_i A_{lm,i}} \right) = \frac{r_2 - r_1}{\lambda_1 A_{lm,1}} + \frac{r_3 - r_2}{\lambda_2 A_{lm,2}} + \frac{r_4 - r_3}{\lambda_3 A_{lm,3}}$$

ただし

$$A_{lm,1} = \frac{A_2 - A_1}{ln(A_2/A_1)},\ A_{lm,2} = \frac{A_3 - A_2}{ln(A_3/A_2)},\ A_{lm,3} = \frac{A_4 - A_3}{ln(A_4/A_3)}$$

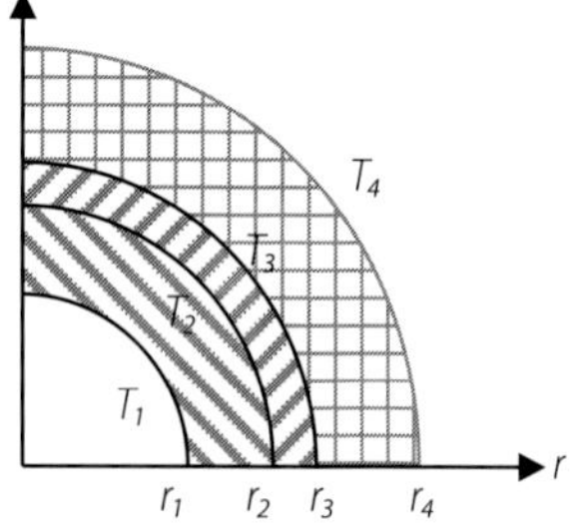

図　多層円管内の伝導伝熱

問題 5-2 ……………………………………………………………

演習問題 5-3 において，天板とケーキ上面の距離 H を 0.2 m とした場合の形態係数と放射伝熱量を求め，例題の値と比較，考察せよ．ただし，(5-32)式の近似が成り立つと仮定する．

解答　形態係数 $F_{1\to 2} = 0.3170$，放射伝熱量 $\hat{Q}_{1\to 2} = 158.3\ \mathrm{W}$

2．加熱操作

1）加熱調理

(1) 加熱調理の分類

加熱調理は食品加工の中でも最も重要な単位操作の1つであり，煮る，茹でる，炊く，蒸す，焼く，炒める，揚げるなどの調理法がある．熱の供給方法の違いによって直接加熱，間接加熱，内部加熱などの形態に分類できる．食材が熱媒体に接する蒸し操作などは直接加熱方式であり，熱交換器などで間接的に被加熱物を加熱する操作は間接加熱方式となる．電子レンジによるマイクロ波加熱や通電による通電加熱は内部加熱方式に分類され，昇温速度はきわめて速い．また，食材から水分を奪いながら調理する乾熱加熱と水分を与えながら調理する湿熱加熱の2つの形態に区別され，用途に応じて使い分けられる．ここで，乾熱加熱は焼く，炒める，揚げるなどの操作を，湿熱加熱は煮る，茹でる，炊く，蒸すなどの操作を指す．被加熱体への熱の移動は伝熱の形態によって異なるが，対流が主となる蒸すや煮る，揚げるなどの操作では表5-4にまとめた熱伝達率の値が伝熱計算に使用できる．ただし，古くから行われている蒸し操作では，高温水蒸気に空気が混入することによって，本来，膜状凝縮伝達で期待される伝熱量の1/3程度に

表5-4　熱工学上よく使用される各種の熱伝達率

熱媒体	熱伝達率（$W/m^2 \cdot K$）
膜状凝結中の水	4 700 ～ 9 300
自然対流中の水	230 ～ 580
強制対流中の水	1 200 ～ 5 800
沸騰中の水	12 000 ～ 23 000
自然対流中の空気（低温度差）	2.3 ～ 7.0
自然対流中の空気（高温度差）	4.7 ～ 11.6
強制対流中の空気およびガス類	23 ～ 93
自然対流中の低粘性油類	47 ～ 116
自然対流中の高粘性油類	12 ～ 93
強制対流中の低粘性油類	350 ～ 1 160
強制対流中の高粘性油類	35 ～ 233

（一色尚次・北山直方：伝熱工学，森北出版，1984から抜粋）

まで低下するといわれており留意が必要である．各種オーブンによる加熱では，19 ～ 51 W/m^2・K 程度の複合熱伝達率が試算されており，このうち 25 ～ 85 ％が放射による伝熱とされる．また，表 5-1 より油類を熱媒体とした揚げによる熱伝達は他に比べ，さほど大きくないことがわかる．

(2) 加熱調理と状態変化

食材の多くは液体状態の水を含み，加熱調理に伴う温度，圧力の変化によってその状態も変化する．この状態変化を正しくとらえることが調理の最適化につながる．この水は，温度，圧力によって水蒸気，水，氷と取るべき状態が決まっており，蒸発や凍結などの相変化を起こす際に潜熱の出入りを伴う．図 5-11 に水の状態図を示す．固体－液体間の平衡線を融解曲線，液体－気体間の平衡線を飽和蒸気圧曲線，固体－気体間の平衡線を昇華曲線と呼ぶ．大気圧下での加熱操作では，ほぼ 1 気圧の等圧線に沿って温度が上昇し，氷，水，水蒸気と状態が変化する．食材中の水には塩分や糖など多くの溶質が溶解し，また，内部成分と強く結合した水分が存在するため，その凝固点と沸点は必ずしも純水とは一致しない．さらに，加熱操作による食材の構造変化や水分の相変化に伴って熱物性がかわるなど加熱時間の推定は複雑となる．例えば，氷が水に変化すると密度が 9 ％増加し，比熱は 2 倍，熱伝導率は 1/4 倍になる．0℃における水と氷の温度伝導率は，それぞれ 1.33×10^{-7}，1.17×10^{-6} m^2/s となるため，同じ食材を相変化させても解凍時間は凍結時間に比べて長くなる．

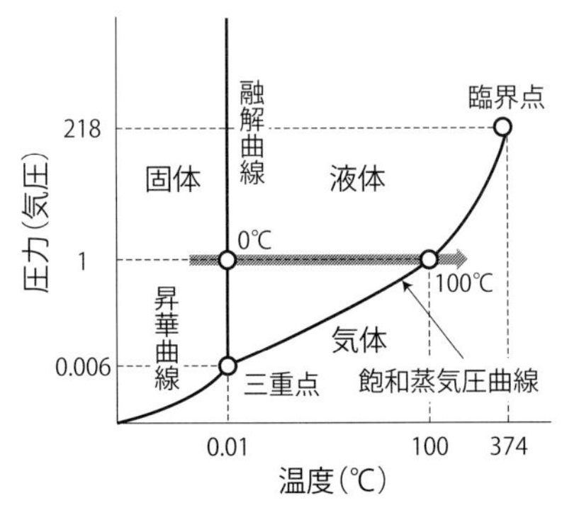

図5-11　水の状態図

(3) 加熱による食品成分の変化

加熱はデンプンの糊化やタンパク質の変性など食品成分にさまざまな変化を生じさせることから，消化吸収の促進や食感および食味の向上，加工性の向上，品質の保持などに広く利用されている．

a．炭水化物

デンプンは生の状態では消化されないため水を加えて加熱し，糊化して摂取する．デンプンはアミロースとアミロペクチンの2種の構造の異なる多糖類から構成される．アミロースはグルコースが直鎖状に重合した分子であり，アミロペクチンはアミロースの直鎖から別のアミロース鎖が枝分かれした分子構造を持つ．加熱するとグルコース鎖の規則正しい配列が崩れ，水の分子と水和することによって糊化する．この温度はデンプンの種類によって異なり，ジャガイモが56～66℃，小麦で52～63℃，コメが61～77.5℃程度といわれている．糊化温度は品種や共存物質の種類によって異なり，植物組織内にあるデンプンでは吸熱ピークが高温側にシフトすることが知られている．図5-12に電子顕微鏡（SEM）によって観察したジャガイモデンプン糊化前後の構造を示す．加熱により粒状構造が壊れ糊化したことがわかる．精白米の炊飯では，炊飯前に適量の水を加え加熱によってデンプンの糊化を進行させる．精白米の水分は15％から浸漬後に30％程度まで上昇し，加熱の際にさらに吸水が進む．炊飯前の吸水が十分でない場合，炊き上がった炊飯米は芯の残った食に適さない食感となる．

次に，ペクチンの分解について示す．野菜を加熱すると組織が軟化するが，これは細胞壁間の接着や細胞壁自体の構造を強靭にする役割を果たすペクチンが加熱によって分解されるために促される現象である．60～70℃の加熱ではペクチンメチルエステラーゼの働きによって材料が硬化することもあるため，これを防止する場合には熱湯浸漬による処理が行われる．冷凍野菜の前処理として行われるブランチング処理は野菜の持つ酸化酵素を加熱によって不活性化させ，変質や変色を防ぐとともに，ペクチンを加熱分解することによって野菜組織を軟化させ

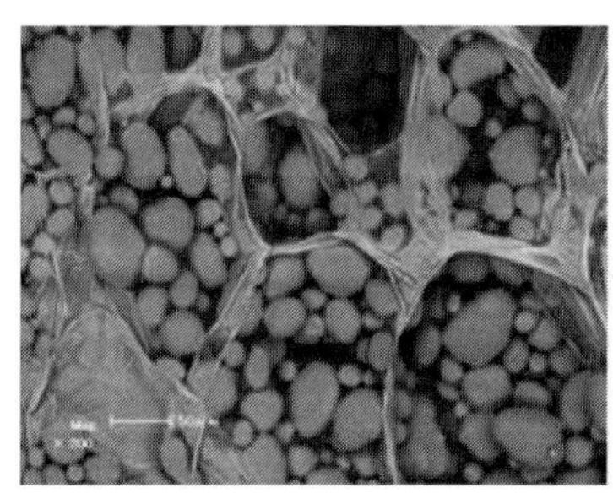

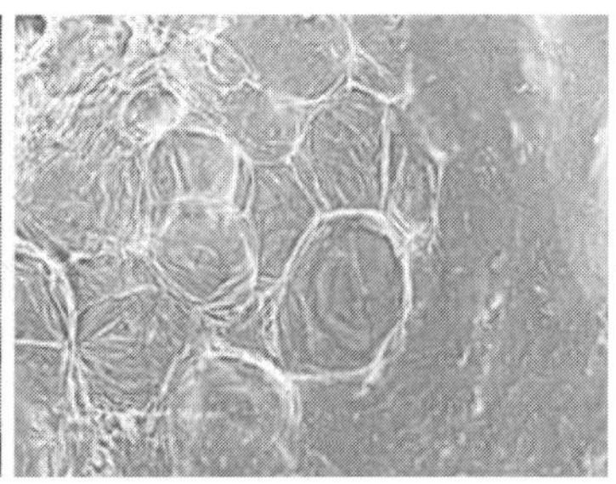

図5-12　加熱によるジャガイモデンプンの加熱前（左）後（右）の構造変化

27×27×40 mm^3 切片を100℃熱湯で10分間加熱後，急冷し，中心部を電子顕微鏡で観察．（写真提供：九州大学生産流通科学研究室）

凍結による細胞の破損を抑制する効果がある．

b．タンパク質

タンパク質の変性温度は70～90℃程度とされている．タンパク質は多数のアミノ酸がペプチド結合した高次元構造を持つ高分子化合物であり，加熱によって空間構造が変化するためその性質がかわる．消化酵素の働きによってアミノ酸に分解され体内に吸収されるため，デンプンのように必ずしも加熱調理する必要はないが，新しい特性の創造による食感や食味，加工性の向上，微生物的危害防止などの観点から加熱処理が行われる．

c．脂　　質

食材中の脂質は加熱によって固体から液体へ変化し,溶出による損失が生じる．一般に脂肪酸の不飽和度が高いほど融点は低く，飽和脂肪酸が多いほど融点が高くなる．加熱によって脂質の酸化や分解などの変質が起きるが，不飽和脂肪酸でこの傾向が強い．図5-13に脂質の酸化が食品の品質に及ぼす影響をまとめる．脂質の酸化により過酸化物が生じ，異味の原因となるアルデヒドやケトンなどの誘導体を経て，揮発性成分である低級アルケンや低級アルコールを生じる．これらの揮発性成分が異臭や褐変の原因となる．また，過酸化物はタンパク質やビタミンなどとも種々の劣化反応を引き起こし，テクスチャの劣化や変色などをもたらす原因となる．

d．そ　の　他

酵素の失活やカロチノイドやクロロフィルなど色素成分と香り成分，呈味成分

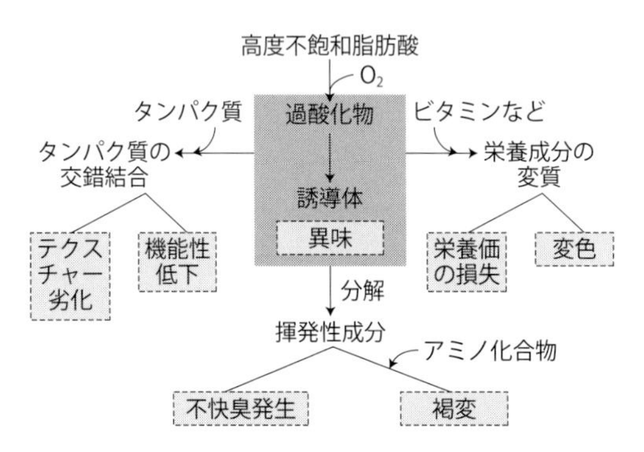

図5-13　脂質の酸化反応と品質への影響
（日本冷凍空調学会：食品関係者のための食品冷凍技術，2002）

の保持などにも注意を払う必要がある．

2）加熱殺菌

(1) 加熱殺菌の基礎（第8章2.「加熱殺菌」にも記述あり）

加熱殺菌は加熱調理と同様に水分の存在の有無によって湿熱殺菌と乾熱殺菌の2つに分けられる．湿熱では細胞内のタンパク質変性が微生物の死滅の主な要因とされ，乾熱では酸化が主な要因と考えられている．一般に，微生物の熱による死滅は次の1次反応に従う．

$$\frac{dN}{dt} = -kN \quad (5\text{-}37)$$

ここで，N：微生物生存数，t：時間（s），k：死滅速度定数（$1/s$）である．

生存数が1桁低下するのに要する時間を D 値といい，死滅速度定数 k を用いて $D = 2.303/k$ と表すことができる．この D 値の対数を加熱温度に対してプロットして得られる直線を熱耐性曲線といい，D 値が1桁変化するときの温度差を Z 値と呼ぶ．基準温度 r における D 値を D_r とすると，微生物の熱耐性は D_r 値と Z 値で表示できる．死滅速度定数 k の温度依存性についてはアレニウス式でも整理することができる．

$$k = A\exp(-E_a/RT) \quad (5\text{-}38)$$

ここで，A：頻度因子，E_a：活性化エネルギ（J/mol），R：気体定数（8.314 J/K･mol），T：絶対温度（K）である．

実際の加熱殺菌工程では，昇温，保持，冷却という非定常状態での処理が行われるため，致死割合 L 値を時間について積分した F 値で殺菌を評価する．

$$F = \int_0^t L(t)dt = \int_0^t 10^{(T(t)-Tr)/Z}dt \quad (5\text{-}39)$$

ここで，Tr：基準温度（K）である．

(2) 加熱殺菌と品質劣化

加熱殺菌の最大の欠点は殺菌対象物の熱による品質の劣化である．アスコルビン酸は加熱すると空気中の酸素や水分との反応が促進され破壊されることになる．このため，熱感受性の高いものについてはその熱処理条件について十分な配慮が必要となる．後述する過熱水蒸気やアクアガスによる加熱では，熱媒体中の酸素濃度が極端に低くなるため酸化を抑えた殺菌処理が期待できる．この他，微生物の死滅反応と品質劣化反応の Z 値や E_a 値が異なることを利用した高温短時間（HTST）処理などがあるが，タンパク質の変性が問題とされる場合には対象物と微生物間の耐熱性に大きな差が認められないため効果は低い．

(3) 加熱殺菌装置

加熱殺菌は栄養細胞を標的とする低温加熱殺菌（pasteurization）と，芽胞を標的とする高温加熱殺菌（sterilization）に分けられる．加熱は高温空気，熱水，過熱水蒸気，アクアガス，加圧水蒸気，赤外線やマイクロ波などの電磁波，電流，燃焼などによって行われる．加熱操作上からは回分式（バッチ式）と連続式に分けられ，回分式殺菌装置では静置式よりも熱効率をあげた振動式のものもある．連続式殺菌装置では浸漬式やシャワー式，ハイドロロック式，ハイドロスタティック式などがある．その他，表面殺菌が必要な青果物などに対しては赤外線加熱式が有効であり，ハンバーグパテのように内部加熱が必要なものに対しては通電加熱式やマイクロ波加熱式が，香辛料や小麦粉，乾燥野菜や生薬などの粉末材料には気流式や高速撹拌式が利用されるなど，加熱方法は目的や材料の性質に応じて使い分けされている．

3）赤外線加熱

(1) 基 本 法 則

赤外線は波長 0.75 ～ 1 000 μm の電磁波を指し，波長によって近赤外線（0.75 ～ 1.4 μm），中赤外線（1.4 ～ 3 μm），遠赤外線（3 ～ 1 000 μm）の 3 つに分類される．このうち，実際の応用面で加熱効果を発揮する波長域は 2 ～ 30 μm といわれている．赤外線の農業分野への利用は古く，穀物の天日乾燥などがその代表例である．現在では，農産物や食品の調理，殺菌，乾燥，ブランチング，解凍などに幅広く用いられる．赤外線照射による加熱は非接触かつ比較的短時間での処理が可能であり，装置の作りが簡単かつ熱効率が高いなどの特徴を持つ．放射による伝熱は熱媒体を必要とせず，伝熱量は熱源と被加熱体の表面絶対温度の 4 乗の差に比例する．熱源となる高温体を黒体（black body）と仮定すると，この物体の単位面積から単位時間に放射される単色放射エネルギはプランクの法則（Planck's law）により次式で与えられる．

$$E_{b\lambda}=\frac{C_1}{\lambda^5(e^{C_2/\lambda T}-1)} \qquad (5\text{-}40)$$

ここで，$E_{b\lambda}$：単色放射能（$W/m^2\cdot m$），λ：波長（m），T：温度（K），C_1：3.74041×10^{-16}（$W\cdot m^2$），C_2：1.43868×10^{-2}（$m\cdot K$）である．

（5-40）式を波長λで微分して極大値を与えるλ_{max}を求めると次の式を得る．この関係式をウィーンの変位則（Wien's displacement law）といい，黒体の単色放射能のスペクトル分布からピーク波長λ_{max}を知れば，次式によって黒体の温度を計算できる．

$$\lambda_{max}=0.002897/T \qquad (5\text{-}41)$$

温度Tの黒体が放射する全放射能E_bは，単色放射能$E_{b\lambda}$を全波長にわたって積分することによって得られる．

$$E_b=\int_0^\infty \frac{C_1 d\lambda}{\lambda^5(e^{C_2/\lambda T}-1)}=\sigma T^4 \qquad (5\text{-}42)$$

ここで，E_b：全放射能（W/m^2），σ：ステファン・ボルツマンの定数5.67×10^{-8}（$W/m^2\cdot K^4$）である．

一般に，実在する物体の放射は黒体の放射とは異なるため，次式のように放射率（emissivity）を定義して全放射量を求める．

$$\varepsilon=\frac{\int_0^\infty \varepsilon_\lambda E_{b\lambda}d\lambda}{\int_0^\infty E_{b\lambda}d\lambda} \qquad (5\text{-}43)$$

ここで，ε：放射率（－），ε_λ：単色の放射率（－）である．

演習問題 5-4

ハロゲンランプの単色放射能のスペクトル分布からλ_{max}を求めたところ$\lambda_{max}=1.16$ μmであった．このとき，ウィーンの変位則からハロゲンランプの表面温度を求めよ．

例解　ウィーンの変位則から，

$$\lambda_{max}=0.002897/T$$

これを変形して$\lambda_{max}=1.16$（μm）を代入すると，

$$T = 0.002897/\lambda_{max} = 0.002897/(1.16\times10^{-6}) = 2\,497\ (\mathrm{K})$$

(2) 赤外線放射源と食品の特性

a．熱　　源

セラミックス系や金属系材料に通電したり，放射体をガスや油を燃焼させて加熱することによって赤外線放射を得る．通電による赤外線放射源としては反射型赤外線ランプ（真空球，ハロゲン球，キセノン球など），石英管ランプ（ニクロムやタングステンコイル），セラミック放射体などがある．燃焼による赤外線放射では，熱源として種々のバーナが使用される．赤外線のピーク波長 5.0 ～ 1.2 μm を得るためには放射体の温度を約 600 ～ 2 500 K に加熱する必要があり，このときの放射強度は通電式で 10 ～ 550 kW/m^2 程度，燃焼式では 1 000 kW/m^2 程度にまで到達する．図 5-14 にセラミック放射体を約 600 K に加熱したときの赤外線放射スペクトルを示す．黒体に比べ放射は弱いが，ほぼ灰色体（gray body）と見なすことができる．

b．食品の赤外線吸収特性

放射源から放射された赤外線は被加熱体表面に到達し，一部は反射され，残りは透過または吸収される．この割合は赤外線の波長や被加熱体の材質によって異なるため，それぞれの材料についてこの特性を知る必要がある．食品中の水やタンパク質，糖類，脂肪などは O-H 基や N-H 基，C-H 基を持つため，含有する成分によって特有の吸収特性を示すこととなる．一般に，近赤外線領域では約 50

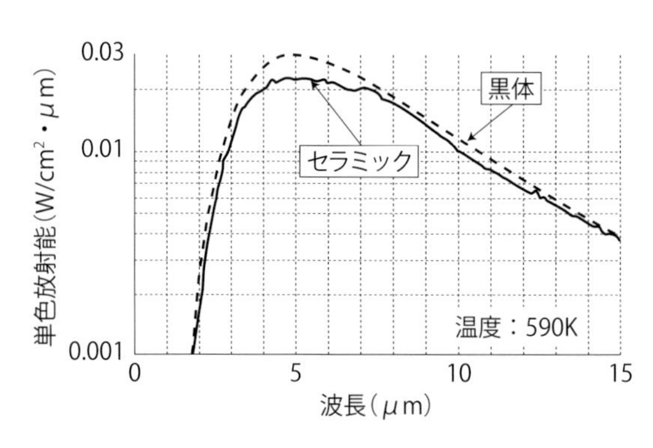

図5-14　セラミック放射体の赤外線放射

%の入射光が吸収され，中・遠赤外線領域では約 90 %以上が吸収される．キルヒホフの法則（Kirchhoff's law）では「物体の放射率と吸収率とは等しい」とされるので，よく吸収する物体ほどよく放射するといえる．図 5-15 にジャガイモ切片（水分 51 %）の近・中赤外線吸収スペクトルを示す．赤外線の吸収率は 1.35 μm 前後で 0.67 から 0.94 に変化することがわかる．食品の赤外線吸収特性は非常に複雑であるため，このように波長帯で区分した平均吸収率を求め，伝熱計算に用いる．物体表面から入射した光はランバート・ベールの法則（Lambert-Beer law）に従って物体に吸収され，減衰していく．入射した光の強度が $1/e$ に減衰する深さを浸透深さ（penetration depth）といい，物質固有の値となる．なお，赤外線の浸透深さは数 μm から数 mm 程度といわれている．物体内部で減衰したエネルギは熱に変換され，内部で発熱が起きる．ただし，赤外線の浸透深さは十分に小さいことから，内部発熱を無視した表面加熱として扱うことが多い．赤外線加熱では熱源や反射板，オーブンの壁からどれだけのエネルギが被加熱体表面に届き，吸収されるかを見積もることが大切である．この見積りには，ある面から放射された光がどれくらいの割合で別の面に到達するかを示す形態係数（view factor）を知る必要がある．平板間の放射など簡単な幾何学形状に対する形態係数は多く計算されており，簡易計算に用いられている．近年，コンピュータシミュレーション技術の進歩により，正確に見積もることが可能となってきた．

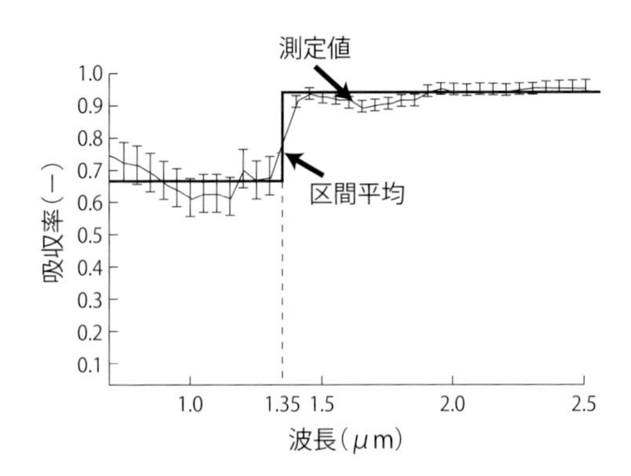

図5-15　ジャガイモ切片（水分 51%）の近・中赤外線吸収スペクトル
（Datta，A. et al.：AIChE Journal，55(9)，2009）

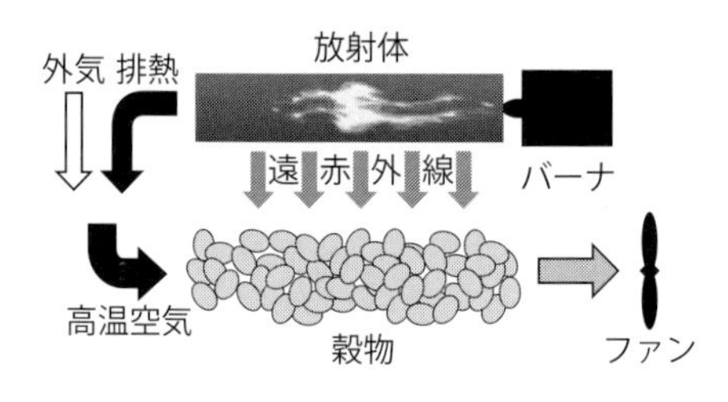

図5-16　穀物の遠赤外線乾燥装置

図 5-17　共選施設ラインに設置された赤外線殺菌装置

(3) 赤外線加熱装置

食品業界で扱う材料の形状はさまざまで，粉末や粒状，塊状のものなどがある．また，液体や水分を多く含む材料など性状も異なっている．赤外線加熱は照射光線の影ができるような形状に不向きであり，いかに均一に照射するかが重要である．

図 5-16 に遠赤外線加熱による穀物の乾燥例を示す．このシステムではバーナからの火炎によって放射体が熱せられ遠赤外線を放射する．同時に，排熱で外気を温め熱風乾燥も行う仕組みになっている．このシステムは連続流下式乾燥機の乾燥部として利用されている．図 5-17 は青果物共選施設に導入された赤外線殺菌装置である．イチジクなど外皮の硬い青果物をベルトコンベアで搬送し，殺菌部に送る．照射が均一になるよう上下に石英管ランプを配置し，加熱むらを抑えるように工夫している．また，出口側には送風機を設け冷却を行っている．その他にも，放射伝熱が熱媒体を必要としない利点を生かし，青果汁や液状食品の真空凍結乾燥や種々の農産物の減圧乾燥，減圧フライなどに熱源として利用されている．また，従来からあるロータリ型加熱装置や気流乾燥装置，ベルトコンベア型加熱装置などの熱源としても使用され，広く普及するようになっている．

4）通 電 加 熱

(1) 基 本 法 則

図 5-18 に通電加熱装置の概略を示す．通電加熱とは，被加熱体を電極ではさんで電流を流し，そのとき物体内に生じる電気抵抗熱によって直接加熱する方法

であり，その構造は簡単である．電子レンジ調理と同様に食品自体が発熱するため加熱時間が短く，比較的均一な加熱処理が可能である．このため，製品の色や風味が失われにくく，品質の保持効果が高い．また，食品内部にて電気エネルギが熱エネルギに変換されるため加熱効率が高く，温度制御もしやすいという特徴を持つ．実際には，高粘性食品や固形物入り食品，固形物食品などの殺菌や調理に利用されており，味噌や乳製品，農産物ペースト，果汁などがその対象となっている．

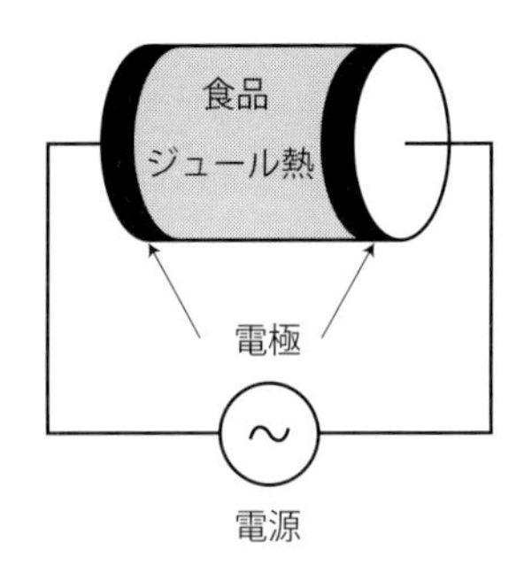

図5-18　通電加熱の概略図

通電加熱では，ジュールの法則に従い食品内部で発熱が起きる．

$$Q = IV = V^2/R = I^2R \tag{5-44}$$

ここで，Q：発熱量（J/s または W），I：電流（A），V：電圧（V），R：抵抗（Ω）である．

この発熱量は，被加熱体の電気的特性である電気伝導率（導電率）（electrical conductivity）にも依存する．被加熱体がオームの法則に従うとき，電流密度は次式で表すことができる．

$$J = \sigma E = -\sigma \nabla V \tag{5-45}$$

ここで，J：電流密度（A/m²），σ：電気伝導率（S/m），E：電界強度（V/m）である．

電界強度 E は電極間距離や供給電圧を調整することによって制御できるため，発熱量の調節は容易となる．ここで，面積 S（m²）を流れる電流は，$I = J \cdot S$ となるので，被加熱体の発熱量は電気伝導率に依存することがわかる．

(2) 電気伝導率

電気伝導率はそれぞれの食品に固有のものであり，温度や内部に含まれる水分，塩分などの違いによって 0.01 ～ 10 S/m 程度の値を示す．図 5-19 および図 5-20 に数種類の農産物と固形物入り液状食品の電気伝導率と温度の関係を示す．いずれの農産物においてもその電気伝導率は温度の上昇とともに増加し，これに伴い発熱量も増加する．実際の加熱工程では温度が常に変化するため，発熱量の変化にも留意する必要がある．食品の電気伝導率は，これを構成する成分の比によっても変化する．図 5-20 に示した固形物入り液状食品はトマトペーストをキャ

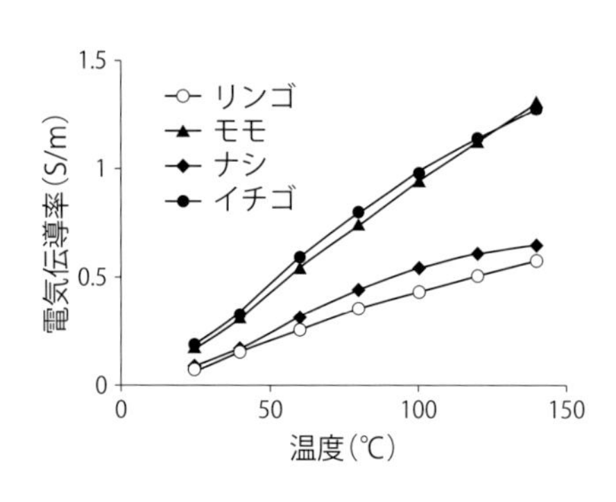

図5-19　農産物の電気伝導率と温度の関係
(Sarang, S. et al.: Journal of Food Engineering, 2008 より一部抜粋)

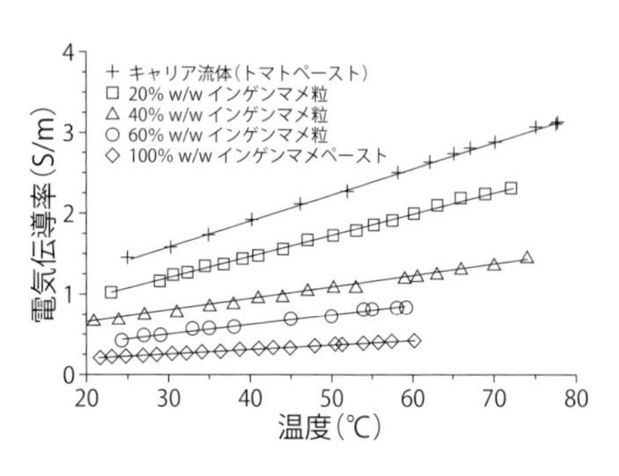

図5-20　トマトペーストにインゲンマメ粒を混合した固形物入り液状食品の電気伝導率と温度の関係
(Legrand, A. et al.: Journal of Food Engineering, 2007)

リア流体，インゲンマメを固形物とするもので，電気伝導率の低いインゲンマメの混合比が増えるとその値は低下することがわかる．

(3) 通電加熱における熱移動

加熱による食品の昇温速度はその比熱や密度，熱伝導率，粘性，水分の蒸発および融解の有無など数多くの因子に依存するため，加熱装置を設計および制御するに当たっては，それらの諸特性を知ることが不可欠となる．固形食品の加熱では,内部で発生したジュール熱が熱伝導によって食品内部を移動し,熱伝達によって食品表面から雰囲気に熱が伝わる．食品内部における単位体積当たりの発熱量を Q_v (W/m^3) とすると，支配方程式は次式となる．

$$\rho C_p \frac{\partial T}{\partial t} = \nabla \cdot (k \nabla T) + Q_v \qquad (5\text{-}46)$$

ここで，ρ：密度 (g/m^3)，C_p：比熱 (J/g・K)，k：熱伝導率 (W/m・K)，T：温度 (K) である．

加熱工程では雰囲気との熱の授受が行われるため，境界面における熱伝達や熱放射を考慮する必要がある．また，水分の蒸発による潜熱の放出にも留意しなければならない．

演習問題 5-5

比熱 3.75 kJ/kg・K の物質 0.1 kg に電圧 30 V を印可したとき 2 A の電流が流れた．周囲への熱の散逸はなく，ジュール熱はすべて品温上昇に使われるとするとき，温度の上昇速度を求めよ．

例解　通電により発生する単位時間当たりのジュール熱は，

$$Q = IV = 2 \times 30 = 60 \text{ (J/s)}$$

一方，温度上昇は次式で与えられる．

$$mC_P \frac{\partial T}{\partial t} = 0.1 \times 3.75 \times 1\,000 \times \left(\frac{\partial T}{\partial t}\right) = 375 \times \left(\frac{\partial T}{\partial t}\right)$$

ジュール熱がすべて品温上昇に使われたとすると，

$$375 \times \left(\frac{\partial T}{\partial t}\right) = 60 \qquad \therefore \frac{\partial T}{\partial t} = 60/375 = 0.16 \text{ (℃/s)}$$

(4) 通電加熱システム

通電加熱装置の主要部品となる電極については，電極が食品に直接触れるため使用が可能な材質は食品衛生法によって定められており，鉄やアルミニウム，白金およびチタン以外の金属を使用してはならないとされ，食品を流れる電流が微量である場合のみステンレスの使用が認められている．しかしながら，鉄は錆びやすく，アルミニウムは腐食しやすい．また，産業レベルでは電流値が大きくなるためステンレスの使用は不向きとなる．白金は電極として適しているが高価なため，チタンの使用が実用的である．電極の破損，劣化は製品の品質に直接影響を与えるため，保守および点検が重要である．絶縁体としては，耐熱温度や耐薬性に応じてポリエーテルエーテルケトンやポリエーテルイミド，テフロンなどが使用される．

図 5-21 に連続式通電加熱装置のシステムフロー例を示す．高粘性食品や固形物入り食品を連続的に加熱する装置であり調理，殺菌等に利用できる．原料は送りポンプによって最初のジュールヒータ内に供給され，予熱される．粘性が高い食品ではパイプ断面に流速差が生じるため，加熱が不均一になる．このため

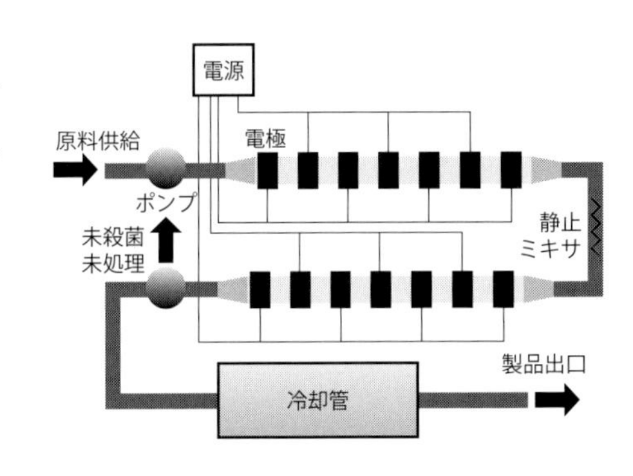

図5-21　連続式通電加熱装置

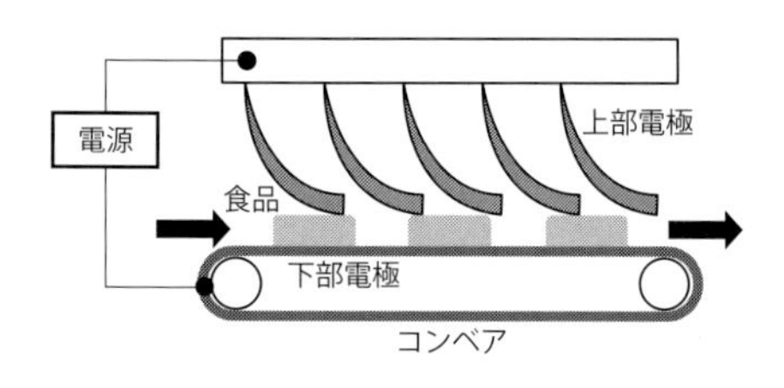

図5-22　固形食品用通電加熱装置

静止ミキサなどの撹拌機器を設置し，温度むらの解消を行う．続いて2つ目のヒータで所定の調理または殺菌温度まで加熱し，一定時間保持したのち，冷却器で急冷して次工程に送る．加熱が不十分な材料については原料側に返し，再度，加熱操作を施す．次に，図5-22に固形食品の連続式通電加熱装置を示す．上部フレキシブル電極と下部コンベア電極間に固形食品を配し，食塩水などを仲介にして通電し加熱を行いながら搬送する．

5）過熱水蒸気を利用した加熱処理

(1) 過熱水蒸気とアクアガス

水蒸気を間接的熱媒体あるいは湿熱雰囲気の直接熱媒体として利用する加熱法は古くから利用されており，コメやサツマイモの蒸し調理などは後者の代表的な例である．この水蒸気は飽和水蒸気と呼ばれるもので，蒸発や沸騰によって発生した蒸気を意味する．この飽和水蒸気をさらに二次加熱することで得られる気体を過熱水蒸気と呼ぶ．図5-23に水の飽和蒸気圧曲線を示す．水の沸点は1気圧で100℃，2気圧で121℃となるが，これらの飽和水蒸気を加熱すると過熱水蒸気となる．アクアガスとは40～150 μm程度の微細水滴を含んだ110～125℃前後の過熱水蒸気を呼称し，これを用いた新たな食品の調理法や殺菌法が開発されている．図5-24にアクアガス発生システムの概略を示す．定量ポンプから供給された水がヒータで加熱される．このとき加熱ヒータの内部圧力および温度は0.15～0.25 MPa，120～140℃程度となり，ノズルから噴射されるとともにチャンバ内で加熱されて過熱

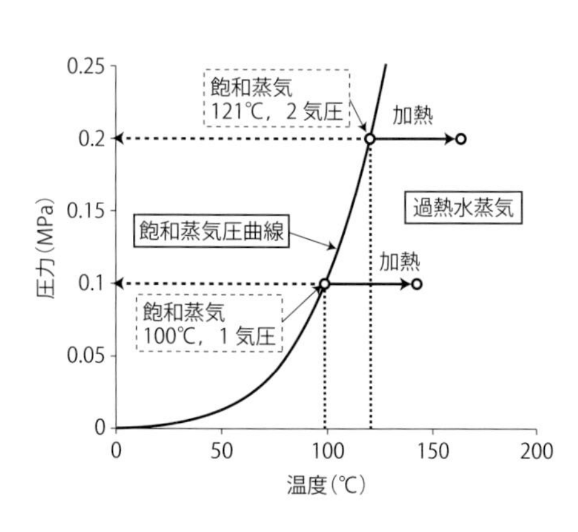

図5-23　飽和水蒸気曲線

水蒸気と微細水滴となる．これを直接，試料に吹きかけ熱処理する．

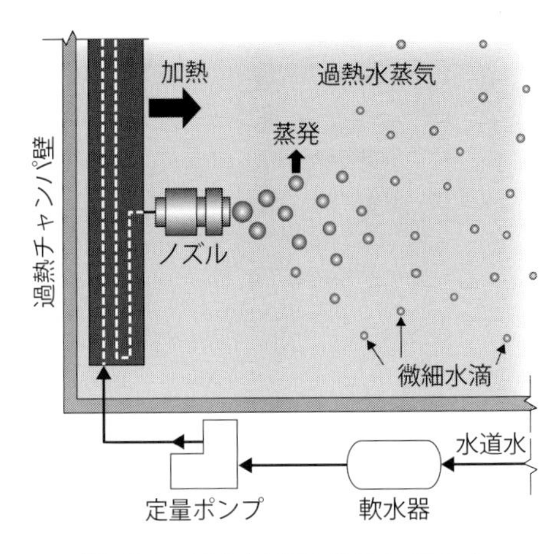

図5-24　アクアガス発生システム
（五十部誠一郎：日本食生活学会誌，2006）

(2) 過熱水蒸気やアクアガスの応用

過熱水蒸気またはアクアガスによる加熱は高温空気による加熱に比べ熱伝達効率が高く，また，水分蒸発抑制や酸化抑制など優れた特徴を持つ．このため，これらを用いた加熱調理や殺菌は食品分野における新たな処理技術の1つとして注目されており，業務用調理機器に加えてオーブンや炊飯器などの家庭用調理機器への応用も進んでいる．電磁誘導加熱により過熱水蒸気の温度制御が容易となったため，蒸し，焼き，乾燥の操作を行う調理機器が普及しつつある．この他，ブランチングや成分抽出，解凍などその用途は広く，過熱水蒸気中の酸素濃度がきわめて低くなることから酸化抑制効果も見込まれ，高品質な製品の生産が期待されている. 110～125℃程度の過熱水蒸気またはアクアガスによる処理では,加熱チャンバ内に試料を投入し，これに熱媒体を吹きかけた直後は，試料の表面温度が低く水蒸気が表面に凝縮するため質量が増す．この質量増加はアクアガスでより顕著である．この凝縮に伴い放出された潜熱が試料に大量の熱を与えるため，試料温度は急上昇する．その後も過熱水蒸気からの放射と熱伝達によって熱が供給され続け，高温空気以上の脱水速度を維持できる．水蒸気が試料表面に凝縮する期間に調理や殺菌を行えば，質量損失の無い熱処理が達成できる．食品加工に用いられる過熱水蒸気温度は120～200℃程度であり，焙煎や焼成といった処理も可能である．乾燥には170～180℃程度の過熱水蒸気が利用されるが，これは高温空気に比べ脱水速度が大きくなるためである．アクアガスでは，110～125℃程度と比較的低温であるため焼成には不向きであるが，ブランチングや湿熱殺菌などの前処理に有用である．実際のアクアガスによる加熱処理についての研究例としては，生野菜一般性菌の殺菌，ジャガイモ表面における枯草菌の殺菌，

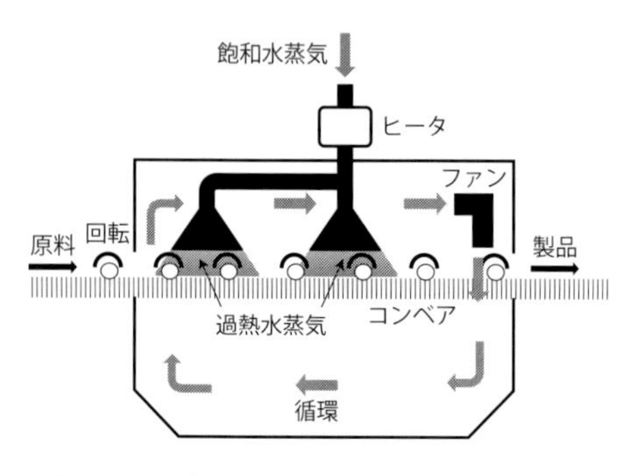

図5-25　連続式の過熱水蒸気加熱装置

ジャガイモやブロッコリーのブランチング，ポテトサラダの調理などの報告があり，短時間での高い殺菌効果や外観や内部品質を維持したままのブランチング処理が達成できることが示されている．図 5-25 に過熱水蒸気による連続式の加熱装置を示す．ベルトコンベアで加熱装置内に運ばれてきた原料はコンベア上を回転しながら進み，上部から噴射された過熱水蒸気によって加熱される．過熱水蒸気はチャンバ内を循環するため，内部酸素濃度は低下し，酸化が抑制された高品質な製品の生産が可能である．

3．冷却操作

1）冷　　却

農産物における呼吸や蒸散といった生理作用など伴う食品の生化学反応は低温にすることにより抑制できる.食品は一般に低温下で品質劣化が抑制されるため,所定の温度まで冷却することにより，貯蔵できる期間の延長が図られる．食品では冷蔵（cooling or cold，10 ～ 2℃），氷温冷蔵（chilling，2 ～－2℃）および凍結貯蔵（冷凍）（freezing，－18℃以下）の温度帯に区別される．

2）冷　　蔵

農産物の鮮度を維持し，かつ効率よく冷蔵するための貯蔵前処理（予措）として，生産地でできるだけ速やかに所定の温度まで急速に冷却する操作が予冷（pre-cooling）である．予冷は冷却方式により空気予冷，冷水予冷，真空予冷に分類される．

空気予冷には，強制通風冷却と差圧通風冷却がある．強制通風冷却は，強制通風方式の低温貯蔵庫で，積み上げた容器に冷風を吹き付け冷却するが，青果物の冷却は冷風の容器を通しての熱伝導と容器内冷気による熱伝達で行われるため，冷却速度が遅く冷却ムラが生じやすい欠点がある．差圧通風冷却では，この欠点を補うため通気孔を開けた容器を用い，庫内に差圧ファンを付けて冷気を容器の内部に素早く通過循環させる．冷却時間を強制通風冷却に比べ1/3程度に短縮できるが，強制通風に比べ庫内の積み付けに工夫が必要で，収容能力の点では劣る．差圧通風冷却の方式には中央吸込式，壁面吸込式，トンネル式，チムニー式など積み付けなどに工夫したさまざまな装置が開発されている．

冷水予冷（冷水冷却）は，水が空気と比べ熱容量および熱伝導率がきわめて大きく冷却力に優れているため有用な予冷方式であるが，産物が濡れる，冷却水の殺菌などの問題もあり，わが国では普及していない．散水式，スプレー式，浸漬式がある．

真空予冷は，野菜を密封した耐圧容器（真空槽）に入れ，容器内を減圧すると沸点が降下して野菜表面の水分が沸騰蒸発すると，野菜自体から蒸発潜熱が奪われ，その結果野菜が急速に冷却される方式である．特に，減圧を開始し，周辺の圧力がそのときの水温（品温）に相当する飽和蒸気圧まで低下すると，表面のみならず産物内部からも水分の蒸発が起こり蒸発量は急激に増加する（フラッシュポイント）．湿球温度が急激に下降し，再び上昇して品温と同一となる点がフラッシュポイントで，この点に達すると品温は急激に低下し始める．空気冷却方式に比べ，冷却速度がきわめて大きく冷却ムラが少ないが，体積に対して表面積が小さい果菜根菜類は冷えにくく，表面積が大きい葉菜類などの冷却に向く．図5-26に真空冷却装置の概略を示す．この装置は主として真空槽，真空ポンプ，コールドトラップと冷凍装置，制御装置からなるが，建設費用や，コールドトラップ冷却のための冷凍機運転費用も高い．

冷蔵は10～2℃で青果物を含む生鮮農産物を貯蔵する場合をいう．予冷が冷蔵前の過渡的冷却とすると冷蔵は温度を一定の低温に保つ定常的冷却，すなわち，保冷とした方が適切であろう．冷蔵には確実な温度管理と制御装置を備えたシステムが必要で，冷却方式としてユニットクーラ式，ダクト式，ジャケット式，また，CA貯蔵，減圧貯蔵も含まれる．ユニットクーラ方式は，蒸発器と送風機を1つにまとめて貯蔵庫の一隅に設け冷却と同時に貯蔵庫内空気を循環させる方式である．ダクト方式は貯蔵庫の天井にダクトを取り付け，冷却空気をダクトにより分

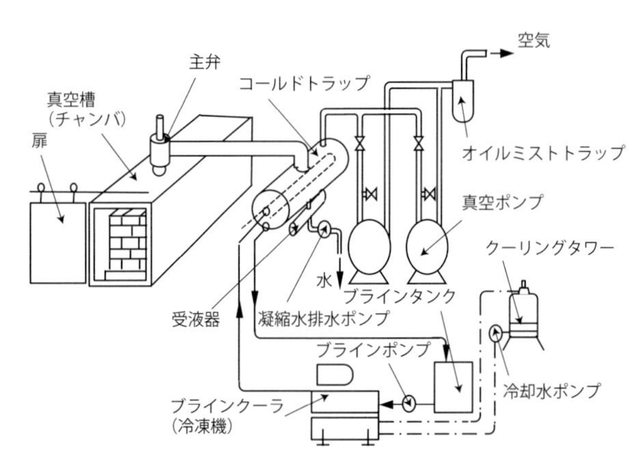

図5-26　真空冷却装置の概略

配して庫内に吹き出す方式で，ジャケット式については後述する．CA 貯蔵については第２章 2.1).(5)「呼吸の抑制」を, 減圧貯蔵については成書を参照されたい.

3）冷　凍

物品の温度を常温よりも低くし，かつ所定の低温度に保つ技術を冷凍（refrigeration）といい，そのための機械が冷凍機（refrigerator）である．そして，この低温を作るための冷凍装置に用いる媒体を冷媒（refrigerant）という.

現在使用されている冷凍方法のほとんどは，以下のような潜熱（latent heat）が利用されている.

融解熱（heat of fusion）… 氷が解けて水になるとき熱を吸収するように，固体が液体になるときに必要な熱を周りから吸収する熱量のこと.

蒸発熱（heat of evaporation）…水が蒸発して水蒸気となるとき周りから熱を吸収するように，液体を蒸発させて気体にするときに必要な熱量のこと.

昇華熱（heat of sublimation）…固形炭酸ガス（ドライアイス）のように，固体が周りから熱を吸収して, 液体の状態を経ないで気体となるときの熱量のこと.

これら潜熱は相変化の際，温度変化となって現れない．これに対し，同一の相状態において温度変化となって現れる熱を感熱あるいは顕熱（sensible heat）という.

冷凍には以下に示すようないくつかの方法がある.

①氷を利用する方法…氷の融解潜熱（79.68 kcal/kg＝333.5 kJ/kg）で物品を冷やす．氷では 0℃以下には冷やせない．そのとき氷を砕き，食塩を 30 %程度混合すると，－18℃程度の低温が得られる．このとき，食塩は起寒剤と呼ばれる．

②ドライアイスを利用…ドライアイスの昇華潜熱（約 152 kcal/kg＝636.3 kJ/kg）で物品を冷やす．氷の 2 倍の冷却能力がある．

③蒸発熱の利用…蒸発しやすい液体を蒸発させるときに周りから奪う蒸発潜熱を利用することにより，物品を冷やす．

④気体の断熱膨張による方法…圧縮した気体を急激に膨張させると低温度になる．この方法には絞り膨張や外部仕事を伴う膨張があり，前者はジュール・トムソン効果（Joule-Thomson effect）として知られ，圧縮気体を小穴などから噴出させる絞り作用により，わずかに温度が下がる．これを繰り返すことで低温を得ることができる．また，後者は圧縮した常温の気体を外部へ仕事をさせながら膨張させることで低温度が得られ，気体冷凍機として利用される．

⑤ペルチェ効果（Peltier effect）利用の方法…2 種類の異なった導体をつないだ回路に直流電流を通じると，一方の接続部では吸熱，他方では発熱が起こる現象（ペルチェ効果）を利用した熱電冷凍で電子冷凍ともいわれる．

ここで，①，②の方法では多量の物品を冷やすことは難しい．また，③は夏の暑いときに，周りに打ち水をするとしばらく涼しくなることを経験するが，水の蒸発で得られる温度は限られている．もっと低温度を得るには，他の冷媒を適当な圧力のもとで蒸発させ，その蒸発熱によって冷却作用を行い，かつ，蒸発した冷媒のガスを大気中に放出することなく繰り返して使用する機械的装置が必要となる．そのためには，蒸発して気体となった冷媒ガスを圧縮し，これを凝縮して液化してまた蒸発させる過程を繰り返す必要があり，そのための装置が現在一般に使われている蒸気圧縮式冷凍機である．④は極低温における気体の液化などに用いられる方法で，熱力学的に実証される．⑤の方法は近年精密機械の冷却装置などとして使用されている電子冷凍機である．この他，冷凍法には，発熱反応である吸着とは逆に，ガスで飽和されている物質からガスを脱着して吸熱する気体の脱着による方法や絶対零度付近の極低温を得る磁気冷却法などがある．

(1) 冷　凍　機

前項の冷凍方法の中，③の液体の冷媒を蒸発させるときの冷却作用を利用した機械的冷凍装置がよく使用されている．そのうち，最も一般的なものは機械的圧縮機を使う冷凍機，すなわち，圧縮式冷凍機であり，他に吸収式冷凍機，蒸気噴射式冷凍機などもある．圧縮式冷凍機には，圧縮機の型として往復動，遠心，スクリュ，ロータリ式などがある．

a．圧縮冷凍機の作用

蒸気圧縮冷凍機の概略を図 5-27 に示す．

圧縮式では，冷媒の状態変化の面から，主要部分は以下の 4 つの装置に分類できる．

①圧縮機（compressor）…蒸発器で蒸発した冷媒蒸気を圧縮して送り出す．

②凝縮器（condenser）…圧縮機から送られてきた高温高圧の冷媒の蒸気を空気あるいは水によって冷却し，凝縮させる．凝縮した冷媒の液体はいったん受液槽に貯められる．ここでは低温高圧の液体冷媒の状態である．

③膨張弁（expansion valve）…低温高圧の冷媒液はこの弁を通る間に液から急激に低圧の湿り蒸気となって蒸発器側に送られる．

④蒸発器（evaporator）…冷媒は周囲から入り込む熱を得て低温低圧で蒸発し，ここで冷凍の目的が遂げられる．

このように冷媒は圧縮機のポンプ作用により閉じた回路の中を循環し，その間に蒸発と液化を繰り返す．圧縮機は電動機（モータ）により運転される．

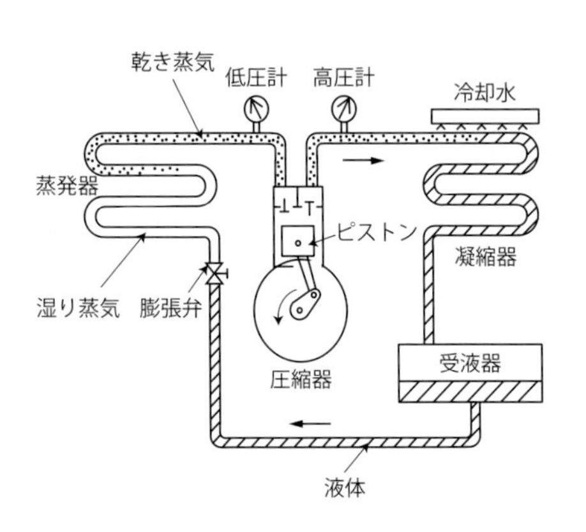

図5-27　蒸気圧縮式冷凍機の概略

b．吸収式冷凍機

吸収式冷凍機は冷媒の他に吸収剤を必要とし，冷媒と吸収剤が混じり合って冷凍サイクルをなす．吸収式冷凍システムは，アンモニア－水，水－臭化リチウム，水－塩化リチウムがあり，アンモニア－水の冷凍システムではアンモニアが冷媒で水が吸収剤，その他のシステムでは水が冷媒として働く．あとの２つのシステムはもっぱら空気調和用に使われるが，アンモニアー水の冷凍システムは，他２者より低温を得ることが可能で，製氷や食品保冷にも使われる．例として，水ー臭化リチウムのシステムを使った吸収式冷凍機のサイクルを図 5-28 に示す．構成は蒸発器，吸収器，凝縮器，再生器の４つの部分からなる．蒸発器の中の圧力は絶対圧力 0.8 ～ 1（kPa）の高真空に保たれ，この中で冷媒は約 5℃で蒸発する．このとき，冷水から熱が奪われ，低温の水が得られる．蒸発した水蒸気は吸収器の臭化リチウムに吸収され，水蒸気を吸収した溶液は濃度が薄くなって吸収能力が低下するため，再生する必要がある．ポンプでこの希溶液を再生器に送り，蒸気などで過熱し水分を蒸発させて高濃度の溶液にする．蒸発した冷媒（水分）は凝縮器に入り，冷却水で冷やされて凝縮し，再び蒸発器へ戻る．濃縮された臭化リチウムは熱交換器を通って吸収器へ戻る．

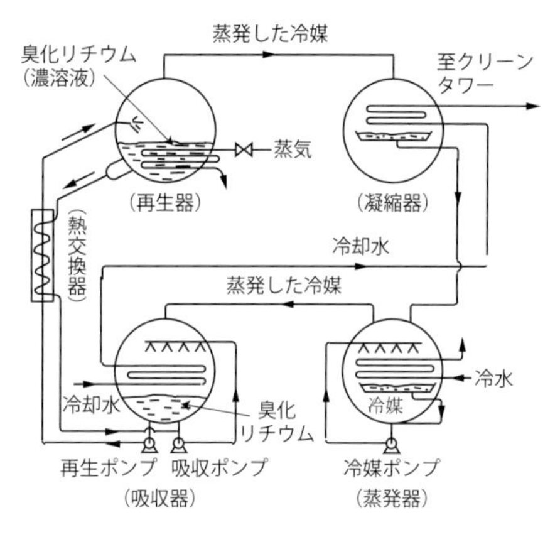

図5-28　吸収式冷凍機の概略

c．電子冷凍機

熱電温度計の原理であるゼーベック効果（Seebeck effect）と表裏の関係にあるペルチェ効果（Peltier effect）を利用したものである．n 型（余分な電子を生み出すために不純物が添加されている）および p 型（電子を不足させるために不純物が添加されている）半導体を直列につないだペルチェ素子に電流を流すと，n → p 接合部分では吸熱現象が，p → n 接合部分では発熱現象が発生する．図 5-29 はその概念図である．

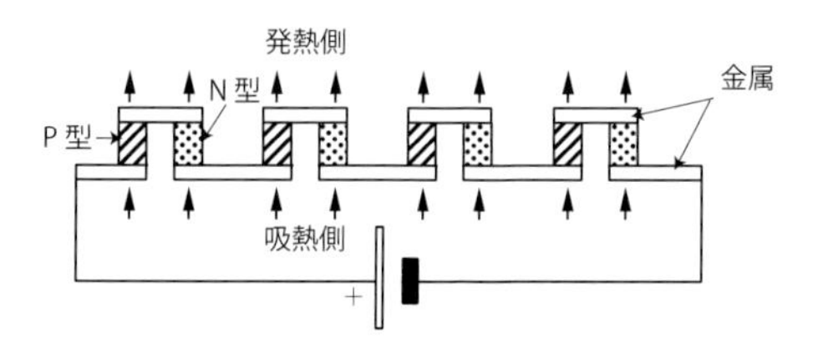

図5-29　ペルチェ効果の原理

d．冷 凍 能 力

冷凍機が単位時間（1 h）に吸収する熱量のことを冷凍能力（kW）という．また，冷凍機の実際の冷凍能力を表す単位として冷凍トンという単位を用いることがあり，これは1日（24時間）に1tの0℃の水を氷にするために除去すべき熱量のことで，以下のように求めることができる．

1冷凍トン（1 JRT）=（1 000 kg×79.68 kcal/kg）/24h=3 320 kcal/h=3.86 kW

ここで，水の凝固（氷の融解）の潜熱は 79.68 kcal/kg で，1 kW=860 kcal/h である．

e．カルノーサイクルと逆カルノーサイクル

動作流体（系）の始めと終わりの状態が一致する過程をサイクルという．熱を授受することにより，仕事を取り出すサイクルが行われる装置を熱機関という．熱機関の中，最も効率のよい理想的なサイクルがカルノーサイクル（Carnot cycle）であり，図 5-30 はカルノーサイクルを例に，系の状態変化における圧力 P と容積 V の関係を示したものである．カルノーサイクル（図中の実線）では，高温側（温度 T_1）から熱量 を取り込み，一部が仕事 W として変換，取り出され，残りの熱 が低温側（温度 T_2）に排出される．図の 1 ～ 2 は等温膨張過程，2 ～ 3 は断熱膨張過程，3 ～ 4 は等温圧縮過程，4 ～ 1 は断熱圧縮過程であり，Q_1 と Q_2 および W の間の関係は

$$Q_1 = W + Q_2 \tag{5-47}$$

カルノーサイクルの熱効率 η は

$$\eta = W/Q_1 = (Q_1 - Q_2)/Q_1 = 1 - Q_2/Q_1 = 1 - T_2/T_1 < 1 \tag{5-48}$$

となる．このように，カルノーサイクルの熱効率 η は動作流体の種類に関係なく，両熱源の温度（絶対温度）によって決まる．

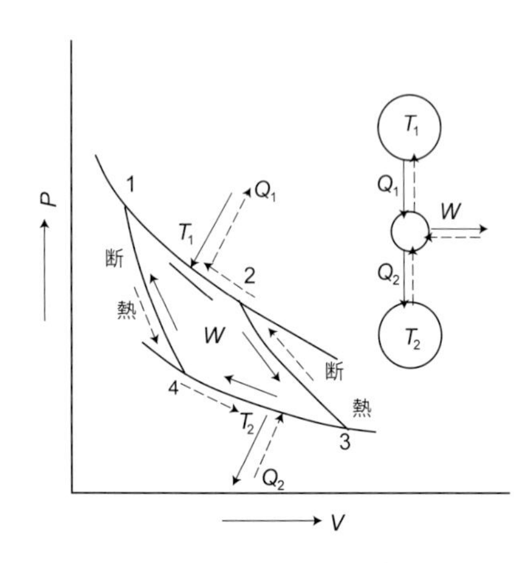

図5-30　カルノーサイクル（実線矢印）と逆カルノーサイクル（破線矢印）

熱力学第二法則より，「熱はそれ自身では低温域から高温域へ移ることはできない」が，外部から機械的仕事を加えることにより，低温物体の熱を吸収して高温域に運ぶことが可能となり，その機械が冷凍機である．冷凍機のサイクルを考えるうえで理想的な冷凍サイクルは，このカルノーサイクルをそのまま逆回りさせたもので，逆カルノーサイクルと呼ばれる．このサイ

クルは冷凍機の成績の基準を考えるうえにおいて，きわめて重要である．図5-30中の破線は逆カルノーサイクルを示し，１～４は断熱膨張，４～３は等温膨張，３～２は断熱圧縮，２～１は等温圧縮過程で，断熱過程は熱力学の教えるところにより，エントロピの変化がない，すなわち等エントロピ変化である．したがって，破線で示される１→４→３→２→１の逆カルノーサイクル変化を温度 T とエントロピ S で表すと，次の図5-31のようになり，この図を $T-S$ 線図（温度－エントロピ線図）と呼ぶ．図5-31の6－3－4－5で囲まれた面積が蒸発器での低温側（温度 T_2）から吸収した熱量 Q_2，凝縮器での高温側（温度 T_1）への放熱量 は6－2－1－5で囲まれた面積，圧縮仕事 W は1－2－3－4で囲まれる面積で表され，これは $Q_1 - Q_2$ である．冷凍機の性能を表すのに成績係数 ε（coefficient of performance, COP）が使われ，冷凍機の冷凍能力とそれに必要な圧縮仕事との比で表す．

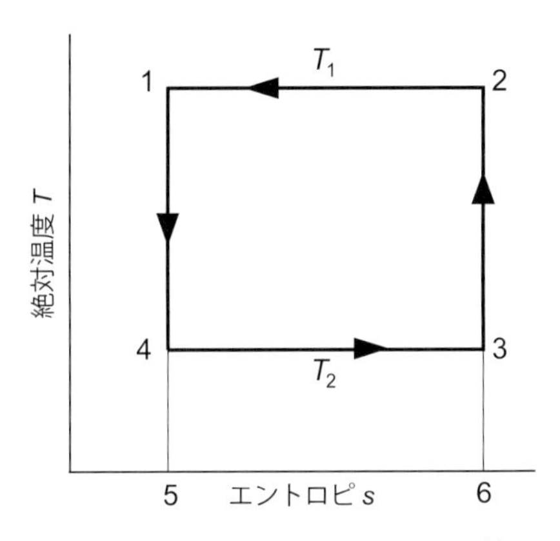

図5-31　逆カルノーサイクル $T-S$ 線図

逆カルノーサイクルにおける成績係数を理想的成績係数といい，

$$\varepsilon_{id} = Q_2/W = Q_2/(Q_1 - Q_2) = T_2/(T_1 - T_2) \qquad (5\text{-}49)$$

で示される．同様にヒートポンプの成績係数 ε_{hid} は次式で示される．

$$\varepsilon_{hid} = Q_1/W = (Q_2 + W)/W = \varepsilon_{id} + 1 \qquad (5\text{-}50)$$

ｆ．モリエル（Molier）線図

圧縮冷凍機の熱理論解析には冷媒の $T-S$ 線図上にそのサイクルを書いてみると有効である．実際上の数値計算にはモリエル線図（$P-h$ 線図：縦軸が圧力 P，横軸がエンタルピ h）が有効で，縦軸には対数目盛で絶対圧力が，横軸にはエンタルピが目盛られ，0℃の飽和液のエンタルピは419 kJ/kg（100 kcal/kg）と定めてある．冷媒の性質は圧力，温度，比体積，エンタルピ，エントロピで表され，冷媒が冷凍機中を循環する間の状態変化を図5-32に示すモリエル線図に描くことにより，冷凍能力や圧縮仕事などを求めることができる．図中の線では，等圧線は水平に引かれた線，等エンタルピ線は上下に垂直に引かれた線，左の太線が

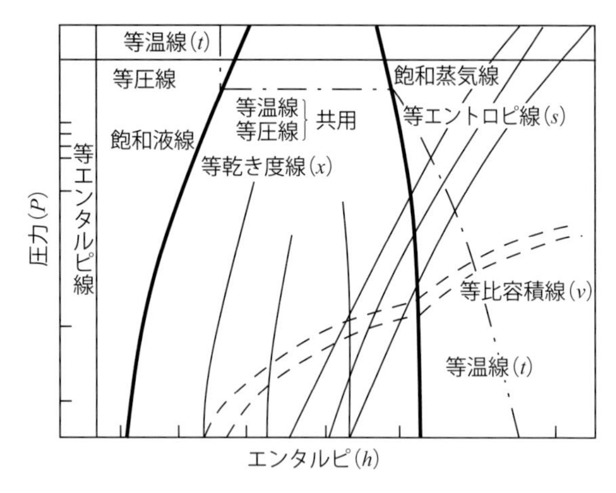

図5-32　モリエル線図概略

飽和液線，右の太線が飽和蒸気線である．両線の間が湿り蒸気で，飽和液線の左側が過冷却液，飽和蒸気線の右側が過熱蒸気の領域に区分される．等温線は過冷却液の領域では上下線，湿り蒸気の領域では水平線，過熱蒸気の領域では右上部で多少湾曲し，斜め右下方向に向かう線で，その他に等エントロピ線，等比容積線，等乾き度線が描いてある．また，圧縮冷凍機における冷媒の状態変化では，断熱圧縮と絞り膨張および２つの等圧変化（蒸発および凝縮）があり，断熱圧縮ではエントロピの変化はなく等エントロピ線上を変化，絞りではエンタルピの変化はなく等エンタルピ線上を変化し，また，２つの等圧過程におけるエネルギ収支は，それぞれの過程における前後のエンタルピ差で表される．図 5-33 に示すように冷凍サイクルが断熱圧縮の場合の成績係数を理論成績係数 ε_{th} といい，次式により求められる．

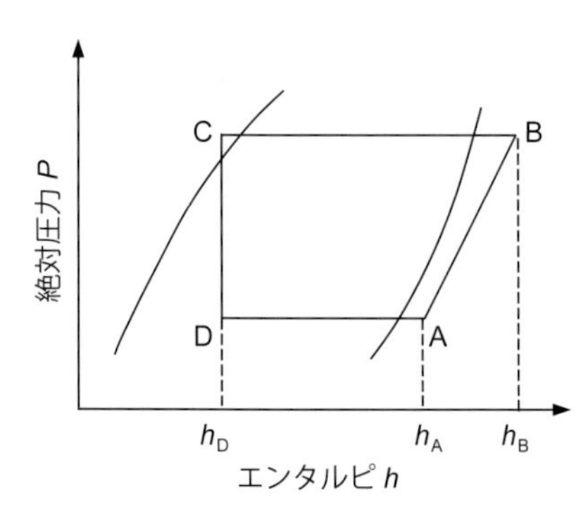

図5-33　モリエル線図による成績係数の算出

$$\varepsilon_{th} = q/W = (h_A - h_D)/(h_B - h_A) \quad (5\text{-}51)$$

なお，実際の冷凍機では，冷凍能力 Q_2 は冷媒循環量 G（kg/h）と冷凍効果 q（kcal/kg）の積 $Q_2 = G \times q$ で表される．冷凍効果 q は 1 kg の冷媒が吸収する熱

量で，この q は上図モリエル線図より h_A-h_D として求められる．したがって，

$$Q_2 = G \times q = G \times (h_A - h_D) \tag{5-52}$$

また，冷媒循環量 G（kg/h）は以下のようにして求められる．

G ＝（ピストン押しのけ量（m^3/h）×体積効率）/ 圧縮機吸入ガスの比容積（m^3/kg）

得られた冷凍能力を圧縮機の軸入力で除すと，実際の成績係数 ε が得られる．

演習問題 5-6

冷媒 1 kg 当たりの冷凍量を冷凍効果といい，冷凍能力は冷媒循環量と冷凍効果の積で表される．冷凍効果が 1 130.2（kJ/kg），理論ピストン押しのけ量が 36（m^3/h）で，体積効率が 0.7 のときの冷媒比容積が 0.14（m^3/kg）であるとする．このとき，冷媒循環量および冷凍能力（冷凍トン）を求めよ．また，冷凍機の軸動力が 20 kW であるとき成績係数はいくらか．ただし，1 冷凍トン＝ 3.86 kW とする．

例解　冷媒循環量 G は G ＝（36 × 0.7）/0.14 ＝ 180（kg/h），冷凍効果 q が 1 130.2（kJ/kg）であるから，冷凍能力 Q_2 は $Q_2 = G \times q$ ＝ 180×1 130.2 ＝ 203 436 kJ/h ＝ 56.51 kW となる．

1 冷凍トンが 3.86 kW なので，冷凍能力は 56.51/3.86 ＝ 14.6 冷凍トンとなる．また，この冷凍機の成績係数 ε は ε ＝ 56.51/20 ＝ 2.8 である．

(2) 冷　　媒

一般に冷媒は冷凍機の動作流体として用いられ，その蒸発または膨張により冷凍効果をあげるもののことをいう．また，それにより得られる低温の水，氷，ブラインなどを 2 次冷媒ともいう．冷媒には多くの種類があってそれぞれ性質が異なっており，あらゆる冷凍目的を達成できる万能の冷媒は存在しないため，目的に応じた適切な冷媒が選ばれている．冷媒の備えるべき性質は多く，それらは物理的，化学的および経済的面から求められる．冷媒の備えるべき物理的性質として，ⓐ蒸発圧力および凝縮圧力が適当，ⓑ臨界温度が常温よりなるべく高い，ⓒ凝固点が低い，ⓓ蒸発熱が大きく，蒸気の比熱は大きく，液体の比熱が小さい，ⓔ蒸気の断熱指数（比熱比）が小さい，ⓕ蒸気および液体の密度が原則として小さい，などがあげられる．また，冷媒の備えるべき化学的性質として，ⓐ安定であり，不活性，ⓑ有毒でない，ⓒ引火や爆発の危険がない，ⓓ冷凍機の構成材料

を侵さない，ⓔ潤滑油になるべく溶けない，ⓕ蒸気および液体の粘性が小さく，伝熱が良好，などがあげられる．その他，漏れが少なく，漏れた冷媒の蒸気が冷蔵品等に害を与えない，安価であるなどがあげられる．

冷媒を便宜上化学的に分類すると，①無機化合物，②炭化水素，③ハロゲン化炭化水素，④共沸混合体となり，

①アンモニア，炭酸ガス，亜硫酸ガス，水など

②メタン，エタン，プロパンなど

③ハロゲン化炭化水素は1個またはそれ以上のハロゲン元素（Cl，F，Br，I）を含む炭化水素の総称で，このうちフッ素を含む系の冷媒群はフロンと呼ばれる．

冷媒には万国共通の番号が付けられ，まず冷媒を示す*R*が頭にくる．フロンでは，

100の位の数字＝化合物中の炭素原子の数－1

10の位の数字＝化合物中の水素原子の数＋1

1の位の数字＝化合物中のフッ素原子の数

10番台の数字を持つものは炭素が1個でメタン（CH_4）の水素原子を，100番台は炭素が2個でエタン（C_2H_6）の水素原子をハロゲン元素で置換した形となる．

例　R12…CCl_2F_2，R113…$C_2Cl_3F_3$

フロンは非常に優れた冷媒として以前はきわめてよく使用されてきたが，オゾン層の破壊の原因の1つとされたため，現在は使用されていない．

④共沸混合体は2種類の混合物でありながら，まるで単一の冷媒のように働き，蒸発や凝縮によって沸騰点や組成が変化しない性質を持っており，冷媒500および502が現在使用されている．

冷媒によって冷却されたうえで二次冷媒として用いられる液体のことをブラインといい，塩化カルシウム溶液，エチレングリコール溶液，プロピレングリコール溶液などが主に使われる．冷媒が熱を相変化の際に生じる潜熱として運ぶのと異なり，ブラインは液体の状態のまま感熱の形で熱を運ぶ．ブラインは一次冷媒で直接冷却しにくいものを冷却するためのもので，凍結点が低い，比熱が大きい，熱伝導率が大きい，粘度が小さい，腐食性が少ないことなどが要求される．

4）解　　凍

凍結した食品は解かして使用されることが多く，凍結食品中の氷結晶を完全になくすか，少なくする操作を解凍（thawing）という．解凍法は，緩慢解凍と急速解凍に大別され，緩慢解凍には常温の室内に置き，室温で解凍する自然解凍，冷蔵庫内で解凍する方法，袋に入れて，冷水に浸漬する方法や，水道水などにあて解凍する流水解凍などがある．急速解凍には凍結食品をそのまま茹でたり，煮たり，温水に浸すなどの外部加熱による方法や，赤外線（外部加熱），ジュール熱（内部加熱），超音波（外部および内部加熱）および高周波（内部加熱，電子レンジ含む）を用いる電気解凍法などがあり，解凍速度，解凍の程度と品質の関係を把握しておく必要がある．

(1) 温　度　帯

食品を冷却，貯蔵する場合，①冷蔵（10～2℃），②氷温貯蔵（2～−2℃）およびパーシャルフリージング（−2～−3℃），③凍結貯蔵（−18℃以下）にほぼ分類され，青果物は①の温度域で貯蔵される．②のチルド食品の温度領域を（5～−5℃）とする場合もある．低温になるほど化学反応速度は減少するため，傷みを抑制でき貯蔵期間は延長するが，一部低温障害（後述）を生じる産物もあり，産物に適切な温度領域で貯蔵すべきである．

(2) 凝固点降下

食品が冷却され，品温があるところに達すると，食品中に氷結晶が生じ始める．このときの温度を食品の氷結点（凝固点，freezing point）という．一般に溶液を凍結した場合，溶液の凝固点（θ_s）は純溶媒の凝固点（θ_d）より低下する．このことを凝固点降下という．凝固点降下の程度 は溶質モル濃度に比例し，濃度が高ければその降下の程度は大きくなる．

(3) 低 温 障 害

適切な貯蔵温度以下の低温下に置くと，いくつかの青果物に生理障害を起こすことがある．バナナ，マンゴー，サツマイモなどの熱帯および亜熱帯起源の青果物は低温障害が発生し，表面と内部の変色（褐変），ピッティング，香気の消失，表面のカビの発生や腐れなどの症状が見られる．トマトやキュウリ，ナスなどにも見られ，品目により5～15℃以下で発生する．低温障害を起こさない程度の低温による貯蔵が必要である（☞ 第2章 2.「生理」）．

(4) 凍結濃縮

液状食品を濃縮する方法として，真空加熱濃縮，逆浸透膜濃縮，凍結濃縮が知られている．凍結濃縮は液状食品中の水のみを氷として分離および除去して濃縮を行う．これは0℃以下の低温での操作のため，特に野菜や果実の高品質な濃縮ジュースを得ることが可能である．凍結濃縮システムは原液の冷却工程，氷結晶を発生および成長させる晶析工程，氷と濃縮液を分離する3つの工程からなる．冷却・晶析工程では直接熱除去晶析装置と間接熱除去晶析装置が使用される．また，分離工程では圧搾，遠心ろ過，洗浄塔操作が使用される．

(5) 凍結乾燥

凍結乾燥は種々の材料を氷点以下の温度で凍結させ，その状態のまま昇華によって乾燥させる方法である．低温，凍結の状態で昇華の潜熱により材料が乾燥されるため，①材料の物理的，化学的変化が少なく，熱劣化，香気成分の散逸，酵素の失活が少ない，②凍結状態のまま氷の結晶が除去されるため，乾燥品は多孔質であり，復水性に優れている，③低温での乾燥のため乾燥速度は小さく，乾燥に長時間を要する，④設備費，運転費が他の乾燥法に比べ高く，製品価格も割高である，などが特徴で，インスタント食品など一般化している．凍結乾燥装置は規模の大小，操作形式により構造の詳細は異なるが，乾燥室の他，真空排気系，コールドトラップ（−40℃以下の冷却能力を有する冷凍機含む），真空計，温度計等の計測機器や原料の出し入れ装置などが必要である．凍結乾燥装置の詳細については成書を参照されたい．

(6) 最大氷結晶生成帯

食品を凝固点に達したあともさらに冷却を続けると，品温が次第に下降し，それに伴い食品中の氷結晶の割合も増加する．一般に水分の多い食品の凍結点が

−1℃前後のとき，−5℃になるまでに，含有水分の約 80 %近くが，氷結晶となるため，この温度領域を最大氷結晶生成帯と呼ぶ．この温度領域で氷結晶の析出が最も多いといわれていて，食品を凍結する際にはこの領域をできるだけ素早く通過させることが品質維持上大切といわれている．

(7) ジャケット貯蔵

低温貯蔵庫における冷却方式の１つで，貯蔵庫の外周を２重にしてジャケットを設け，このジャケットを冷却することにより，貯蔵庫内の産物を冷却する．凍結品の貯蔵には向くが，呼吸熱を発生する青果物の貯蔵には不適であるといわれている．

問題 5-3 ……………………………………………………………

予冷法を分類し，それぞれの特徴についてまとめよ．

解答　3.2)「冷蔵」の項を参照．

問題 5-4 ……………………………………………………………

高温 500℃，低温 20℃の範囲で働くカルノーサイクルにおいて，サイクル当たりに供給される熱量が 120 kJ のとき，サイクル当たりの正味仕事を求めよ．

解答　$W = 74.5$ kJ

問題 5-5 ……………………………………………………………

カルノーサイクルで高熱源の温度が 500℃で，サイクル当たり 1.2 kJ の熱量を供給して 0.74 kJ の仕事を得たい．低熱源の温度，熱効率を求めよ．

解答　$t = 23.3$℃，$\eta = 62$

問題 5-6 ……………………………………………………………

図 5-33 のモリエル線図において，h_D が 447.9 kJ/kg，h_A が 560.9 kJ/kg，h_B が 611.2 kJ/kg のとき，理論成績係数を求めよ．

解答　$\varepsilon_{th} = 2.25$

問題 5-7 ……………………………………………………………

問題 5-6 のように運転されている冷凍機の軸動力が 7 kW で，理論ピストン押しのけ量が 66 m^3/h，吸入ガスの比容積が 0.14 m^3/kg のとき，冷媒循環量，冷凍能力，実際の成績係数はいくらか．ただし，圧縮機の体積効率は 0.7 とする．

解答　$G = 330$ kg/h，10.36 kW，$\varepsilon = 1.48$

第6章 拡散操作

1．空気調和と湿り空気

1）空気調和

空気調和（air conditioning，空調と略すことが多い）とは，空気の状態（温度，湿度，清浄度および気流分布（風速））を，利用者の目的に適した状態に調整し維持する操作のことである．これらの空気の状態のうち，温度と湿度は空気調和の設計や管理のための熱量計算等にも関係するため，最も重要な項目である．

空気調和は，その対象とする物により保健空調と産業空調に分けられる．保健空調は，人間の健康と快適性の維持管理を目的としたもので，ホテル，病院，学校，事務所，一般住宅などが対象となる．産業空調は，施設内で製造され保管される物品の品質維持や機器類の機能保持を目的としたもので，食品貯蔵庫，園芸施設，工場などが対象となる．

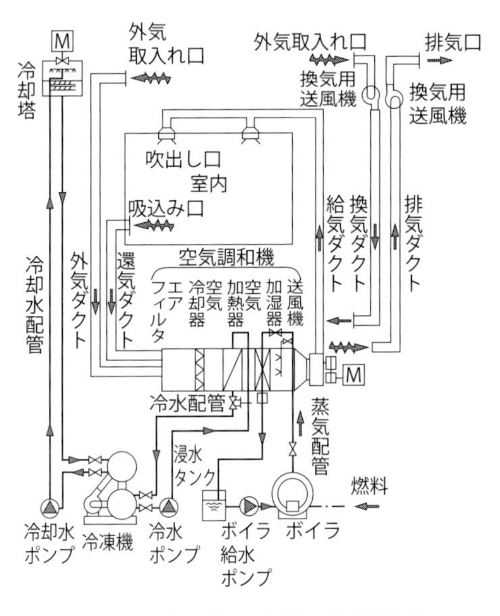

図6-1　空気調和設備の装置構成
（空気調和・衛生工学会(編)：空調和・衛生設備の知識 改訂３版，オーム社，2010）

産業空調の対象となる農産食品の加工場においては，原料となる農産物の貯蔵中に結露するとカビや品質劣化が発生したり，食品加工時に空気の状態が変化すると均一な製品品質を確保できなくなったりすることから，特に，一定の温度と湿度を持った空気を調整し循環させる必要がある．産業空調は，農産物を貯蔵および輸送する際のコールドチェーンや植物工場の環境制御にも用いられる．

空気調和を行う設備（空調設備, air conditioning facility）は, 室内の温度, 湿度, 気流，塵埃などを制御し，図 6-1 のような装置から構成される．各装置の概要は以下の通りである．

(1) 空気調和機（空調機）

空調機は，空調のために必要なパーツ（コイル，加湿器，ドレンパン，送風機（ファン），エアフィルタ）を一体的に組み合わせた機器で，大規模で精密な温・湿度が要求される空調に用いられる．代表的な空調機として，エアハンドリングユニット，ファンコイルユニット，パッケージ空調機などがある．

エアハンドリングユニット（air handling unit, AHU）は, 送風機, コイル, 加湿器, エアフィルタをケーシングの中に組み込んで一体型とした大型空調機である．図 6-2 にその一例を示す．ファンコイルユニット（fun coil unit，FCU）は，一般に室内で設置および利用される小型空調機であり，床置型の他に，天井つり型，天井埋込みカセット型などがある．通常，加湿器は設置されていない．パッケージ

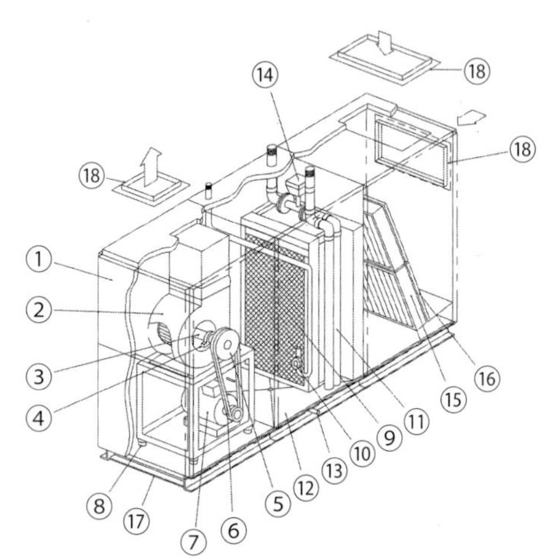

図6-2　空気調和機（エアハンドリングユニット）の一例

①外装パネル，②シロッコファン，③シャフト，④ファン軸受，⑤プーリ，⑥V ベルト，⑦電動機，⑧吸振体，⑨水気化式加湿器，⑩加湿機用電磁弁，⑪WT コイル，⑫ドレンパン，⑬排水口，⑭電動 2 方弁，⑮薄型中性能フィルタ，⑯プレフィルタ，⑰架台，⑱ダクト相フランジ．（新晃工業：ユニット型空気調和機取扱説明書，2012）

空調機は，空調機の中に冷凍機の一部を組込んでパッケージ化し，コイルの中で冷媒が蒸発して冷却するコイルによって直接的に空気を冷却除湿する空調機である．

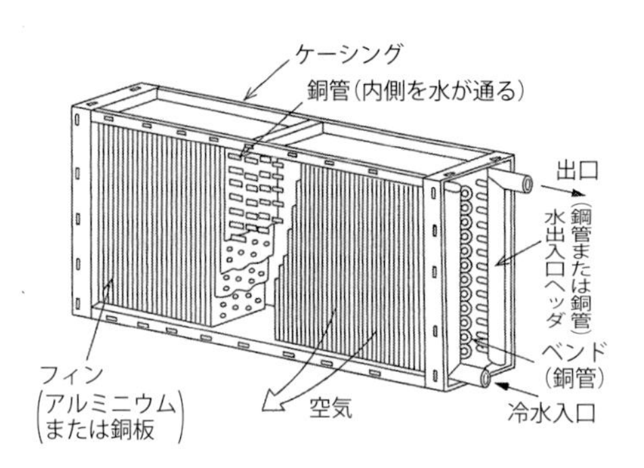

図6-3　プレートフィン型空気冷却コイル（冷水用）

（空気調和・衛生工学会（編）：空気調和・衛生工学便覧 2 機器・材料編，空気調和・衛生工学会，2010）

なお，コイルとは，らせん状（コイル状）の管内に冷水や加熱水，蒸気などを流し，管外の空気をコイル上流側からコイル下流側まで通気させる間に冷却または加温する熱交換器のことである（図 6-3）．空調の用途により，冷却コイル，温水コイル，蒸気コイル，冷温水コイルなどがある．コイル状でなくても熱交換器をこのように呼称する．

ドレンパンは，暖かい空気が冷却コイルで冷却されるときに発生する結露水を受け止めるもので，コイルの下に皿状に敷かれている．

(2) 熱源装置

主にボイラ，冷凍機，ヒートポンプ，蓄熱槽などで構成される冷温熱源発生装置で，加熱，冷却，除湿を行う．

(3) 熱運搬装置

熱源装置から室内へ熱を搬送あるいは室外へ搬出するための配管（ダクト），ポンプ，送風機などである．

(4) 加湿装置

室内空気を加湿するための装置で，エアワッシャ（air washer）方式，気化方式，蒸気方式などがある．

エアワッシャ方式には，多数の噴霧ノズルから水を噴霧し，そこを通過する空気の加湿および洗浄を行う水噴霧式加湿器や，水槽の中で超音波振動により霧化させる超音波加湿器などがある．気化方式には，加湿材に給水しこれにファンの気流を通過させ，空気の顕熱により蒸発させる方式や，高吸湿性素材の上部に設置した散水ノズルから水を滴下させて気化させる滴下方式などがある．蒸気方式には，ボイラなどでつくられた蒸気をノズルの微小穴から空気中へ噴霧する直接蒸気スプレー方式や，水槽内の電極に通電し，水の発熱で水蒸気を発生させる電極方式などがある．

(5) フィルタ（エアフィルタ）

空気中の塵埃（じんあい），臭気，微生物，有毒ガスなどを除去し，清浄化するものである．通常，空調機内部において空気流れの上流側に設置し，下流側のコイルや送風機などに塵埃が付着して性能低下を生じさせないようにする．主なエアフィルタには，ガラス繊維などをろ材として塵埃を捕集するろ過式や，塵埃を帯電させて静電作用により吸着捕集する静電式電気集塵器などがある．

(6) 自動制御装置

室内環境の自動計測と精密空調および省エネを実現するために用いられ，温・湿度センサ，圧力センサ，風速計，ガスセンサ，インバータ，制御用ソフトウェアなどから構成される．

2）空 調 負 荷

施設内の空調設備を計画および設計する際，熱的負荷の計算が重要である．空調負荷（air conditioning load）として考えるべき熱負荷（heat load）には，冷房負荷（cooling load）としての冷却負荷・除湿負荷と，暖房負荷（heating load）としての加熱負荷・加湿負荷がある．冷房負荷と暖房負荷では，考慮すべき構成要素（熱負荷の種類）が異なる．それは，それぞれの構成要素の最大負荷が発生するときの時間的長さや負荷の大きさが異なるからである．その結果，設計容量から見て無視した方が熱的に負荷が小さくなるものや，影響が小さいものは無視される場合が多い．

熱負荷を計算する第1の目的は，空調設備や熱源設備の容量および規模を決定することであり，最大熱負荷計算または設計用熱負荷計算と呼んでいる．第2の目的は，空調設備，熱源設備の運転に必要なエネルギを求めることである．

一般的な熱負荷計算法として，定常計算法，周期定常計算法，非定常計算法があり，計算の目的により使い分けられている．定常計算法は，例えば貯蔵庫壁体両面の室内外温度が常時一定であるとした場合の計算であり，暖房負荷の計算などに使用される．周期定常計算法は，熱流や温度が周期的に変動する場合の計算であり，冷房負荷の計算などに使用される．非定常計算法は，熱流や温度が時間とともに変化する場合の計算であり，主にコンピュータシミュレーションによる熱負荷変動の計算に使用される．

冷房負荷や暖房負荷で考慮すべき構成要素（熱負荷の種類）には，①室内負荷，②外気負荷，③空調機負荷，④熱源負荷がある．

(1) 室内負荷

室内の温・湿度を一定に維持しているときに，室外から流入する熱と室内で発生する熱を熱取得といい，室外へ流出する熱を熱損出という．ガラス窓からの透過日射熱，壁体からの貫流熱，すきま風，室内発熱，間欠空調による蓄熱などがある．

(2) 外気負荷

室内環境の維持のために換気で導入した外気を室内の温・湿度条件に調整するための負荷を外気負荷という．外気負荷は，冷房期には導入した外気を室内の温・湿度まで冷却および減湿する必要があり（冷房負荷），暖房期には逆に加熱および加湿する必要がある（暖房負荷）．外気負荷は空調機負荷に含める場合がある．

(3) 空調機負荷（装置負荷）

室内負荷，外気負荷の他に送風機（ファン）の発熱，ダクトからの熱損失，漏えい熱損失などを空調機負荷という．コイル負荷ともいう．

(4) 熱源負荷

冷凍機やボイラなどの熱源機器にかかる熱負荷や，冷水や温水を送るためのポンプの発熱，配管からの熱損失などを熱源負荷という．

3）湿り空気

通常，空気は窒素（78 %），酸素（21 %），その他の微量成分（炭酸ガス，アルゴン，ヘリウムなど）からなる混合気体であり，一般的には，これらの成分の他に水蒸気を含んでいる．水蒸気を含んでいる空気を湿り空気（humid air），水蒸気を含まない空気を乾き空気（dry air）という．湿り空気に含まれる水蒸気の割合は非常に小さいが，温度や圧力の状態変化に影響を受け大きく変動する．

湿り空気の熱的・物理的特性などの状態量を表した線図（図 6-4）を「湿り空気 h-x 線図」（psychrometric chart）という．h-x 線図は，後述の比エンタルピ h と絶対湿度 x を斜交軸として，空気の状態変化の検討や空調の負荷計算に用いられる．図中には，乾球温度 t（dry bulb temperature），湿球温度 t'（wet bulb temperature），露点温度 t''（dew point temperature），相対湿度 ϕ（relative humidity），絶対湿度 x（absolute humidity），飽和度 ψ（degree of saturation），水蒸気分圧 p_v（partial vapor pressure），比エンタルピ h（enthalpy），比体積 v（specific volume）などの状態量が表示されている．

図 6-5 は，各状態量の概略を示している．これらの状態量のうち 2 つが与えられれば，簡易的に他の状態量がわかる．例えば，室内空気の乾球温度，湿球温度を測定し，それらの値を湿り空気線図上に当てはめる．具体的には，線図の横軸に垂直な乾球温度群から測定値と同じ値の乾球温度線を選び，その直線と湿球温度（飽和湿り空気線（相対湿度 100 %）から斜め下に伸びている直線（通常は破線で表示））との交点を求める．この交点を湿り空気の状態を示している点（状態点，state point）という．

なお，湿り空気の各状態量の定義は以下の通りであり，湿り空気線図を用いない場合はそれぞれの定義式からも算出できる．図 6-4 を用いると，空気の状態変化があった場合の熱量の変化を表す熱水分比（enthalpy-humidity difference ratio）や顕熱比（sensible heat factor，*SHF*）も計算できる．

(1) 乾球温度 t（℃）

いわゆる空気温度のことで，通常の寒暖計の感温部が乾いた状態で測定した値である．

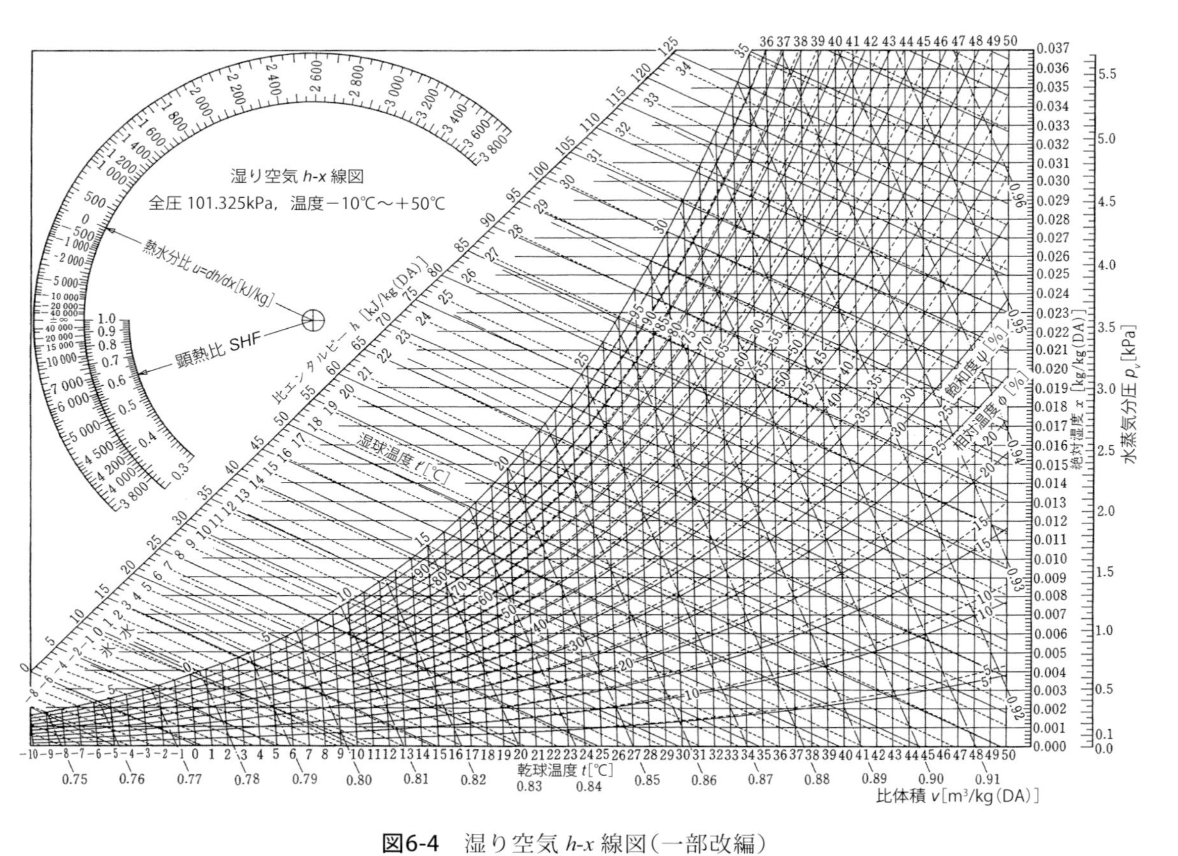

図6-4　湿り空気 h-x 線図（一部改編）

（空気調和・衛生工学会（編）：空気調和設備 計画設計の実務の知識，オーム社，2011）

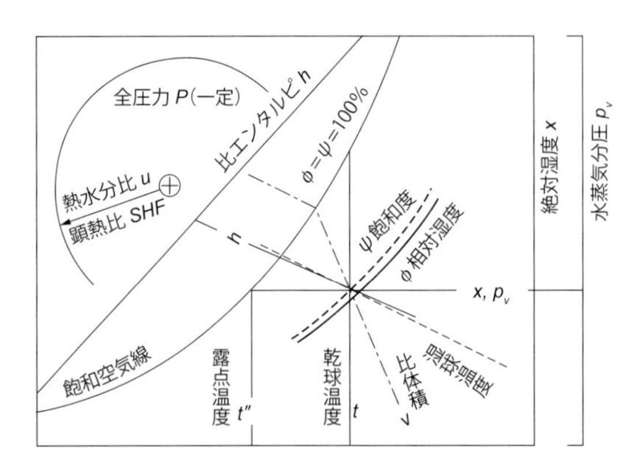

図6-5　湿り空気 h-x 線図における各状態量の概略（一部改編）
（空気調和・衛生工学会(編)：空気調和設備 計画設計の実務の知識，オーム社，2011）

(2) 湿球温度 t' (℃)

寒暖計の感温部を水で湿らせたガーゼ等で包み，風速 5 m/s 以上の気流中で測定したときの温度である．ガーゼからは周囲の乾燥程度に応じて常に水分が蒸発する．その際，蒸発に必要な熱（蒸発潜熱）を奪うから，湿球温度は乾球温度より低い値を示す．この状態が継続すると，ガーゼ周囲の水蒸気圧が飽和に達し平衡状態となって温度低下が停止する．この状態の温度を湿球温度（あるいは断熱飽和温度，熱力学的湿球温度）という．図 6-6 に，乾球温度と湿球温度を測定する乾湿球温度計を示す．

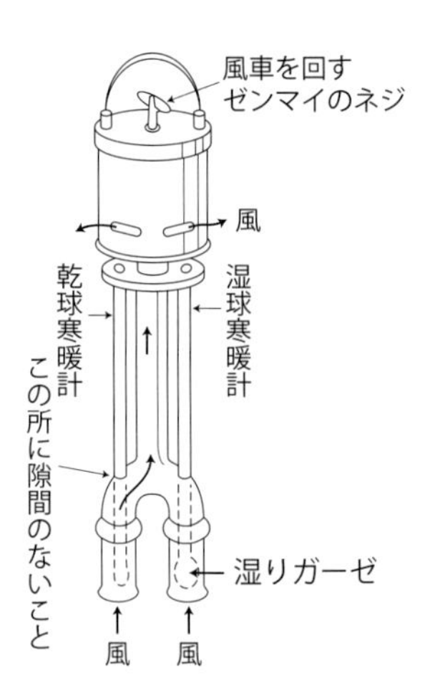

図6-6　アスマン式乾湿計
（井上宇市(編)：空気調和ハンドブック，丸善，2009）

なお，湿球温度 t' を絶対湿度 x と比エンタルピ h から求める近似式はあるが，かなり複雑であるので本書では省略する．

(3) 露点温度 t'' (℃)

湿り空気の温度が低下すると相対湿度が高くなり，さらに温度が下がると最終的には空気中に含まれる水蒸気の一部が水滴となって凝縮し結露する（飽和湿り空気となる）．この時の温度を露点温度という.

(4) 相対湿度 ϕ (%)

空気中に実際に含まれる水蒸気の圧力 p_v（水蒸気分圧）をその温度での飽和水蒸気圧 p_s で割った値を％表示したもので，次式で求められる．単に「湿度」という場合が多い.

$$\phi = \frac{p_v}{p_s} \times 100 \tag{6-1}$$

(5) 絶対湿度 x (kg/kg(DA))

乾燥空気 1kg 中に含まれる水蒸気量（kg）のことで，空気の全圧 P，乾き空気の気体定数 R_a，水蒸気の気体定数 R_v，乾き空気の分圧 p_a を用いて，次式で求められる．各気体定数は後述してある．ここで，単位中の DA は Dry Air を示す．kg/kg' とも表される.

$$x = \frac{R_a}{R_v} \cdot \frac{p_v}{p_a} = 0.622\,\frac{p_v}{p_a} = 0.622\,\frac{p_v}{P - p_v} \tag{6-2}$$

(6) 飽和度（比較湿度）ψ (%)

飽和空気の絶対湿度 x_s に対する湿り空気の絶対湿度 x の比であり，次式で求められる．相対湿度と飽和度は，常温下ではほぼ同じ値となる.

$$\psi = \frac{100x}{x_s} \tag{6-3}$$

(7) 水蒸気分圧 p_v (kPa)

湿り空気中（大気圧）に含まれる水蒸気の圧力のことであり，絶対湿度 x と空気の全圧 P から，次式で求められる.

$$p_v = \frac{x}{0.622 + x} P \tag{6-4}$$

(8) 比エンタルピ h (kJ/kg(DA))

エンタルピは，ある温度を基準として測定した液体中に含まれる熱量のことであり，単位質量当たりのエンタルピを比エンタルピという．湿り空気の比エンタルピは，0℃の乾き空気量 1 kg を基準としたときの湿り空気の持つ熱量のことで，kJ/kg' とも表される．温度 t での乾き空気の比エンタルピ h_a と水蒸気の比エンタルピ h_v（0℃の水を基準として）は，空気の定圧比熱 c_{pa}，0℃における水蒸気の蒸発潜熱 r_0，水蒸気の定圧比熱 c_{pv}，絶対温度 x を用いて，それぞれ次式で求められる．

$$h_a = c_{pa} \cdot t = 1.006 \cdot t \tag{6-5}$$

$$h_v = (r_0 + c_{pv} \cdot t) \cdot x = (2\,501 + 1.805 \cdot t) \cdot x \tag{6-6}$$

(9) 比体積 v (m³/kg(DA))

ある状態での乾き空気 1 kg が示す体積で，m³/kg' とも表される．なお，比体積の逆数を比重量といい，kg(DA)/m³ または kg'/m³ で表される．比容積ともいう．

$$v = \frac{(R_a + xR_v)T}{P} \tag{6-7}$$

(10) 熱水分比 u (kJ/kg)

室内の湿り空気の状態が変化した結果，空気の持つ熱エネルギが変化した割合のことをいう．空気のエンタルピ変化（h_1，h_2），絶対湿度の変化（x_1，x_2），顕熱変化量 q_S，水分増加量 L，水分のエンタルピ h_L を用いて，次式で求められる．

$$u = \frac{dh}{dx} = \frac{(h_2 - h_1)}{(x_2 - x_1)} = \frac{q_s}{L} + h_L \tag{6-8}$$

(11) 顕熱比 SHF (−)

エネルギ変化のうち潜熱の変化量を q_L，顕熱の変化量を q_S とすれば，全熱量の変化（$q_S + q_L$）に対する顕熱量 q_S の変化の割合である顕熱比（SHF）は，次式で求められる．単位は無次元である．熱的設計の場合は,「熱の変化量」を「熱負荷量」あるいは「熱損失量」と読みかえて考えるとよい．

今，冷蔵庫内での農産物貯蔵を考えるとき，作業者や農産物からは呼吸作用などにより発熱と水蒸気発散がある．空調では，この発熱を顕熱負荷，水蒸気発散を潜熱負荷と考える．庫内の照明等による発熱は水蒸気を発生しないので，すべて顕熱負荷となる．

$$SHF = \frac{q_s}{(q_s + q_L)} = \frac{1}{u} \cdot \frac{q_s}{L} \quad (6\text{-}9)$$

ここで，p_v：湿り空気の水蒸気分圧（kPa），p_s：飽和空気の水蒸気分圧（kPa），R_a：乾き空気の気体定数＝0.28706（kJ/kg･K），R_v：水蒸気の気体定数＝0.46152（kJ/kg･K），p_a：乾き空気の分圧（kPa），p_s：飽和水蒸気分圧（kPa），P：空気の全圧（kPa），c_{pa}：空気の定圧比熱＝1.006（kJ/kg(DA)），c_{pv}：水蒸気の定圧比熱＝1.805（kJ/kg･K），r_0：0℃における水蒸気の蒸発潜熱＝2 501（kJ/kg），q_S：顕熱変化量（kW），q_L：潜熱変化量（kW），L：熱水分比計算における水分増加量（取得水分量）(kg)，h_L：水分のエンタルピ（kJ/kg(DA)），h_1，h_2：湿り空気が状態変化したときのエンタルピ（添字1，2は変化の前後），x_1，x_2：湿り空気が状態変化したときの絶対湿度（添字1，2は変化の前後）．

演習問題 6-1

乾球温度 t = 30℃，湿球温度 t' = 20℃のときの，相対湿度 ϕ，露点温度 t''，絶対湿度 x，比エンタルピ h，比体積 v を湿り空気 h-x 線図から求めよ．

例解　相対湿度 ϕ =39.7 %，露点温度 t'' = 14.8℃，絶対湿度 x = 0.0105 kg/kg(DA)，比エンタルピ h = 57.1 kJ/kg(DA)，比体積 v = 0.873 m^3/kg(DA) である．下図の例解を参照．

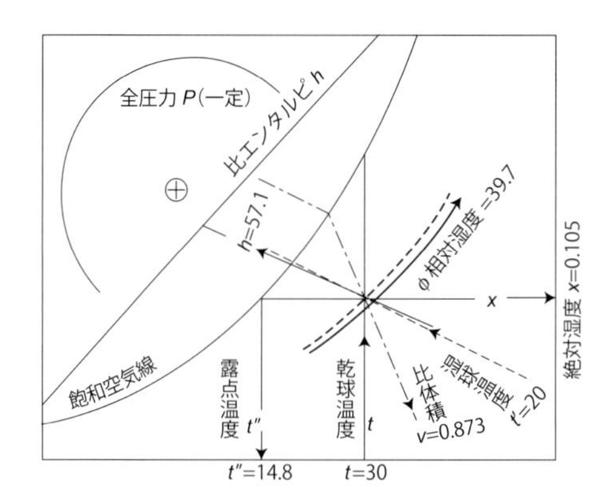

演習問題 6-2

乾球温度 25℃，相対湿度 55 %の室内に品温 16℃のトマトを置いたとき，トマトの表面に結露が生じるか．また，10℃のトマトを置いた場合はどうなるか．図 6-4 を用いて解答せよ．

例解　室内の絶対湿度は 0.011 kg/kg(DA) である．これに対して，露点温度 16℃における絶対湿度は 0.012 kg/kg(DA) であり，室内のそれより大きい（まだ水蒸気を含むことができる）から表面での結露は生じない．一方，露点温度 10℃の絶対湿度は 0.075 kg/kg(DA) であり，室内の絶対湿度より小さい（これ以上の水蒸気を含むことができない）ので表面に結露を生じる．

4）湿り空気の状態変化

農産物の乾燥や貯蔵施設などにおける空気調和では，換気などの空気の混合により水分量や熱量が変化し，湿り空気の状態変化が起きる．また，施設内を最適な空気状態に制御するために，湿り空気の混合，加熱，冷却，加湿，除湿などの操作が行われる．これらの状態変化は，以下のように湿り空気線図を用いると理解しやすい．

(1) 混　　合

図 6-7a の湿り空気線図の状態点（乾球温度 t，絶対湿度 x）において，状態点①（t_1，x_1）の空気と状態点②（t_2，x_2）の空気をそれぞれ k（小数点表示）および（$1-k$）の割合で混合した場合，最終的な空気の状態は①と②を結ぶ直線を（$1-k$）：k に内分する状態点③（t_3，x_3）となる．

(2) 加　　熱

空気を加熱する際，空気が電気ヒータや熱交換器のような乾燥した伝熱面と接触する場合，空気の状態点の変化は図 6-7b に示すように絶対湿度 x は変化せず，「加熱」の水平線上を右側に移動し，相対湿度は低下する．

また，庫内で灯油を燃焼させて暖房する場合は，燃焼時の水蒸気発生により庫内は加湿されるはずであるが，発生熱量の大きさに比べて水蒸気の発生量は小さく絶対湿度は変化しないと見なして，前記と同様に「加熱」の水平線上を右側に移動すると考えてよい．

一方，庫内で空気を大量の温水と直接接触させて加熱する場合は，庫内で水蒸

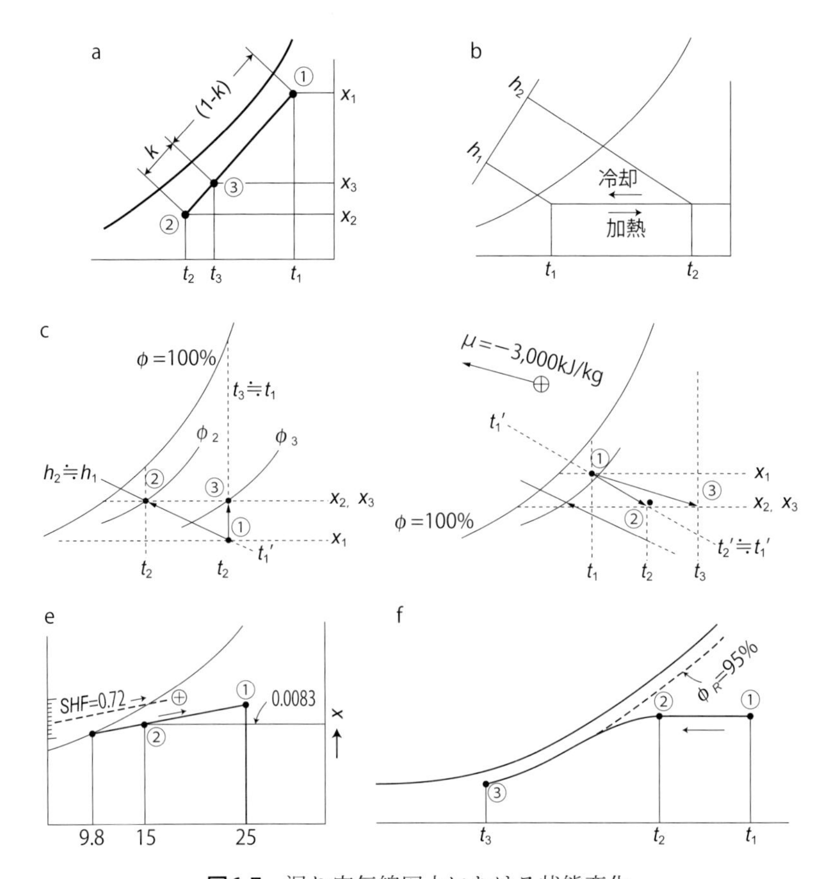

図6-7　湿り空気線図上における状態変化

a：湿り空気の混合，b：湿り空気の過熱と冷却，c：水噴霧過湿①→②と蒸気過湿①→③，d：液体吸収除湿①→②と固体吸着除湿①→③，e：冷房時の *SHF* の使い方，f：冷却コイル内の状態変化．（村田　敏，1991(a，b，e，f)；空気調和・衛生工学会(編)：空気調和設備 計画設計の実務の知識，オーム社，2011(c，d)）

気が蒸発するので絶対湿度 x は増加するので，(1)「混合」の操作と同様に考える．

演習問題 6-3

乾球温度 t = 15℃，絶対湿度 x = 0.0080 kg/kg(DA) の湿り空気（密閉状態）を電気ヒータで暖房したら，乾球温度が 25℃となった．この場合，相対湿度 ϕ は何%から何%に変化したか，湿り空気 h-x 線図を用いて求めよ．このとき，絶対湿度はどのように変化するのか考察せよ．

例解　湿り空気線図上の状態点は，水蒸気を発生しないので同じ絶対湿度の線上を右側に移動する．絶対湿度 x は変化しない．その結果，相対湿度 ϕ は75.4 %から 40.6 %に変化する．

演習問題 6-4

1 000 kg/h の空気を乾球温度 t_1 = 10℃，湿球温度 8℃から，乾球温度 t_2 = 30℃まで加温するのに必要な熱量（W）を求めよ．空気中の水蒸気の比エンタルピは無視してもよい．

例解　図 6-7b を用いて，加熱前の空気状態量 (t_1, h_1) = (10℃, 24.8 kJ/kg(DA))，加熱後の空気状態量 (t_2, h_2) = (30℃, 45.0 kJ/kg(DA)) となる．また，1 J = (1/3.6) × 10^{-6} kW•h であるから，必要な熱量は 1 000 (kg/h) × (45.0 − 24.8) (kJ/kg(DA)) × (1/3.6) × 10^{-6} (kW•h) = 5 611 (W)

(3) 冷　　却

空気冷却器の伝熱面温度が空気の露点温度より高い場合の冷却では，伝熱面は乾燥状態を維持するので，図 6-7b の「冷却」の水平線上を左側に移動し，相対湿度は上昇する．しかし，伝熱面温度が空気の露点温度より低い場合は，伝熱面の表面に結露を生じるので，空気中に含まれる水蒸気量は少なくなり，絶対湿度は減少する．

(4) 加　　湿

加湿の方法としては，微少水滴をエアワッシャにより噴霧して全量を蒸発させる水噴霧加湿器の利用や，水蒸気を空気中に噴出させる蒸気加湿器の利用などがある．

水噴霧加湿器利用の場合は，加湿前と同じ湿球温度の線上を左上に変化すると見なしてよい（図 6-7c の①→②）．これを断熱飽和変化という．

一方，蒸気加湿器利用の場合は，水蒸気の温度や噴出量にもよるが，ほぼ同じ乾球温度の線上に沿って垂直線上に変化すると見なしてよい（図 6-7c の①→③）．

これらの場合，加湿用の水は水蒸気となってすべて空気中に含まれるから，絶対湿度とエンタルピを増加させる．この操作は，後述の (6)「温度と湿度が同時に変化する場合」に相当し，熱水分比 u は飽和蒸気または水のエンタルピに等しい．

演習問題 6-5

空気容積 40 m^3 の部屋を密閉したまま，乾球温度 18℃，相対湿度 55 %の状態から3時間暖房して 25℃にする場合，暖房前と同じ相対湿度にするためには，室内の加湿器の水分蒸発速度を何 kg/h に設定すればよいか．なお，暖房機からの水蒸気発生はないものとする．

例解　暖房前の絶対湿度 x=0.0071 kg/kg(DA)，暖房後の絶対湿度 x=0.0109 kg/kg(DA)，3時間後の室内空気の比体積 v = 0.860 m^3/kg(DA) である．3時間で（0.0109−0.0071）/0.860×40 = 0.177 kg の水分が必要であるから，加湿器の水分蒸発速度は 0.059 kg/h に設定すればよい．

(5) 除　　湿

除湿（減湿）は加湿ほど容易ではない．除湿の方法としては，空気冷却器による冷却除湿法の他，液体吸収剤や固体吸着剤による除湿法がある．

冷却除湿法は，空気を露点以下に冷却して結露させ室外に排出する方法で，業務用や家庭用の除湿器にも採用されている．液体吸収剤による除湿は，水分を吸収する性質を持つ物質（塩化リチウム，トリエチレングリコールなど）に空気を接触させて除湿する方法で，水分を吸収する際の吸収熱は比較的小さいので，湿り空気線図では同じ湿球温度の線上を右下へ変化すると見なしてよい（図 6-7d の①→②）．シリカゲルやゼオライトなどの乾燥剤を用いた固体吸着除湿法では，かなり大きい吸着熱（シリカゲルでは水分 1 kg 当たり約 3 000 kJ）が空気中に放熱されるので，湿り空気線図の熱水分比 u =−3 000 kJ/kg と平行に右下へ変化する（図 6-7d の①→③）．

(6) 温度と湿度が同時に変化する場合

人間や農産物などの生物体は，程度の差はあるものの熱と水分を同時に放出する．また，庫内の空気に飽和蒸気を噴出させるなどの場合は，空気のエンタルピ h と絶対湿度 x が同時に増加し，水平より傾きを持って変化する．エンタルピ変化に対する絶対湿度の変化を熱水分比 u といい，これを顕熱変化量 q_S と水分増加量 L，そのエンタルピ h_L に分けると，全熱量は $q_S + L \cdot h_L$ であり，熱水分比は (6-8)式で計算される．

また，顕熱比 SHF の使用は次のように行う．

今，庫内（室温 25℃，相対湿度 50 %）での冷房において，顕熱変化量 q_S = 50 kW，潜熱変化量 q_L = 20 kW であるとき，冷却コイルの吹出空気の状態を検討する．

まず，SHF を（6-9)式から次のように求める．

$$SHF = 50/(50 + 20) = 0.72$$

図 6-7e に示すように SHF = 0.72 の線を求め，庫内空気の状態点①（t = 25℃，ϕ =50）に合わせて平行線を引く．今，空気と吹出温度の差を 10℃とすれば吹出温度は t_1 = 25－10 = 15℃となる．このときの絶対湿度は x = 0.0083 kg/kg(DA）となる．また，このときの装置露点温度は t'' = 9.8℃となる．

演習問題 6-6

冬季に，ある部屋（温度 21℃，相対湿度 60 %）の暖房を考える．今，顕熱損失 q_S = 20 kW，潜熱損失 q_L = 5 kW の条件下で設定温度を 31℃にするとき，暖房コイルの吹出空気の状態（絶対湿度）を求めよ．

例解　まず，SHF = 20/(20 + 5)= 0.80 となる．図 6-4 において，最初の部屋の状態点（t = 21℃，ϕ =60 %）から SHF = 0.80 の平行線を引き，乾球温度 t = 31℃との交点が求める吹出空気の状態点（絶対湿度= 0.0104 kg/kg(DA)）である．

(7) 冷却コイル内での空気状態の変化

空気が冷却コイルの入口付近にあるとき，そこのコイル表面温度は空気の露点温度より高く，その空気の絶対湿度は変化せず乾球温度のみが変化し，図 6-7f の①→②のように絶対湿度線上を変化する．このときは乾きコイルと呼ばれる．

次に，空気がコイル出口へ移動するに従い，コイル表面温度が露点温度より低くなると，コイル表面上に結露が生じて空気中の水分が除去されるため絶対湿度は減少する．理論的には相対湿度 ϕ = 100 %の飽和空気線上を下方に移動すると見られるが，実際にはコイルの長さが短いことにより，相対湿度 ϕ_R = 95 %の線上を左下にたどって図 6-7f の②→③のように移動する．

5）調湿と水分活性

農産物の貯蔵庫や農産食品の保管室，食品工場での製造工程では，室内の温度と湿度を一定に維持する必要がある．例えば，生鮮農産物は一般に低温・高湿度で貯蔵するが，カボチャの最適貯蔵条件は 10℃，70 %である．サツマイモの長期貯蔵前には高温・高湿（35℃，90 %以上で約 7 日間）のキュアリング処理（curing，予措ともいう）により表皮の傷口をコルク化させ，病原菌の侵入を防止する．

これらの場合，導入する空気へ水蒸気を混入あるいは除去する必要がある．この操作を調湿（humidity control，humidification）という．調湿は，農産食品の保存や乾燥，品質管理などと密接に関わっている．

(1) 農産物中の水分

農産物中の水分は，その成分となる糖分，タンパク質，デンプンなどと強く結合した水分（結合水）と，周囲の空気条件の変化で容易に移動および蒸発する水分（自由水）に分けられる．結合水は物理的結合力で束縛されており，0℃でも凍結せず高温でも蒸発しにくいのに対し，自由水は細胞と細胞の隙間に物理的に束縛されていない液体の状態で存在する．

農産物が腐敗しやすいのは，微生物が利用できる自由水が多く存在し，容易に繁殖しやすい条件となっているためである．乾燥は農産物内の自由水を減少させて貯蔵性を向上させるための加工法といえる．また，塩漬けや砂糖漬けは食品の自由水を塩分や糖分で拘束する（微生物から見れば「利用できない水分」とする）ことにより，微生物が増殖しにくい状態にすることである．これらはすべて農産食品内の自由水の割合を下げる処理である．

食品工学では，食品中の自由水の割合を水分活性（water activity，a_w）として表し，微生物増殖の難易度の検討に用いられる．

(2) 水分活性

農産食品を密閉容器に保存し一定の温度および湿度の空気条件下で長時間放置すると，平衡含水率（☞ 2.「乾燥」）に達する．平衡含水率はその空気条件下での含水率の限界値である．水分活性（a_w）はその容器内での相対湿度を小数点表示したものである．このときの密閉容器内の水蒸気圧を P，その温度での純水の水蒸気圧（最大水蒸気圧）を P_0 とすれば，水分活性は次式で計算される．

$$a_w = \frac{P}{P_0} \tag{6-10}$$

ここで，P:密閉容器内での水蒸気圧，P_0:その温度での純水の最大水蒸気圧（飽和水蒸気圧）．

純水は自由水 100 %であるため，その水分活性は 1 である．食品の水分活性が 1 に近いほど食品内部の自由水（微生物の利用できる水）の割合が 100 %に近いことを意味している．

水分活性と含水率の関係は，水分吸着等温線（adsorption isotherm）として表される．両者の間には水分吸着等温式が成立し，穀物については（6-11)式の Chen-Clayton 式が適用され，穀物の品温と平衡含水率の関数となっている．(6-11)式と表 6-1 のパラメータ（f_1，f_2，g_1，g_2）を用いて，水分活性 a_w を求めることができる．

$$a_w = \exp\{-a \cdot \exp(-b \cdot M_{de})\} \tag{6-11}$$

ここで，$a = f_1 \cdot T^{g_1}$，$b = f_2 \cdot T^{g_2}$，M_{de}：平衡含水率（乾量基準，％表示），T：品温（K）．

表 6-2 に主な食品の水分と水分活性を示す．前述のように，微生物の増殖は食品の水分活性が高いときに起こる．生育の必要な最低限の水分活性（生育最低水分活性）は，微生物の種類により異なる．最も高い水分活性を必要とするのは細菌で，通常は水分活性 0.90 以上でないと増殖しない．多くの食中毒菌の生育最

表 6-1　(6-11)式におけるパラメータ

穀物の種類	f_1	g_1	f_2	g_2
籾	0.901385×10^3	−0.80936	0.267832×10^{-3}	0.11697×10
玄　米	0.870427×10^{-1}	0.83925	0.208477×10^{-4}	0.16161×10
大　麦	0.24748×10^5	−1.4245	0.106771×10^{-2}	0.89693
小　麦	0.154043×10^4	−0.9648	0.988702×10^{-3}	0.90068
エンバク	0.967209×10^3	−0.9247	0.168849×10^{-2}	0.80043
ライムギ	0.590968×10^5	−1.6216	0.711877×10^{-2}	0.54004
ソ　バ	0.28992×10^6	−1.837	0.70220×10^{-4}	0.13633×10
トウモロコシ粒	0.143626×10^7	−2.1113	0.494895×10^{-2}	0.64259
ダイズ	0.171470×10^2	−0.26541	0.144298×10^{-4}	0.15956×10
ハト麦	0.922201×10^2	−0.35739	0.588557×10^{-5}	0.18931×10

（農業機械学会（編）：生物生産機械ハンドブック，コロナ社，1996）

表 6-2　主な食品の水分と水分活性

	食　品	水分（%）	水分活性
生鮮食品、多水分食品	野　菜	＞90	0.99～0.98
	魚介類	85～70	0.99～0.98
	食肉類	＞70	0.98～0.97
	かまぼこ	73～70	0.97～0.93
	アジ開き（食塩 3.5 %）	68	0.96
	チーズ	53～35	0.99～0.94
	パ　ン	約35	0.96～0.93
	塩ザケ（食塩 11.3 %）	60	0.89
中間水分食品	サラミソーセージ	30	0.83～0.78
	イカ塩辛（食塩 17.2 %）	64	0.8
	ジャム（砂糖 66 %）	約30	0.80～0.75
	しょうゆ	—	0.81～0.76
	み　そ	約50～40	0.80～0.69
	蜂　蜜	16	0.75
	干しエビ	23	0.64
乾燥食品	貯蔵米	14～13	0.64～0.60
	小麦粉	14～13	0.63～0.61
	煮干し	16	0.58～0.57
	ビスケット	4	0.33
	脱脂粉乳	4	0.27

（藤井建夫：アサマパートナーニュース，アサマ化成，2004）

低水分活性は 0.94 以上であるが，酵母は 0.88 以上，黄色ブドウ球菌は 0.86 以上で生育可能である．カビは乾燥に強い微生物であり 0.80 で生育できる．他に好塩細菌は 0.75, 耐乾性カビは 0.65 で生育可能である．一般に, 水分活性を 0.60 以下に抑えることができれば，微生物の増殖を防ぐことができる.

演習問題 6-7

籾を温度 20℃の容器内で長期貯蔵するとき，水分活性が 0.98 となるときの平衡含水率（%）を求めよ.

例解　表 6-1 から a, b を算出し, それらを(6-11)式に適用して M_{de} を求めると, $M_{de}=29.7$（%）.

2．乾　　燥

乾燥とは，元来食糧を安全に，かつ長期間保存することを目的としており，その操作や理論の中心は，単位操作で学ぶ乾燥そのものである．本節では，農産物の中でも穀物の熱風乾燥を例として，乾燥に関わる用語や理論について説明するが，青果物や農産食品の乾燥についても考え方は同様である．

穀物の乾燥で注意すべきことは，穀物は生命体であり，呼吸や腐敗といった生化学的反応が起きること，力学的に脆弱なため加工や操作の段階で損傷を受けやすい，乾燥温度条件も狭い，などである．したがって，穀物の乾燥はこれらの特性を熟知し行う必要がある．

1）水分測定法

穀物中の水の質量は，穀物の全質量と乾物質量の差で定義される．水分測定法は直接法と間接法があり，直接法は水分を含まない絶対乾燥（絶乾）状態まで穀物を加熱乾燥すれば，絶乾後の質量である絶乾質量（mass of dry matter）から水分が算出される．国内で行われている穀物の標準的な絶乾質量測定の方法として，次の①と②があげられる．

①農業機械学会（現，農業食料工学会）の基準（10 g 粒 -135℃ -24 時間法）

②旧食糧庁の標準計測法（5 g 粉砕 -105℃ -5 時間法）

加熱によって失われる成分が水だけではない場合や加熱中に穀物内の成分が化学変化を起こす場合は，105℃ -24 時間法や減圧加熱乾燥法などの水分測定法も用いられる．間接法としては，穀物水分と電気抵抗との関係から水分を算出する電気抵抗式水分計や近赤外水分計が用いられている．

2）用　語

乾燥は農産物の加工上，最も重要な単位操作の 1 つである．ここでは，穀物

コラム「含水率」

湿量基準含水率 M_w（% wb）の値は 100 以上にならないが，乾量基準含水率 M_d（% db）の値は，0 から無限大に近い値をとりうる．このため，水分の高い農産物を対象とする場合は乾物 1kg 当たりの水分質量分率（kg-water/kgDM）を乾量基準含水率 m（$m = M_d/100$）として表示する場合がある．含水率の定義は研究分野によって異なるため，文献などを参照する場合は，用いられている含水率の定義に注意する必要がある．

の熱風乾燥を例として，その用語について説明する.

(1) 水分と含水率

水分量は，湿量基準含水率 M_w（moisture content wet basis,（% wb)）と乾量基準含水率 M_d（moisture content dry basis,（% db)）の2つの表し方がある．農産物規格規定にいう水分は湿量基準含水率 M_w のことである．乾燥特性の解析においては水分量を乾量基準含水率で表すと便利である．湿量基準含水率と乾量基準含水率は次式で示される.

$$M_w = 100 \cdot W_w/W = 100 \cdot W_w/(W_d + W_w) \quad (6\text{-}12)$$

$$M_d = 100 \cdot W_w/W_d = 100 \cdot W_w/(W - W_w) \quad (6\text{-}13)$$

ここで，W:材料の質量（kg），W_d:材料の乾物質量（kg），W_w:材料の水分質量（kg）である.

両者には次の関係があり，相互に換算できる.

$$M_d = M_w/(1 - M_w/100) \quad (6\text{-}14)$$

$$M_w = M_d/(1 + M_d/100) \quad (6\text{-}15)$$

(2) 平衡含水率と水分活性

平衡含水率（equilibrium moisture content）とは，材料を一定の温度，湿度下で長く放置したときの含水率であり，動的に求める方法（質量変化がなくなるまで乾燥，吸湿させる方法）と，静的に求める方法（飽和塩溶液を用いた方法）がある．平衡含水率 M_e と相対湿度 h, 温度 T の関係式（水分吸着等温線（adsorption isotherm)）として，単分子層吸着理論により導かれた Langmuir 式や多分子層吸着理論により導出された BET 式，BET 式を改変した GAB 式（青果物や食品に対して多用される）をはじめ多くの式がある．穀物を対象とした水分吸脱着等温線は次の Chen-Clayton 式を用いて近似することが多い.

$$h = \exp[-f_1 \cdot T^{g_1} \cdot \exp(-f_2 \cdot T^{g_2} \cdot M_e)] \quad (6\text{-}16)$$

ここで，h：相対湿度（decimal），M_e：平衡含水率（% db），T：絶対温度（K）で，f_1，g_1，f_2，g_2：パラメータである.

図 6-8 は雑穀アマランサスの例について見たものである．Chen-Clayton 式を用いることにより，穀物の温度と含水率がわかれば，その穀物と平衡する空気の相対湿度は決定される．この小数（decimal）で表される平衡相対湿度を，水分

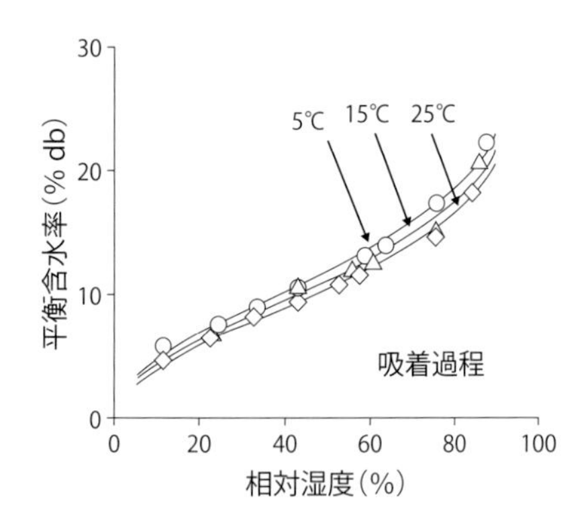

図6-8　雑穀アマランサスの水分収着等温線
（Koide, S. et al.：日本食品保蔵科学会誌，2012）

活性 a_w（water activity）という．水分活性は，穀物をはじめ乾燥した青果物（農産食品）の貯蔵性や品質保持に関係する概念である．穀物の場合，水分吸脱着等温線はシグモイド型の形状となり，同じ相対湿度なら温度の低い方が平衡含水率は大きい．また，乾燥の過程で測定した平衡含水率 M_e と相対湿度 h，温度 T の関係式を水分脱着等温線（desorption isotherm），吸湿の過程で測定した平衡含水率 M_e と相対湿度 h，温度 T の関係式を水分吸着等温線と称す．同じ相対湿度と温度では，水分脱着等温線は水分吸着等温線で得られる含水率より大きい値を呈す．このヒステリシス（hysteresis）は Kelvin の式に基づく毛管凝縮に関連する現象と考えられている．

演習問題 6-8

収穫後のソバを水分 13.50（% wb）となるように通風温度 40℃で熱風乾燥させた．乾燥直後のソバの水分活性を求めよ．ただし，ソバの脱着等温線は Chen-Clayton 式（(6-16)式）を用いて表現できるものとし，パラメータは $f_1 = 0.28992 \times 10^6$，$g_1 = -1.8370$，$f_2 = 0.70220 \times 10^{-4}$，$g_2 = 1.3633$ とする．

例解　平衡含水率 15.61（% db），温度 313.15（K）と各パラメータを（6-16）式に代入すると，平衡相対湿度は 0.62（decimal）が得られる．よって乾燥直後のソバの水分活性は 0.62 である．

(3) 蒸 発 潜 熱

吸着は発熱現象であり，逆に乾燥は吸熱現象である．穀物に含まれる水分の蒸発潜熱は自由水の蒸発潜熱より大きく，水分の減少とともに増大する．この蒸発潜熱は Clausius-Clapeyron の式と平衡含水率のデータから計算によって求めることができる．

3）薄層乾燥と乾燥理論

薄層乾燥（thin layer drying）は穀物通風乾燥の基本である．薄層（thin layer）とは，穀物量に対して風量が非常に多く，穀物量が乾燥速度に影響しない程度の層をいう．一般に穀物乾燥の現場では，厚い穀物層を通風乾燥する場合が多いが，厚層（deep layer）はいくつかの薄層が重なったものとして考えられるので，薄層理論は穀層の乾燥特性の解析の基礎となる．ここでは，穀物の薄層乾燥に必要な用語と理論を述べる．

(1) 乾燥速度

食品の乾燥では単位時間，単位面積当たりの水分蒸発量を乾燥速度と表すが，初期水分の低い穀物の乾燥の場合は，乾燥に伴う材料収縮を考慮する必要がほとんどないため，乾燥速度を単位時間当たりの乾量基準含水率の減少速度 $-dM/dt$（% db/h）を用いて表すことが多い（穀物薄層乾燥では実質的に全期間減率乾燥期間とみなしてよい）．乾燥速度は大気条件（温度，湿度）が一定なら，含水率の関数として表せる．

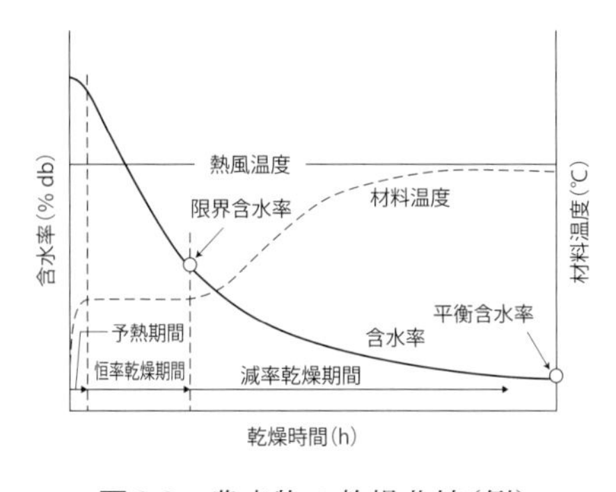

図6-9　農産物の乾燥曲線（例）

(2) 乾燥特性

一般に高い含水率の状態から乾燥を開始すると，図6-9のような乾燥曲線（含水率と乾燥時間との関係）が得られる．ここに，含水率と乾燥速度（ここでは単位時間，単位面積当たりの水分蒸発量（kg-water/(m^2•h)）との関係をプロットすれば図6-10のような経過をたどる．

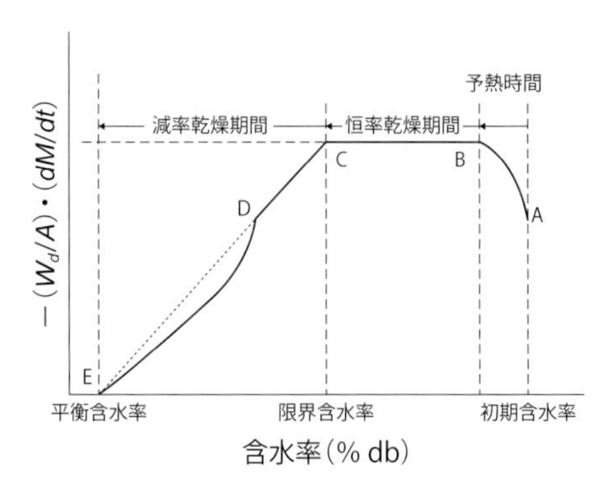

図6-10　乾燥特性曲線

この図 6-10 を乾燥特性曲線と呼び，材料や乾燥条件に固有の曲線である．乾燥特性曲線で見ると，多くの材料では短い予熱期間（A → B）の終了後，乾燥速度が一定となる恒率乾燥期間（B → C）が見られる．図中の C を限界含水率（critical moisture content）といい，恒率乾燥期間は限界含水率に達したら終了し，乾燥速度が時間とともに遅くなる減率乾燥期間（C → E）に入り，平衡含水率に近づいて乾燥が終了する．

a．予 熱 期 間

予熱期間（warming-up period）は，材料温度が熱風の湿球温度（wet bulb temperature）に近接するまで上昇する期間で，この期間は乾燥速度が小さく，時間がたつにつれ乾燥速度は上昇する．

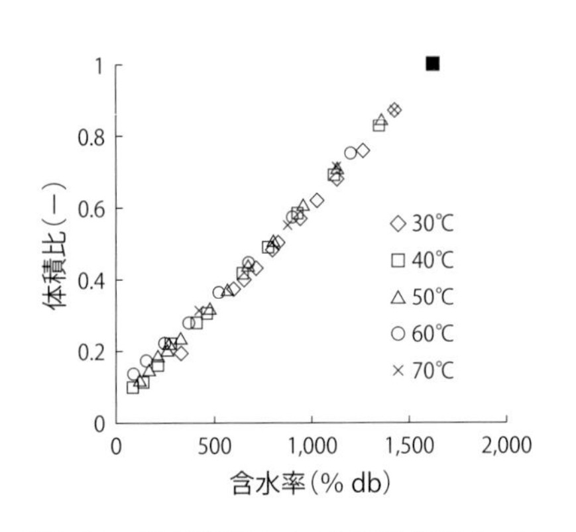

図6-11　熱風乾燥における調理用トマトの体積比
（折笠貴寛ら：農業機械学会誌，2005）

b．恒率乾燥期間

恒率乾燥期間（constant rate drying period）では，材料の内部から表面への水分移動が表面蒸発より早く行われるため，材料表面は常に十分に濡れている．この期間では，水蒸気の蒸発速度と蒸発に必要な熱流束が釣り合い，乾燥面の温度は一定（乾燥空気の湿球温度）となる．恒率乾燥期間での乾燥速度を表す式は，次式で示される．

$$dM/dt = -\alpha\,(T_{air} - T_w)\cdot(A/W_d) \qquad (6\text{-}17)$$

ここで，M：含水率（% db），A：材料の表面積（m^2），t：時間（h），T_{air}：乾燥空気の乾球温度（℃），T_w：乾燥空気の湿球温度（℃），α：乾燥係数（% db・kg/(℃・h・m^2)）である．

高水分の農産物では，材料は水と固形物質からなるとすれば，含水率の定義から次式が得られる．

$$V = W_d/\rho_d + W_w/\rho_w = p\cdot M + q \qquad (6\text{-}18)$$

ここで，V：材料の体積（m^3），ρ_d：材料の乾物密度（kg/m^3），ρ_w：材料の水分の密度（kg/m^3），p，q：体積の含水率依存のパラメータである．

すなわち，体積は図 6-11 のように含水率の一次式として近似できる．相似形

の試料表面積 A は，代表長さ L の2乗に比例し，体積は L の3乗に比例するので試料表面積は試料体積の2/3乗に比例する．したがって次式を得る．

$$A = A_0(p \cdot M + q)^{2/3}/(p \cdot M_0 + q)^{2/3} \tag{6-19}$$

ここで，A_0：初期の試料の表面積（m^2），M_0：初期含水率（% db）である．

よって恒率乾燥速度式は次式となる．

$$dM/dt = -\alpha \cdot A_0 \cdot (T_{air} - T_w) \cdot \frac{(p \cdot M + q)^{2/3}}{(p \cdot M_0 + q)^{2/3}} \Big/ W_d \tag{6-20}$$

(6-20)式は青果物など初期水分の大きい農産物の恒率乾燥速度式として用いられる．恒率乾燥は付着水分が存在するか，材料内部から表面への水分拡散がきわめて速やかに行われる間は継続する．図6-10においてC点の限界含水率に達すると乾燥速度は減少し始める．この限界含水率は実用上きわめて重要であり，個々の実験によって求められる．

(3) 減率乾燥期間

限界含水率後の材料は，減率乾燥期間（falling-rate drying period）を経て平衡含水率で乾燥速度はゼロになり乾燥は終了する．この期間では，図6-9に示すように材料の温度は次第に上昇し乾燥空気温度に限りなく近づく．穀物の薄層乾燥では，恒率乾燥期間はきわめて短いので実質的に全期間減率乾燥期間とみなしてよい．減率乾燥期間は第一段（乾燥速度が表面水分の蒸発に支配される現象）と第二段（乾燥速度が粒子内部における水分の拡散速度に支配される現象）に分けて説明されることが多い．減率乾燥期間において広く用いられる乾燥解析モデルを表6-3に記す．ここで，指数モデルは減率乾燥第一段を表すモデルであり，Page式は指数モデルを改良した半実験式である．球モデル，無限円筒モデル，無限平板モデルは減率乾燥第二段を表すモデルとして用いられる．

a．減率乾燥第一段

限界含水率以降，材料内部から表面への水分の供給が追いつかず材料の表面に乾いたところが見られるようになる．減率乾燥第一段の乾燥特性は，ぬれ面積（有効蒸発面積）が自由含水率（free moisture content）（$M-M_e$）に比例するとして説明できる．すなわち，乾燥速度式は次のように表される．

$$dM/dt = -K_1(M - M_e) \tag{6-21}$$

表 6-3　減率乾燥期間で用いられる乾燥モデル

乾燥モデル	B_1	$\lambda_1 l$
指数モデル $\frac{M-M_e}{M_0-M_e}=\exp(-Kt)$		
Page 式 $\frac{M-M_e}{M_0-M_e}=\exp(-Kt^a)$		
球モデル $\frac{M-M_e}{M_0-M_e}=\frac{6}{\pi^2}\sum_{n=1}^{\infty}\frac{1}{n^2}\exp\left(\frac{-Dn^2\pi^2t}{l^2}\right)=\frac{6}{\pi^2}\sum_{n=1}^{\infty}\frac{1}{n^2}\exp(-n^2Kt)$	$6/\pi^2=0.6079$	$\lambda_1 l=\pi$
無限円筒モデル $\frac{M-M_e}{M_0-M_e}=\sum_{i=1}^{\infty}\frac{4}{(\lambda_i l)^2}\exp(-D\lambda_i^2 t)=\sum_{i=1}^{\infty}\frac{4}{(\lambda_i l)^2}\exp\{(-(\lambda_i l)^2F_0\}$	$4/(\lambda_1 l)^2=0.6917$	$\lambda_i l=2.4048$
無限平板モデル $\frac{M-M_e}{M_0-M_e}=\sum_{n=1}^{\infty}\frac{8}{(2n-1)^2\pi^2}\exp\left\{\frac{-D(2n-1)^2\pi^2t}{4l^2}\right\}$ $=\sum_{n=1}^{\infty}\frac{8}{(2n-1)^2\pi^2}\exp\{-(2n-1)^2Kt\}$	$8/\pi^2=0.8105$	$\lambda_1 l=\pi/2$

ここで，M_e：平衡含水率（% db），K_1：減率第一段の乾燥速度定数（h^{-1}）である．

この方程式は Newton の冷却の法則と類似している．乾燥の場合は表面の濡れた部分は恒率乾燥の法則に従うから，減率乾燥第一段は風速の影響を受けるはずである．(6-21)式を一定の温度，湿度，風速の条件のもと，初期条件として $t=0$ のとき $M=M_0$ を与えて解くと，次式が得られる．

$$(M-M_e)/(M_0-M_e)=\exp(-K_1 t) \tag{6-22}$$

左辺を相対含水比という．この式は片対数グラフ上で，相対含水比と時間の関係を求めれば，直線となることを示している．多くの乾燥過程を説明する際，この指数モデルは有用である．

b．減率乾燥第二段

減率乾燥第二段では材料表面はすでに平衡含水率に達して乾いた状態にあり，乾燥速度は水分の内部拡散に支配される．したがって，含水率の変化は次の拡散方程式に従う．

$$\partial M/\partial t = D\nabla^2 M \qquad (6\text{-}23)$$

ここで，D：水分拡散係数（moisture diffusion coefficient）（m^2/h），t：時間（h）である．

単粒または薄層で乾燥空気の温度と湿度が一定であれば M_e は一定であり，初期含水率 M_0 を一様とすれば次式が得られる．

$$(M - M_e)/(M_0 - M_e) = \sum_{i=1}^{\infty} B_i \exp(-D\lambda_i^2 t) \qquad (6\text{-}24)$$

(6-24)式において，右辺はフーリエ数($F_0 = Dt/l^2$)，すなわち時間が大きくなると，第1項に急速に漸近する．(6-24)式は第1項を用いると次式で表される．

$$(M - M_e)/(M_0 - M_e) = B_1 \exp(-D\lambda_1^2 t) = B_1 \exp(-K_2 t) \qquad (6\text{-}25)$$

ここで，l：試料形状の代表長さ（半径または厚さ）(m)，K_2：乾燥速度定数（h^{-1}），B_1：形状係数で試料形状のみの関数，λ_1：固有値である．

(6-25)式の B_1 と K_2 は実験データから得られ，B_1 の値から適合する拡散モデルを推定することができる．球モデル，無限円筒モデル，無限平板モデルにおける B_1 と $\lambda_1 l$ の値を表6-3に付す．最適な乾燥モデルを決定するには，実験データに対して非線形最小二乗法を適用して球モデル，無限円筒モデル，無限平板モデルに当てはめ，パラメータ K_2，M_e の値を決定し，式と測定値との適合性を比較すればよい．

図6-12には，サツマイモスライスを熱風乾燥したときの乾燥曲線を示す．測定値(含水率)を恒率乾燥期間と減率乾燥期間(第一段と第二段)とに分け，(6-20)式，(6-22)式および無限平板モデルに当てはめ非線形最小二乗法を適用してパラメータの値を決定し，得られたパラメータから含水率を計算したものである(図中，実線)．測定値と計算値は精度よく一致している．

c．アレニウス式

乾燥速度定数は乾燥温度が高いほど大きくなり，その温度依存性は次のアレニウス式（Arrhenius equation）で示される．

$$K = d \cdot \exp(-E/RT) \qquad (6\text{-}26)$$

ここで，K：乾燥速度定数（h^{-1}），T：絶対温度（K），E：は活性化エネルギ（J/mol），R：気体定数（J/(mol·K)），d：定数（h^{-1}）である．

飼料用米（籾，玄米）を熱風乾燥し，その乾燥曲線を球モデルに当てはめ，得

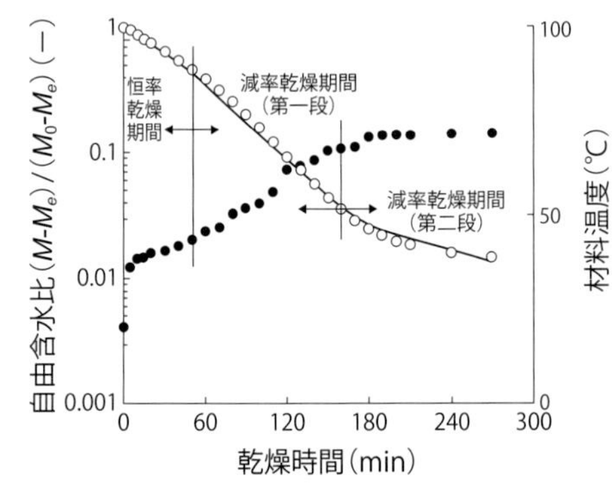

図6-12　サツマイモスライスの熱風通風乾燥（乾燥温度 75℃）における含水率と材料温度の経時変化
（Koide, S. et al.：J. Fac. Agr. Kyushu Univ., 1996）

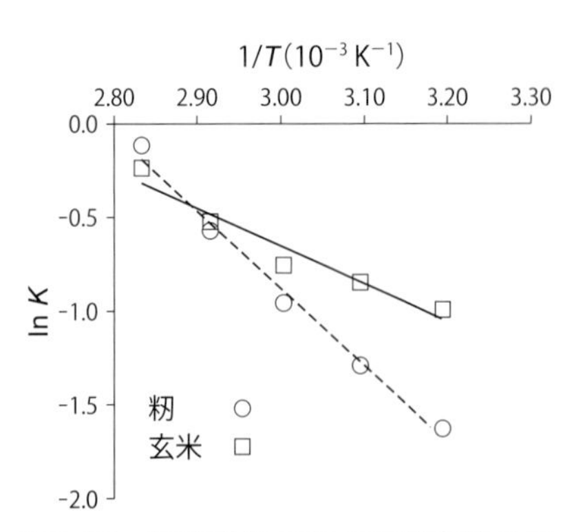

図6-13　飼料用米の乾燥速度定数のアレニウスプロット
（田中良奈ら：農業機械学会誌，2013）

られた乾燥速度定数をアレニウスプロットした例を図 6-13 に実線で示す．乾燥速度定数はアレニウス型の温度依存性があることがわかる．

演習問題 6-9

初期含水率 M_0 が 1.50（kg-water/kgDM）の農産物を，0.50（kg-water/kgDM）まで熱風乾燥させる．このとき，農産物の含水率の経時変化は指数モデル（(6-22)式）で予測できるとする．ここで，指数モデルのパラメータ M_e（kg-water/kgDM）は 0.01 とし，K の温度依存性は $K = 306.2 \cdot \exp(-2\,226/T)$ とアレニウス型の式（T は絶対温度（K））で表現できるとする．この農産物を熱風温度 40℃で含水率 0.50（kg-water/kgDM）まで乾燥させる時間は，熱風温度 80℃で含水率 0.50（kg-water/kgDM）まで乾燥させる時間の何倍要するか計算せよ．

例解　指数モデルより，乾燥時間 t は $t = -\ln(MR)/K$ で求められる．ここで，$MR = [(M - M_e)/(M_0 - M_e)]$ であり，MR は 0.3289 と算出される．熱風温度 40℃での乾燥時間は，熱風温度 80℃の乾燥時間と比較して乾燥速度定数の比で説明でき，計算すれば 2.24 倍となる．

4）厚層乾燥

厚層（deep layer）とは，穀物量に比べて送風量が少なく，風量によって乾燥速度が影響される層をいう．ここに風量は，穀物層内の空気の流れが複雑であるため単位時間当たりの流量を空塔断面積で除した空塔速度（superficial velocity）を用いる．一般に穀物層乾燥は厚層乾燥（deep layer drying）であり，乾燥空気は厚層を通過する間に順次水分を吸収して温度が降下し，湿度は高くなり，乾燥能力が低下する．以下に，厚層乾燥の状態を予測するモデルについて，穀物充填層を例に紹介する．

(1) 分　割　層

厚層はいくつかの薄層が重なったものとして考えられる．図6-14に一般的な穀物充填層モデルの概念図を示す．ここで，T_s は穀層温度（K），M は含水率（% db），T_a は空気温度（K），X は空気中の絶対湿度 X（kg/kgDA）である．穀物充填層を物理量で分割し，分割層ごとの熱・物質収支についてモデル化を行う．具体的には，湿り空気が第1層を通過する際に熱と水分の授受が行われる．ここで，穀物は顕熱と蒸発潜熱による穀温変化ならびに乾燥による水分の減少が引き起こされる．一方，これとバランスするように湿り空気温度，湿度が変化する．第2層では，第1層で熱・水分授受を行った湿り空気が，再び熱・水分授受を行い，充填層を通過し終わるまでこれを繰り返す．以上を計算すれば，厚層における任意の時間および場所における温度・含水率は予測できる．

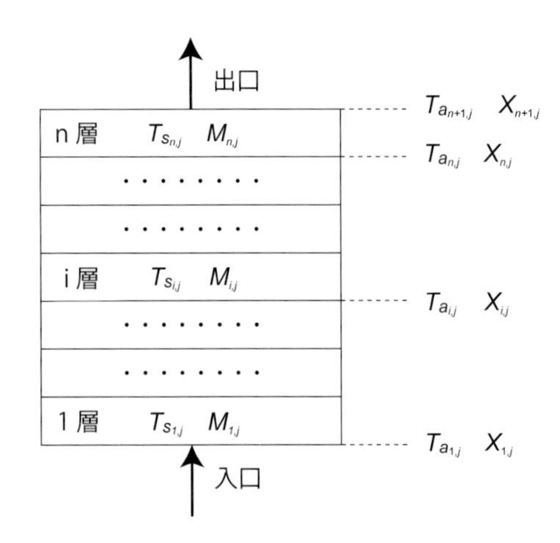

図6-14　穀物充填層モデルの概念図

(2) シミュレーション

小麦充填層を例として，その熱・物質移動モデルについて説明する．

a．含水率の変化

乾燥速度式として指数モデル（6-21)式を用いる．

$$dm/dt = -k(m - m_e) \qquad (6\text{-}27)$$

ここで，m：含水率（kg-water/kgDM），m_e：平衡含水率（kg-water/kgDM）である．

(6-27)式において，小麦の乾燥速度定数 k（1/s）はアレニウス型の温度依存性を有する．

$$k = 0.4863 \times 10^5 \cdot \exp(-6\,152/T) \quad (6\text{-}28)$$

b．平衡含水率

平衡含水率の算出は(6-16)式を用いる．小麦の場合，パラメータは $f_1 = 0.3392 \times 10^9$，$g_1 = -3.0800$，$f_2 = 0.2141 \times 10^{-3}$，$g_2 = 1.1584$ である．

c．穀層温度変化

穀温は，熱伝達による熱移動と乾燥により奪われる蒸発潜熱量により変化する．

$$\partial T_s / \partial t = h_a \cdot (T_a - T_s)/(C_{ps}' \rho_{bd}) - (kq/C_{ps}') \cdot (m - m_e) \quad (6\text{-}29)$$

ここで，h_a：穀物単位体積当たりの熱伝達率（J/(s・m^3・K)），C_{ps}'：穀粒の（乾量基準）比熱（kJ/(kgDM・K)），ρ_{bd}：小麦充填層の（乾量基準）かさ密度（kgDM/m^3），q：穀粒の蒸発潜熱（kJ/kg）である．

穀粒の（乾量基準）比熱 C_{ps}' は次式で示される．

$$C_{ps}' = 1.263 + 4.634m \quad (6\text{-}30)$$

小麦充填層の（乾量基準）かさ密度 ρ_{bd} については次式が成立する．

$$\rho_{bd} = (8\,943.1m^3 - 3\,730.3m^2 - 860.4m + 1\,096)/(1 + m) \quad (6\text{-}31)$$

d．空気の水分収支

空気中の絶対湿度 X（kg/kgDA）は，穀物からの乾燥による水分移動により変化する．

$$\partial X / \partial Y = -k_2(m - m_e) \quad (6\text{-}32)$$

ここで，Y は単位断面積当たりの乾物質量（kgDM/m^2），k_2 は水分移動に関する定数であり，次式で示される．

$$Y = x \cdot \rho_{bd} \quad (6\text{-}33)$$

$$k_2 = k/G_a = k/\nu\rho_a = k \cdot T_a/(353.3 \cdot \nu) \quad (6\text{-}34)$$

ここで，x：モデル（図6-14）の分割幅（m），G_a：物質速度（kgDA/(m^2・s)），ρ_a：乾き空気密度（kgDA/m^3），ν：空塔風速（m/s）である．

e．空気のエンタルピ収支

空気のエンタルピ I（kJ/kgDA）は熱伝達による熱移動と水分蒸発による蒸発潜熱および顕熱を用いて次式で示される．

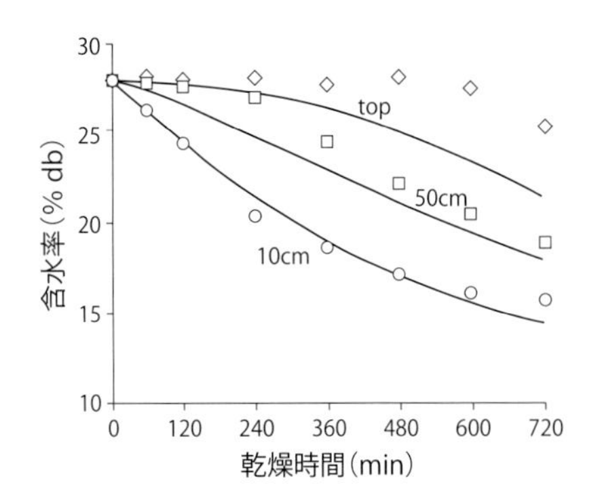

図6-15　厚層乾燥における小麦充填層（層高 100cm）内の含水率
◇：充填層最上層，□：層高 50cm，○：層高 10cm.
（Koide, S. et al.：J. JSAM, 1998）

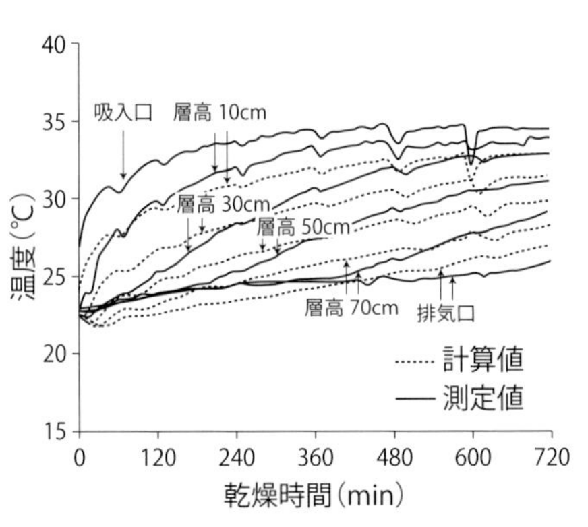

図6-16　厚層乾燥における小麦充填層（初期層高 100cm）内の温度
（Koide, S. et al.：J. JSAM, 1998）

$$\partial I/\partial Y = \{\sigma + C_{pw}\cdot(T_a - 273.15)\}\cdot k_2\cdot(m - m_e) - h_a\cdot(T_a - T_s)/(G_a\rho_{bd}) \quad (6\text{-}35)$$

ここで，σ：水の蒸発潜熱（kJ/kg），C_{pw}：水蒸気の比熱（kJ/(kg・K)）である．

穀物単位体積当たりの熱伝達率 h_a は小麦層の場合は以下の実験式で示される．

$$h_a = 820\cdot(G_a\cdot T_a)^{0.6011} \quad (6\text{-}36)$$

ここで，空気温度 T_a（K）は次式により決まる．

$$T_a = (I - \sigma X)/(C_{pa} + C_{pw}X) + 273.15 \quad (6\text{-}37)$$

ここで，C_{pa}：乾き空気比熱（kJ/(kgDA・K)）である．

以上の式を基礎として，差分法により逐次計算を行った．初期含水率 27.95（% db），堆積高さ 1 m の小麦充填層を通風乾燥（風量 0.0154 m^3/s）した測定値と計算値を図 6-15 と図 6-16 に示す．計算値は層高を距離ではなく乾物質量で分割して得られたものであり，乾燥（吸湿）過程において水分の変化に伴う容積（層高）変化が生じても影響はない．

5）乾燥と品質

籾の乾燥においては胴割れ（crack）の発生を極力減らすことが肝要である．胴割れは乾燥中よりも乾燥後に多く発生する．この胴割れ米は，精米時に砕米となって歩留りを低下させる他，炊飯するとデンプンが溶出して食味を落とす．そのため籾乾燥時は乾燥速度（すなわち通風温度や湿度）を制御するとともに，過乾燥

表 6-4　青果物の主な乾燥方法

乾燥方法	特　徴
熱風乾燥	熱風を試料に直接あてる対流伝熱乾燥．操作が簡便で装置コストが低く，汎用性が高い
遠赤外線乾燥	放射伝熱が主．乾燥機によって対流伝熱や伝導伝熱と併用
減圧乾燥	減圧により沸点が降下した材料の水分を低温で蒸発させる．伝導伝熱，放射伝熱，マイクロ波加熱などにより熱を与える．低温で乾燥でき，試料の変質が少ない
真空凍結乾燥	凍結した試料を真空下で昇華脱水させる乾燥．棚加熱により昇華熱を補う．試料の変質が少ない．乾燥後の材料は多孔質となり復水性もよい
マイクロ波乾燥	誘電加熱法．物質自身が発熱する内部加熱．急速かつ簡便に加熱が達成できる
天日乾燥	太陽熱利用乾燥法．放射伝熱乾燥に当てはまる．直接加熱方式と間接加熱方式がある．天候に左右され，広い床面積が必要であるが，熱源にコストがかからない

とならないように注意する必要がある．籾は含水率を低くすると，比較的高い通風温度でも発芽率を保つことができ，ガラス転移温度も高くなる．一方，含水率が高いときには，通風温度が高いと発芽率は減少する．以上を鑑み，実際の籾乾燥装置では乾燥中の籾の温度および水分に応じた乾燥速度の制御が必要となる．

次に青果物の乾燥について述べる．青果物は乾燥により農産食品となるが，その商品価値は乾燥後の品質（例えば色（色彩色度），硬さ，アスコルビン酸含有量，クロロフィル含有量，リコピン含有量，ポリフェノール含有量など）が指標となる．青果物は穀物より高温で熱風乾燥されることが多い．また，青果物の乾燥では，内在する酵素などによる酵素褐変などを防ぐ観点からブランチングなどの前処理などを付す場合もある．表 6-4 には，最近の青果物の乾燥方法について記す．熱風乾燥の場合，青果物の乾燥特性の解析は穀物薄層乾燥と同様に乾燥曲線（図

コラム「ガラス転移温度」

ガラス転移が起こる温度をガラス転移温度（T_g）と呼ぶ．このガラス転移は固体食品の加工性，保存性や物性の重要な指標となる．ガラス状態（$T < T_g$）を示す固体食品として，種子食品，キャンディー，クッキー，カツオ節，冷凍食品などがあげられる．固体食品はガラス状態になれば，分子運動が制限され反応速度は著しく低下する．コメの T_g は水分減少とともに上昇し，水分 15（% wb）（仕上げ水分付近）では 40 ～ 50℃にある．よって常温でのコメの保存安定性は高い（ただし，脂肪の変性などを考慮する必要がある）と考えられる．

6-9）や乾燥特性曲線（図 6-10）から適する乾燥モデルを選定する．

3．蒸留，抽出，吸着

1）蒸　　留

蒸留（distillation）とは，複数成分の液体や蒸気の混合物を蒸気圧の差を利用して行う分離操作である．例えば，蒸留酒やバイオエタノールは糖液などをアルコール発酵させて作る．発酵した溶液のエタノール濃度は 5 ～ 15 %ほどであり，蒸留酒や燃料とするためには蒸留によって濃度を高めることが必要となる．

混合溶液を加熱すると，混合蒸気が発生する．その組成は混合溶液とは異なり，揮発性の高い成分（低沸成分）の割合が増えている．この蒸気を冷却すると凝縮して，低沸成分が濃縮した混合液を得ることができる．

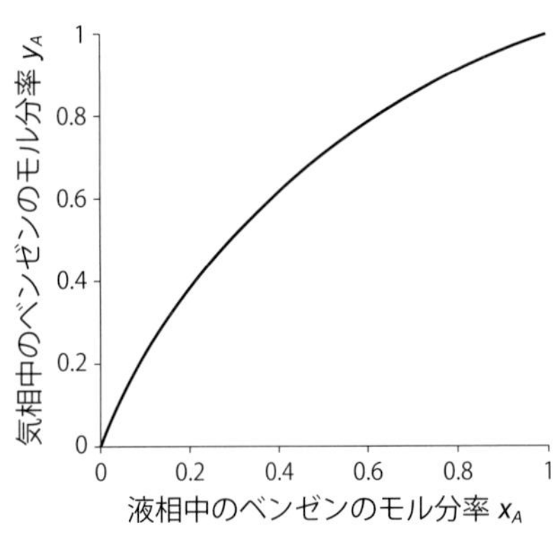

図6-17　ベンゼン - トルエン混合溶液の x-y 線図

(1) 気 液 平 衡

密閉容器内で，混合溶液を加熱して温度を一定に保つと，気相の組成と溶液の組成が安定した状態になる．この状態を気液平衡という．A，B の 2 成分混合溶液において，注目成分の液相のモル分率を x，気相のモル分率を y で表す．x を横軸に，y を縦軸にして表した平衡状態の線図を x-y 線図という（図 6-17）．成分 A の蒸気圧 p_A が液相のモル分率 x_A に比例する溶液を理想溶液という．理想溶液の蒸気圧 p_A, p_B は，次式で与えられる．

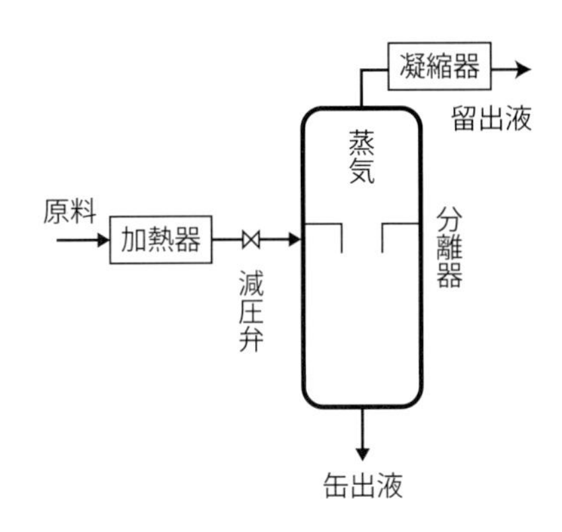

図6-18　連続単蒸留

$$p_A = P^*_A x_A,\ \ p_B = P^*_B x_B$$

ここで，P^*_A，P^*_B：それぞれ純物質の蒸気圧である．

この関係をラウール（Raoult）の法則という．$\alpha = P^*_A / P^*_B$ を比揮発度といい，蒸留による分離のしやすさを表す．容器内の全圧 P は成分AとBの蒸気圧の和であり，液相の成分Bのモル分率は（$1 - x_A$）なので

$$P = P^*_A x_A + P^*_B x_B = P^*_A x_A + P^*_B (1 - x_A)$$

比揮発度を用いると，気相の成分Aのモル分率 y_A は次式で表される．

$$y_A = \frac{p_A}{P} = \frac{P^*_A x_A}{P^*_A x_A + P^*_B (1 - x_A)} = \frac{\alpha x_A}{1 + (\alpha - 1) x_A}$$

(2) 単　蒸　留

混合溶液を加熱し，発生した蒸気を凝縮させて外部に取り出すことを単蒸留（simple distillation）という．単蒸留で分離された溶液の組成は，最初は低沸成分を多く含むが濃度は徐々に減少する．単蒸留を連続的に行うものを連続単蒸留（フラッシュ蒸留）という（図6-18）．原料の混合液を沸騰させて発生させた気液混合物を分離器で蒸気と液に分離し，蒸気は装置の上部から，液は装置の下部から取り出す．上部から蒸気を凝縮させて取り出す液を留出液，下部から取り出される液を缶出液という．

(3) 減 圧 蒸 留

蒸留時の操作圧力によって，高圧蒸留（high pressure distillation，最大で数MPa程度），常圧蒸留（atmospheric distillation）および減圧蒸留（vacuum distillation）に分類される．減圧蒸留はさらに200 mmHg程度までの減圧蒸留，1 mmHg程度までの真空蒸留と0.1 mmHg以下の分子蒸留とに分けられる．大気圧よりも低い圧力では，沸点が低くなるので比較的低温で蒸留ができる．減圧蒸留は温度が高くなると分解したり重合したりする物質を蒸留する際に用いられる方法で，熱に弱い物質の分離および精製に有効であり，各種ビタミンや医薬品などの蒸留に利用される．高真空下では，蒸気分子が途中で他の分子と衝突せずに凝縮面に到達する確率が高く，蒸留速度が速くなるので，低温での蒸留が可能となる．

(4) 共沸蒸留

通常の液体混合物は沸騰するに従って組成が変化し，沸騰する温度が徐々に上昇していくが，共沸混合物の場合は組成が変わらず沸点も一定のままである．

例えば，エタノールと水の沸点はそれぞれ78.3℃，100℃であるが，エタノールと水の共沸混合物では液とそれに平衡な蒸気とが同じ組成であるので，普通の蒸留ではエタノールを96 wt%以上の濃度にすることはできない．しかし，蒸留装置でベンゼン（沸点80.1℃）を加えると，ベンゼンと水とが共沸点69.3℃の共沸混合物をつくり，蒸留装置の上方へ水蒸気を押し上げるようになり，蒸留装置の底部からは無水のエタノールが得られる．このように第三成分を加えて蒸留分離する方法を共沸蒸留（azeotropic distillation）という．また，操作圧力をかえることによって共沸を回避して蒸留分離が可能となることもある．

2）抽　　出

抽出(extraction)は固体や液体の原料に含まれる成分を液体溶剤に溶解させて，溶剤に可溶な成分を分離する操作である．原料が固体の場合を固体(または固液)抽出，液体の場合を液液抽出という．例えば，ここに酢酸とベンゼンの混合液があり，水を用いて酢酸を抽出することを考えてみる．このとき，目的成分である酢酸を溶質（solute)，酢酸が溶解しているベンゼンを希釈剤（diluent)，抽出するために加える水を溶剤（solvent）という．抽出操作は，お茶などの飲料や植物性成分の化粧品などの製造工程でよく使われている．

(1) 液液平衡

溶質が1つの液相に移動しうる割合は温度によって定まり，平衡状態となる．これを液液平衡という．3成分系の液液平衡では，その状態を表すのに三角座標が使われる．今，酢酸（A)，ベンゼン（B)，水（C）の3成分系で，それぞれの質量分率を x_A，x_B，x_C とし，x_C を横軸にとり，x_A を縦軸にとると，ベンゼンの質量分率 x_B は $1-x_A-x_C$ であるから，三角座標の斜辺に至る垂直距離または水平距離で表される．

酢酸 - ベンゼンの混合液に水を加えて静置すると，混合比によって均一に溶け

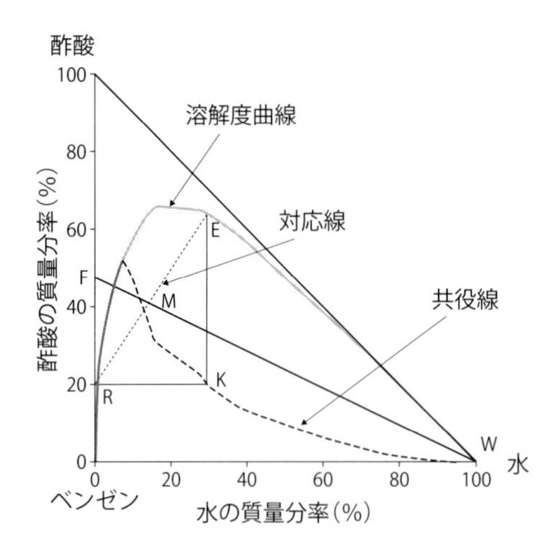

図6-19　酢酸 - ベンゼン - 水系における単抽出

合う場合と二相に分かれる場合がある．二相に分かれたとき，酢酸と水が主成分で少量のベンゼンが含まれている液を抽出液（extraction liquid）といい，もう一方の液を抽残液（raffinate）という．二相に分かれて平衡状態にある抽出液と抽残液の液組成を三角座標にプロットして，これらの点を結ぶと溶解度曲線が描ける（図 6-19）．平衡関係にあるそれぞれの液組成を結んだ直線は対応線（tie line）といい，対応線を斜辺として作る直角三角形の頂点を結んで描ける線を共役線（conjugate line）という．

点 F で示される酢酸 - ベンゼン混合溶液に水を加えて，酢酸 - ベンゼン - 水の混合液とすると，この混合液の組成は点 M で表される．この点が溶解度曲線の内側にあれば，この混合液は二相に分離し，外側にあれば均一に溶け合うことになる．

(2) 単　抽　出

単抽出は，原料に溶剤を加えて，撹拌振盪したのち，二相に分離した混合液のうち，下層の液を取り出して抽出する操作である．今，原料である酢酸 - ベンゼン混合溶液 F（kg）に溶剤として水 W（kg）を加えて，酢酸を抽出することを考える．酢酸 - ベンゼン - 水の混合液 M（kg）の見かけの組成は点 F と点 W を結んだ線上の点 M となる．二相に分離した抽出液 E（kg）と抽残液 R（kg）は溶解度曲線上の点EとRにあり，平衡状態にある．点Mは線分ERを$E:R$に内分する点であり，抽出液と抽残液の質量比が求められる．原料中に含まれる溶質のうち，抽出液に回収される割合を回収率という．

演習問題 6-10

酢酸（溶質）40 %，ベンゼン60 %の混合溶液10 kgに対して，水（溶剤）を用いて，酢酸の抽出を行い，抽残液の酢酸の質量分率を20 %にしたい．このとき必要な水の量を求めよ．

例解　抽残液中の酢酸の質量分率が20 %なので，図6-19の溶解度曲線上に点Rをとると，水の質量分率が0.7 %と求まる．点Rから水平線を引くと共役線上に点Kが得られ，点Kから垂線を立てると溶解度曲線上に点Eが求まる．点Eの座標から，抽出液の組成は酢酸63.9 %，ベンゼン6.5 %，水29.6 %となる．今，原料と水の量をそれぞれF（kg）とW（kg）とし，抽出液と抽残液の量をそれぞれE（kg）とR（kg）とする．原料の酢酸の質量分率をA_F，抽残液の酢酸と水の質量分率をそれぞれA_R，C_R，抽出液の酢酸と水の質量分率をそれぞれA_E，C_Eとすると原料と水，抽出液と抽残液の収支から

$$\begin{aligned} F + W &= E + R \\ 10 + W &= E + R \end{aligned} \tag{1}$$

酢酸の収支から

$$\begin{aligned} FA_F &= EA_E + RA_R \\ 10 \times 0.4 &= 0.633E + 0.2R \end{aligned} \tag{2}$$

水の収支から

$$\begin{aligned} W &= EC_E + RC_R \\ W &= 0.296E + 0.007R \end{aligned} \tag{3}$$

(1)，(2)，(3)式を連立させて解くと，$E \fallingdotseq 4.0$ kg，$R \fallingdotseq 7.2$ kg，$W \fallingdotseq 1.2$ kgとなる．

3）吸　　着

吸着（adsorption）とは物体の気相 - 固相，液相 - 固相などの界面において，濃度が周囲よりも増加する現象をいう．この現象を利用して，混合ガスや溶液の精製，有効成分などの回収を行うことを吸着操作という．特に，気相の溶質が吸

着剤の内部に取り込まれて化学反応や相変化を伴う場合を吸収（absorption）という．また，吸着していた物質が界面から離れることを脱着（desorption）という．具体的な例としては，空気中の湿気を吸着する除湿剤や容器内の酸素濃度を低下させるのに使われる脱酸素剤などがある．吸着操作は，食品製造の油成分や臭気成分の除去工程などで使われている．

吸着される物質を吸着質（adsorbate），吸着する物質を吸着剤（adsorbent）という．吸着量は，吸着剤の単位質量当たり吸着した吸着質の物質量で表す．吸着には van der Waals 表面力によって吸着する物理吸着と，吸着剤の官能基と化学的に結合する化学吸着がある．

(1) 溶　解　度

気体中の吸着質ガスが液体の吸着剤に吸着されて平衡状態にあるとき，気体中の吸着質のガス分圧 p（Pa）は，p があまり大きくない範囲において液体中の吸着質濃度 C（mol/m^3）に比例する．この関係をヘンリー（Henry）の法則という．

$$p = HC$$

ここで，H（Pa•m^3/mol）：ヘンリー定数であり，この逆数が溶解度（solubility）となる．

ヘンリーの法則は吸着質濃度が低いとき，多くの実在気体に応用できる．

(2) 吸着等温式

一定温度の条件下で物理吸着されて平衡状態にあるとき，吸着質の吸着量 q（kg/kg 吸着剤）は，吸着質のガス分圧 p（Pa）と密接な関係があり，その関係は吸着等温式（adsorption isotherm）で表される．吸着等温式として，単一成分の吸着質が単一層の吸着サイトに吸着されるとしたラングミュア（Langmuir）式が知られている．

$$q = \frac{bp}{1 + ap}$$

また，経験式であるフロインドリッヒ（Freundlich）式は，実測データによく合うことから，工業分野で使われている．

$$q = kp^{1/n}$$

ここで，a，b，k，n：系に特有な係数である．

第7章
生物的操作

1．微生物反応

農畜産物の生産および加工の現場には，カビ類（糸状菌類），酵母類（出芽菌類），細菌類（分裂菌類）などさまざまな微生物が存在する．意図せずこれらに汚染され，農畜産物・食品の内外に危害性の微生物が増殖したり，有害成分が生成したりする現象を腐敗（decomposition）と呼ぶ．これに対して，人間に有用な微生物やその生成物を利用するために，それらの生命活動を人為的に制御して食品や医薬品などの生産に応用する操作をここでは発酵生産（fermentation and production）と呼ぶ．一方，微生物の代謝を食品工場や畜産農家などから排出される有機系廃棄物（organic waste）の安定化に応用する操作を分解処理（degradation and treatment）と呼ぶ．

1）微生物の増殖特性

微生物反応を発酵生産や分解処理に適用するための装置仕様や操作条件を決めるためには，その増殖特性を定性的かつ定量的に明らかにする必要がある．

微生物の増殖要因には，空気，pH，温度，栄養源などがあげられ，微生物の種類によってそれらの適値は異なっている．

空気中の酸素濃度の影響は，微生物のエネルギ獲得方法によって大きく異なる．すなわち，有機物分解に酸素を必要とするのが好気性微生物（aerobic microorganism），酸素を必要とせずむしろそれが害となるのが絶対嫌気性微生物（anaerobic microorganism），酸素の有無と無関係にエネルギを獲得できるものを通性嫌気性微生物（facultative anaerobic microorganism）と呼ぶ．代表的なエネルギ源であるグルコース（ブドウ糖）1分子は，解糖系（ピルビン酸2分子生成）およびクエン酸回路を経て，好気条件では電子伝達系に至って38分子のATP（adenosine triphosphate）を生産してから，二酸化炭素と水に分解される．これに対して嫌気条件ではグルコースからエタノールや乳酸が生成されるが，解糖系のみにおいて2分子のATPしか生産されない（☞ 表2-1）．

pHの影響もきわめて大きく，増殖に可能なpH域は2～3ときわめて狭い．一般に細菌では中性から弱アルカリ性で，酵母やカビ類では酸性でそれぞれ増殖が良好となる．細菌の中でも生成する酸を食品加工に利用する乳酸菌（lactic acid bacteria）や酢酸菌（acetic acid bacteria）は，自身に低いpHに対する抵抗性を有するので，それを利用したバイオプリザベーションが古くから食品保蔵に利用されてきた．

演習問題 7-1

pHは水素イオン濃度（mol/L）を常用対数化して正の数に表示したものである．pH4の水溶液をpH7に調整するために必要な水量を求めよ．

例解　pHの定義より，pH4の溶液の水素濃度は10^{-4}，pH7の水素濃度は10^{-7}であるから，その濃度差は$10^{-4} \div 10^{-7}$より10^3倍である．よって1 000倍希釈するための水が必要である．

温度については10～20℃の低温域，20～40℃の中温域，50～60℃の高温域をそれぞれ最適とする低温性（psychrophilic）微生物，中温性（mesophilic）微生物，高温性（thermophilic）微生物の存在があげられる．それぞれの微生物は最適温度を有しているので，微生物の増殖活性と周囲温度の間で，いわゆるArrheniusの直線関係が成立するのは，狭い温度域となる．

微生物は栄養源として，炭素源，窒素源，無機塩類（P，S，Mg，Kなど）を取り込んで生育および増殖を行う．人工的培養系においては，炭素窒素比の調整や無機栄養塩類，微量栄養素（ビタミン類）の添加がないと，培養が突然破たんする場合がある．栄養源の特異性を活用することにより生成物の種類を制御することも可能である．

基質（substrate）に接種された直後の微生物は，周囲環境に馴化するまで増殖しないことが多い．この期間を誘導期（induction phase）と呼ぶ．増殖要因が適当な条件にある場合，その後微生物は指数関数的に増殖する．この期間は指数増殖期（exponential growth phase）または対数増殖期と呼ばれる．培地に基質が供給されない場合，微生物は栄養不足状態に陥るので増殖が停止する静止期(stationary phase)に入り，やがて自己分解する死滅期（death phase）を迎える．以上により微生物の増殖曲線は一般に図7-1のようなS字を描く．

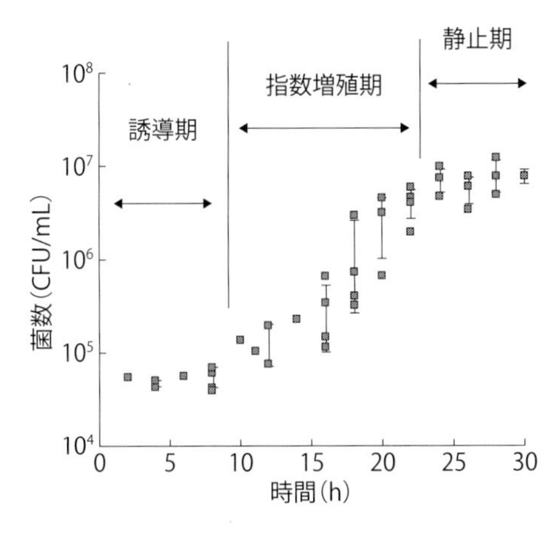

図7-1　納豆菌の増殖曲線
（Kitamura，Y. et al.：Intl. J. Dairy Tech.，2010）

微生物培養系に存在する微生物の濃度を X（mg/L）とおけば，その変化率 dX/dt は X と比例すると考えられるので，以下のように書ける．

$$\frac{dX}{dt} = \mu \cdot X \tag{7-1}$$

ここで，t：時間（h），μ：比増殖速度（1/h）といい，指数増殖期においては一定と見なせる比例定数である．

演習問題 7-2

指数増殖期において，$t = 0$（培養開始）から任意の培養時間で菌体濃度が X_0 から X まで増加するとして（7-1)式を解け．また，X が X_0 の2倍になる時間 t_d を求めよ．

例解　(7-1)式は微分方程式であるので，これを解析的に解くためにまず変数分離を行い，$t = 0$ から t で積分すると次式を得る．

$$\ln X = \mu t + \ln X_0 \tag{2}$$

これを変形すると以下の指数関数型の増殖式を得る．

$$X = X_0 e^{\mu t} \quad \text{（答）} \tag{3}$$

(3)式の両辺の対数をとれば対数型の増殖式を得る．

$$\log X = (\mu/2.3)t + \log X_0 \quad \text{（答）} \tag{4}$$

微生物が増殖して元の濃度の2倍になる時間 t_d は，$X = 2X_0$ とおけば，

$$t_d = \log 2/\mu = 0.69/\mu \quad \text{（答）} \tag{5}$$

なお，μ と基質濃度 S（g/L）は経験的に以下の形をとることが知られている．

$$\mu = \frac{\mu_{max} \cdot S}{K_s + S} \tag{6}$$

代表的な酵素反応式であるミカエリス・メンテン式（Michaelis-Menten model）と同形の（6）式はモノー式（Monod model）といわれ，K_s（g/L）は飽和定数，μ_{max}（1/h）は最大比増殖速度という．菌体の増殖の基本特性はモノー式により表される．

演習問題 7-3

初期基質濃度を変化させた微生物増殖の回分試験を行い，S_0 と μ との関係を次のように得た．モノー式が適用できると仮定して，K_s, μ_{max} を求めよ．

S_0 g/L	0.01	0.02	0.03	0.05	0.1	0.18
μ, 1/h	0.04	0.071	0.112	0.15	0.17	0.2

例解　モノー式の両辺の逆数をとり線形変換すれば，$1/S_0$ と $1/\mu$ の関係は一次関数と見なせる．したがって，その直線の傾きと切片の値から $\mu_{max} = 0.33$ 1/h, $K_s = 0.070$ g/L を得る．モノ式の線形プロットをラインウィーバー・バークプロット（Lineweaver-Burk plot）と呼ぶ（☞ 図 7-7）．

2）微生物反応の操作

微生物反応を行わせる機能的空間を発酵槽（fermentor）またはバイオリアクタ（bio-reactor）と呼ぶ．発酵槽は単純な容器のみにより構成されるものから，図 7-2 に示すように，①加熱装置，②ジャケット構造（真空断熱や熱媒体の循環用），③撹拌装置（モータ，軸，撹拌翼など），④通気装置（通気管，ブロワなど），⑤計装機器（pH, 温度, 酸素, 圧力），⑥化学品（消泡剤，pH 調整剤など）投入装置を伴った複雑なものまで，発酵方法に応じてさまざまな形態がある．また発酵槽には，微生物と培養液をタンク内で混合および滞留させる完全懸濁型のものと，微生物を担体（濾材）と呼ばれる多孔性保持材に付着させて培養液のみを留出させる微生物固定型の

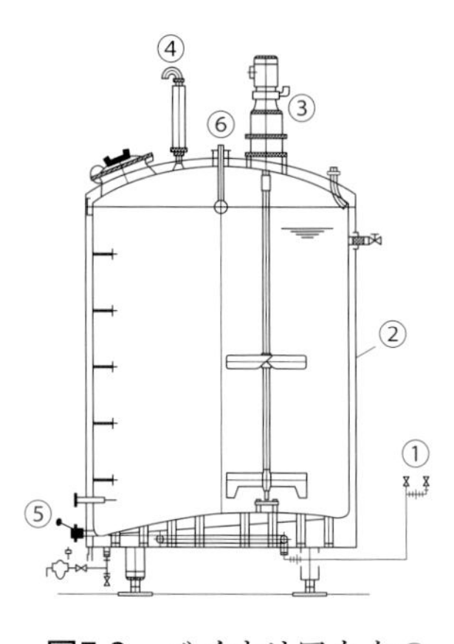

図7-2　バイオリアクタの構造例
（イズミフードマシナリ，2013）

ものがある．特に担体がタンク内に固定されているものを固定床型発酵槽（fixed bed reactor）と呼ぶ．

発酵槽を利用した操作において，１回の反応ごとに生成物の取出しと原料投入を行う方式を回分操作（batch operation）と呼ぶのに対して，連続的に生成物の取出しと原料投入を行う方式を連続操作（continuous operation）という．回分操作における発酵槽は非定常状態にあり，原料，生成物，微生物濃度の変化がある．一方，連続操作においては，それらの変数はほぼ一定に保たれる定常状態（steady state）にある．発酵生産の多くは回分操作により行われるが，廃水処理や堆肥化の一部は連続操作により行われている．

3）発酵生産に用いられる微生物反応

(1) エタノール発酵

酵母（yeast）は，酸素が豊富にある環境では酸素呼吸を行い，獲得したエネルギを用いて菌体増殖を行う．嫌気条件では，グルコース１モルからエタノール２モルと二酸化炭素２モルを生産する発熱反応，すなわちエタノール発酵を行う．酵母はグルコースを基質とするので，デンプンを原料とする場合はその液化および糖化による低分子化が必要である．液化および糖化は糖化酵素を有する麹菌あるいは糖化酵素により行われる．酵母は自身の産出するエタノールによる生成阻害を受けるが，日本酒醸造では糖化工程とエタノール発酵工程を１つのタンクで同時に行う並行複発酵を導入することにより，最高で 20 %という高濃度のエタノールを含むもろみの醸造を可能としている．エタノール発酵の pH は，通常５～９の間にあり，温度は 35℃以下で，酒類（日本酒，焼酎，ビール，ウイスキー，ワインなど）の製造に用いられている．パン製造でも酵母によるエタノール発酵が進行し，パン生地中の気泡生成と焼成後のエタノール芳香がパンの官能性を向上させている．

演習問題 7-4

エタノール発酵においてグルコースの理論的エタノール変換率を求めよ．

例解　グルコースおよびエタノールの分子量より 180 g のグルコースから 92 g のエタノールが生成できるので，その変換率は 51 %である．なお，酵母の増殖や副産物の生成にもグルコースは消費されるので，実際の変換率は理論値の 95 %程度になる．

(2) 麹　発　酵

麹菌（koji-malt）と呼ばれるカビ類は多くの種類が知られており，菌株ごとにデンプン分解酵素（アミラーゼ），タンパク質分解酵素（プロテアーゼ），脂質分解酵素（リパーゼ）など異なる酵素を有する．胞子の発芽率が高い麹菌で作った種麹をその目的や用途に応じて穀物に繁殖させたものを麹と呼び，酒麹，醤油麹，味噌麹などが知られている．麹菌は好気性微生物であり，増殖の適温は 25 ～ 35℃であることから，空気環境を最適に制御することが重要である．日本酒のデンプン糖化が麹菌により行われるのに対して，ビールやウイスキーでは出芽大麦の麦芽（malt）に含まれる種々の酵素を利用している．麹菌は耐塩性を有するので，麹発酵食品の加工過程で添加される食塩および食塩水は他の有害微生物の増殖を抑制する役割を果たす．

(3) 酸　発　酵

微生物の生成する酸を食品の有効成分として利用するための操作を酸発酵（acetic acid fermentation）と呼ぶ．酸発酵に用いられる代表的な微生物に乳酸菌と酢酸菌があげられる．

古くから食品の加工や保蔵に利用されてきた乳酸菌は，桿状または球状の形態を有し，糖類を基質としてエネルギを獲得しながら乳酸を生成する通性嫌気性菌である．乳酸発酵は，グルコース 1 分子から解糖系を経て 2 分子の乳酸を生成するホモ乳酸発酵と解糖系の一部を利用して乳酸とエタノール，二酸化炭素を 1 分子ずつ生成するヘテロ乳酸発酵に大別される．発酵乳（ヨーグルト）や乳酸菌飲料は牛乳を乳酸発酵して得られる食品であり，水牛乳，山羊乳なども原料とされる．乳等省令により乳酸菌数が 1 mL 当たり 1000 万以上のものを発酵乳，それ以下のものを乳酸菌飲料と定めている．乳酸発酵(例えば 40℃で 15 時間程度)により牛乳の pH を 5 程度にまで低下させたのち，レンネットなどの凝乳酵素を添加して脱水を促進し，上清であるホエーを分離して，凝固物のカードを熟成したのがチーズである．熟成後のチーズを非加熱で流通させるナチュラルチーズと数種のナチュラルチーズを加熱溶融して成形したプロセスチーズがある．発酵によって生じる乳酸は pH4 ～ 5 の環境を作るため，腐敗細菌の増殖を抑える働きがある．郷土料理として有名な馴ずし(酢飯を使った魚介類の混ぜご飯)，キムチ，ぬか漬けなどの加工における乳酸発酵は，調味のみならず乳酸による保存性の付与も担っている．

一方，酢酸菌はエタノール発酵により作られたエタノールを酸化して酢酸を生成するため，古くは酒造りの失敗の大きな原因ともなっていた．現在，醸造エタノールを基質として得られる酢酸は食酢の主原料となっており，穀物を原料とする穀物酢（米酢，麦酢，黒糖酢）やワイン，果実を原料とする果実酢（ビネガー，リンゴ酢，柿酢）がある．酢酸発酵は平型の通気発酵槽を用いて，通常 30 ～ 40℃の表面培養法により行う．ここで，酢酸生成菌は発酵槽の液面付近に皮膜を形成，浮遊した状態で存在し，気相から液相への酸素供給は気液界面を通じて行われる．よって，酢酸発酵を促進するためには気相との接触面の拡大が効果的である．酢酸生成菌も生成物阻害を受けるので酢酸濃度 5 ％程度で発酵は停止する．平型通気培養には，①エアレーションや機械的撹拌を要しない，②菌体の反復利用が可能であるなどの利点がある．

(4) アミノ酸発酵

サトウキビ，トウモロコシ，キャッサバ由来の糖蜜を原料とした発酵法により製造されるアミノ酸には，必須アミノ酸であるフェニルアラニン，バリン，イソロイシン，スレオニン，トリプトファンの他，グルタミン酸，アルギニン，アスパラギン酸などがよく知られている．アミノ酸発酵（amino acid fermentation）で生産されるアミノ酸は，調味料のみならず医薬品や化粧品の原料としても利用されている．アミノ酸発酵では，菌の呼吸を妨げない酸素供給条件下で行わないと最大の生成速度が得られない．また，酸素欠乏下では乳酸やコハク酸などの蓄積が進み発酵生成物の収率が著しく低下する．よって，アミノ酸発酵槽では，温度，pH の最適化はもとより，通気および撹拌の制御による効率的な酸素供給が求められる．

アミノ酸発酵の代表例は，グルタミン生産菌によりグルコースからのグルタミン酸生産を行うグルタミン酸発酵（glutamic acid fermentation）である．グルタミン酸の生産は，菌体内の化学合成に関与する酵素を人為的に抑制（ビオチン，脂肪酸の除去やペニシリン，界面活性剤の添加による）することにより，その代替経路であるグルタミン酸生成系を導く結果である．発酵の制御は同時にグルタミン酸の菌体外への能動的排出も促している．

アミノ酸生成を目的としているわけではないが，大豆のタンパク質を分解して粘性物であるポリグルタミン酸を生成する点で，納豆発酵（natto fermentation）もアミノ酸発酵の1つといえる．納豆菌は枯草菌の一種であり芽胞を作る好気性微生物である．生の大豆は種皮が強固でありそのままでは発酵できない．よって，水洗，浸漬，蒸煮を行うことにより大豆の組織を軟化させる．納豆菌は粉末あるいは液体にして蒸煮後の大豆に接種し，35～45℃で18時間程度保持すれば発酵は完了する．納豆に含まれる豊富な食物繊維，発酵生成物であるビタミンKやナットウキナーゼなどの健康機能成分が着目されており，西日本でも消費が増えている．

演習問題 7-5

アミノ酸発酵における化学量論式（単位はモル）は以下の通りである．

グルコース1＋酸素2.33　→　グルタミン酸0.82＋二酸化炭素1.94

グルコース1tを原料とするグルタミン酸発酵に必要な酸素量（g）を求めよ．

例解　グルコース1モル180gにつき2.33モル74.56g（32×2.33）の酸素が必要であるから，グルコース1tに対して1 000÷0.18×0.07456＝約414kgの酸素が必要である．

4）分解処理に用いられる微生物反応

(1) 堆　肥　化

堆肥（compost）は，農業・食品廃棄物や畜産廃棄物，汚泥，都市ごみなどの循環可能な有機資源を原料に，微生物の好気的・嫌気的分解作用により生産される農地改良資材である．堆肥化では微生物により原料中の有機物が水と二酸化炭素に分解されるので，①残存有機物の土壌分解による酸素欠乏を引き起こさない，②炭素分の二酸化炭素変換および大気放出による窒素欠乏を引き起こさない，③温度上昇による病原虫菌や雑草種子の殺滅および不活性化による無害化，臭気低減化を果たす，などの利点がある．また，堆肥は土壌の団粒構造を促進する粘着物質（腐植質，humas）を提供することにより土壌を改質するため，土壌微生物の豊富化，肥効成分の保持，化学変化に対する緩衝能の付与，肥効成分および微量元素の供給などの効用が期待できる．

(2) 活性汚泥化

農産食品加工場から排出される廃水で，公共下水道に流すことのできないものは場内に水処理場を設置して，下水道への接続あるいは河川などへの放流ができる基準値以下まで汚濁物質を分解除去する必要がある．排水中の有機物を好気的に水と二酸化炭素に分解する微生物反応操作を活性汚泥法（activated sludge process）という．廃水中の好気性微生物は空気（酸素）の供給により代謝活性が高められ浄化能力が増す一方，増殖した微生物はフロックを形成して汚泥化するのでこの名がある．図7-3に活性汚泥システムの一例を示す．空気の供給を行う反応槽を曝気槽（aeration tank），また汚泥の沈降分離を行わせる反応槽を沈殿槽(sedimentation tank)と呼ぶ．曝気槽における送気に費やされるエネルギ(電気）ならびに汚泥化した微生物量は膨大であり，分解処理のコストに占める割合が大きい．沈殿槽で分離された汚泥の一部は余剰汚泥として曝気槽に返送され，残りは脱水後に堆肥化あるいは燃焼により処理される．減量化を目的として余剰汚泥をバイオガス化させる操作を下水道分野では消化（digestion）と呼んでいる．廃水の負荷変動などにより沈殿槽において糸状菌が優勢になると汚泥が浮上するバルキング（bulking）が発生する．バルキングは二次処理水中に汚泥を流亡させ水質を悪化させる原因となるので，廃水組成や曝気の調整，温度やpHの制御が重要である．汚泥に関する指標として，活性汚泥1 mL中の乾物量を活性

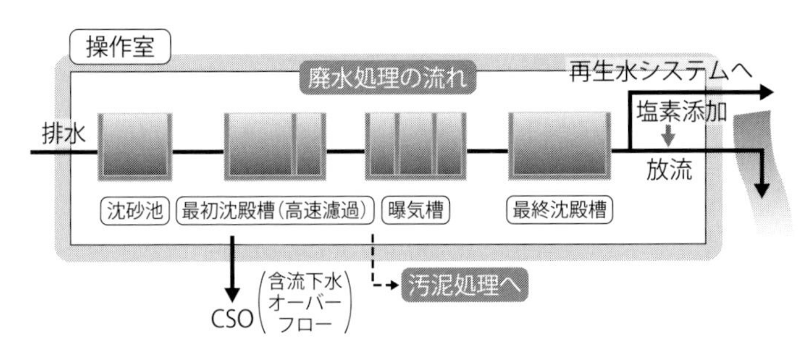

図7-3　活性汚泥システム
((株)メタウォーター，2013を一部改変)

汚泥浮遊物質（mixed liquor suspended solids，MLSS）（mg/L），またMLSSの強熱（600℃）減量を活性汚泥有機性浮遊物質（mixed liquor volatile suspended solids，MLVSS）（mg/L）と呼び，いずれも微生物量の簡易指標である．その測定方法により，MLSSやMLVSSには砂や金属などの無機物が含まれることがわかる．

演習問題 7-6

沈殿槽に流入する汚泥を採取して，1 Lのメスシリンダに入れたところ，30分で沈殿した汚泥と上澄みの境目が250mLの標線で観察された．30分沈殿後の汚泥容積割合を求めよ．

例解　ここで，250 mL÷1 000 mL×100で求められる値（解：25 %）を活性汚泥沈殿率（sludge volume，SV）といい，SV_{30}と記す汚泥の簡易沈降性指標である．この汚泥のMLSSの値が2 500であれば，SV_{30}×10 000÷2 500で求められる値100を1 g活性汚泥が占める容量を汚泥容量指標（sludge volume index，SVI）という．通常の曝気槽では，50～150が適切な値であり200以上だとバルキング状態にあることを示す．

(3) バイオガス化

バイオガス化（biogasification）は有機物を嫌気的にメタンと二酸化炭素をほぼ半分ずつ含む可燃性ガスを生成するプロセスであり，メタン発酵（methane fermentation）とも呼ばれる．有機物からメタンへの変換は3つの過程を経て進行する．第1の過程は不溶性・生分解高分子の加水分解すなわち可溶化過程であり，ここでは炭水化物やタンパク質，脂肪などが，糖やアミノ酸，脂肪酸，エタノール類に分解される．続いて第2の過程は，これら可溶性の有機低分子から酢酸や水素を生成する酸発酵過程（acidogenic process）である．有機物の一部は中間生成物であるプロピオン酸や酪酸を経て酢酸と水素に分解される．そして第3の過程が酢酸と水素を材料としてメタンを生成するメタン発酵過程（methanogenic process）である．第1と第2の過程に関与する微生物群は通性嫌気性菌群であり，酸素の有無に関係なく活動し，周囲のpH環境は4～4.5を好む．すなわち，周囲の有機酸濃度が2～4 %に達してもその増殖活性に影響はない．一方，第3の過程に関与する微生物群は酸素の存在下で生育できない絶対嫌気性菌群，すなわちメタン菌群である．メタン菌群は pH 環境 6.5 ～ 7.5 の中性域を好み，また基質でもある酢酸の濃度が 3,000 ～ 4,000 mg/L を越えると増殖阻害を起こす．これら生育条件の大きな違いから，第 1 過程と第 2 過程を 1 つにまとめて第 1 相と呼び，第 3 過程，すなわちメタン発酵過程を第 2 相と呼び，メタン発酵では各相の反応がバランスよく進行する必要がある．

第 1 相と第 2 相の反応を 1 つのタンクで行う，いわゆる共生培養方式を採用しているメタン発酵方式を 1 相式あるいは在来式メタン発酵と呼ぶ．在来式メタン発酵は基質や pH・酸素耐性に相違のある微生物群を 1 つのタンクで培養するため，発酵の管理や効率化が難しかった．これを解決するために考案された方式が第 1 相と第 2 相の反応を別々のタンクで行う分離培養方式，すなわち 2 相式メタン発酵である（図 7-4）．2 相式メタン発酵では，それぞれの微生物群の特性に適した反応条件の制御ができるため，メタン発酵の効率が大いに向上された．しかし，2 つの発酵タンクを要することや，基質および温度環境の制御が複雑になるなどの欠点も認められる．

演習問題 7-7

発酵槽の運転指標である有機物容積負荷（発酵槽 1 m^3・1 日当たりの有機物投入量）を求めよ．原料牛糞の有機物濃度 VS（Volatile solid）は 65 %，発酵槽

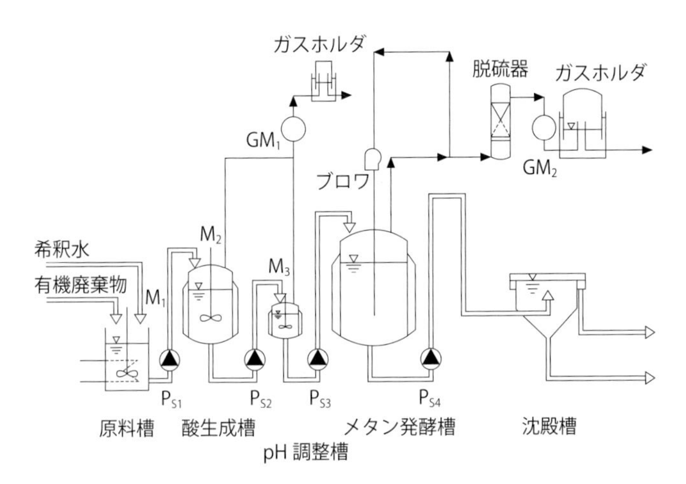

図7-4　2 相式メタン発酵装置

M：モータ，P_S：スラリーポンプ，GM：ガスメータ．（前川孝昭ら：農業施設，1984 を一部改変）

への投入量は2日で2 000 kg，発酵槽の容積は200 m^{3}とする．

例解　2 000 × 65 ÷ 100 ÷ 2 ÷ 200 ≒ 3.25（kg-VS/m^3•d）

演習問題 7-8

1日に3 000 Lの廃水を2相式メタン発酵装置で処理したい．酸生成を5日，メタン発酵を10日の水理学的滞留時間（hydraulic retention time，HRT）で操作するためには，それぞれの発酵槽の実容積を何m^{3}とすればよいか．ただし，タンクの有効容積は70 %とする．

例解　HRTは発酵槽の有効容積を1日当たりの原料投入量（＝引抜量）で除したものと定義されるので，酸発酵槽の実容積は3 m^3/d×5 d÷0.7 ≒ 22 m^3，メタン発酵槽の実容積は，3 m^3/d × 10 d÷0.7 ≒ 43 m^{3}となる．

(4) 脱窒処理

農産食品工場や畜舎などから排出される廃水中には炭水化物の他にタンパク質などの窒素分が多く含まれる場合がある．有機窒素は嫌気的条件下では通性嫌気性菌群により無機のアンモニア（NH_4^+）に分解される．この分解物が好気条件下に置かれると，アンモニア酸化菌（亜硝化細菌）と亜硝酸酸化菌（硝化細菌）の働きにより亜硝酸（NO_2^-）を経て硝酸（NO_3^-）にまで酸化される．これを硝化（nitrification）という．再び嫌気状態に置かれると脱窒菌が硝酸から酸素を得て（還元作用）N_2を放出する．この作用を脱窒（denitrification）という．脱窒は炭素源（メタノールや廃水中の有機物）の添加により活発化する．窒素は閉鎖水系の富栄養化を加速するため，微生物を活用した廃水の脱窒処理は必要不可欠である．

2. 酵素反応

酵素（enzyme）は生物体の中で起こる化学反応の触媒であり，通常，タンパク質でできている．触媒は化学反応の前後で変化せずに反応のみを促進させる物質である．いくつかの酵素の反応促進度合いが報告されており，その値は10^6～10^{20}の範囲にある．例えば，1時間で反応が終了する酵素反応があったとすると，酵素がない場合はおよそ10^2～10^{16}年もかかることになり，現実的には酵素なしにその反応は進まないことを意味している．

前節の微生物反応はその大部分が微生物中の酵素によって触媒されている．例えば，酵母によるエタノール発酵では12種類の酵素が関わった複雑な化学反応であることがわかっている．また，酵素そのものが酵素製剤として工業的に生産されており，微生物反応に頼らない生物的操作も行われている．

農産食品はそのほとんどが生物に由来している．そのため，加工されずに生のまま，あるいは加工度が低い農産食品の場合，内在する酵素により質的な変化を受ける．したがって，農産食品プロセスにおける酵素反応を考えるとき，反応を積極的に利用する場合と反応を抑える場合の2つがある．

1）酵素の特異性

酵素の反応を受ける物質を基質という．酵素は特定の基質を認識して特異的に結合することにより，その触媒としての機能を発揮する（基質特異性）．さらに，触媒する反応も決まっている（反応特異性）．しかも，一般に常温，常圧，中性付近という穏和な条件下で反応が進む．例えば，農産物に含まれるデンプンとセルロースは，ともにグルコースが多く連結した重合体であるが連結の仕方が異なる．そのため，加水分解を触媒する酵素の1つであるβ-アミラーゼを農産物に加えると，デンプンにのみ作用してマルトースのみを遊離するがグルコースは遊離しない．一方，農産物に無機触媒である酸を加えた場合，高温下でデンプンとセルロースの結合をランダムに切断してさまざまな長さのグルコース重合体を生成させる．また，酸はデンプンやセルロースだけでなくタンパク質や他の高分子物質などにも作用する．

酵素の高い特異性は，酵素を構成するタンパク質の高次構造が深く関与している．この構造により特定の基質が結合する部位と触媒作用を及ぼす部位が存在し，これを活性中心と呼ぶ．基質はこの活性中心において遷移状態になっていると考えられている．また，タンパク質である酵素は，高温では熱変性により立体構造が変化し，失活する．一方で化学反応は温度とともに上昇するため，酵素反応速度はこれらの相反する影響により図7-5に示すような最適な反応温度が存在する．この温度を至適温度という．さらに水素イオン濃度もタンパク質の構造に影響を与えることから反応に最適なpHが存在する．

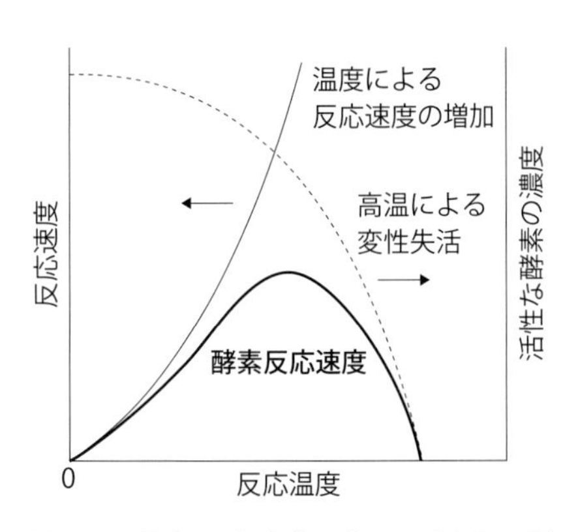

図7-5　酵素反応速度に与える温度の影響
（蒲池利章：改訂酵素－科学と工学，虎谷哲夫ら（著），講談社，2012）

酵素は，国際生化学分子生物学連合により触媒する反応の種類に応じて分類され，系統的に命名されている．つまり，各酵素には，反応の種類を表す系統名，日常的に使う常用名，そして4つの要素からなるEC番号が与えられている．例えば，常用名が「アルコール脱水素酵素」の系統名は「アルコール：NAD^+酸化還元酵素」であり，そのEC番号はEC1.1.1.1である．最初の1は大分類であり，酸化還元反応を触媒する酸化還元酵素（oxidoreductase）のグループを意味している．この他に5つの大分類があり，EC2.x.x.xは原子団の分子間転移を触媒する転移酵素（transferase），EC3.x.x.xは加水分解反応を触媒する加水分解酵素（hydrolase），EC4.x.x.xは原子団を二重結合に付ける，あるいはその逆反応を触媒する脱離酵素（lyase），EC5.x.x.xは異性化反応を触媒する異性化酵素（isomerase），EC6.x.x.xはATPを利用し2つの分子を結合させる合成酵素（ligase）を意味している．EC番号の2番目以降のx.x.xは，酵素の基質特異性と反応特異性により細分類されて番号が与えられ，現在，約4 000あまりの酵素が登録されている．

2）酵素反応速度論

酵素反応では，酵素濃度を一定にして基質濃度を高めていくと，基質濃度が低いときはその濃度に比例して反応速度は上昇する．しかし，基質濃度が高まると反応速度は最大反応速度 V_{max} と呼ばれる一定値へと漸近していく（図7-6）．ミカエリス（L. Michaelis）とメンテン（M. L. Menten）は，この理由として酵素反応が次のような過程で進行しているとした．つまり，酵素Eと基質Sが結合して酵素-基質複合体ESができる非常に速い平衡反応と，酵素-基質複合体から生成物（product）Pができて酵素は元に戻る反応からなるとした．

$$\mathrm{E} + \mathrm{S} \underset{k_{-1}}{\overset{k_{+1}}{\rightleftarrows}} \mathrm{ES} \tag{7-2}$$

$$\mathrm{ES} \xrightarrow{k_{+2}} \mathrm{E} + \mathrm{P} \tag{7-3}$$

k_{+1}，k_{-1}，k_{+2}：各反応の速度定数.

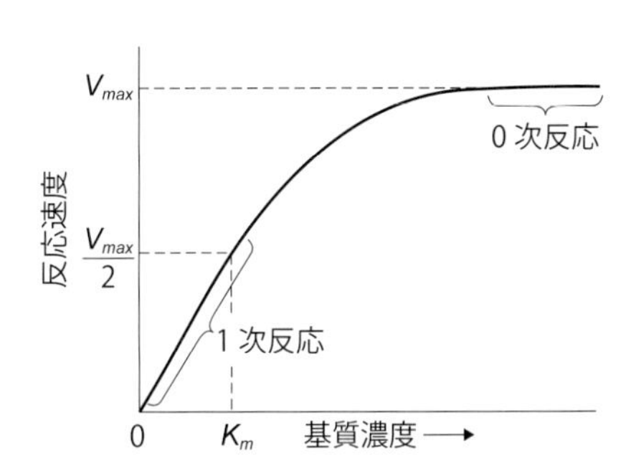

図7-6　基質濃度と反応速度の関係
(蒲池利章：改訂酵素ー科学と工学，虎谷哲夫ら(著)，講談社，2012)

また，酵素濃度 [E]，基質濃度 [S]，酵素 - 基質複合体の濃度 [ES] を用いると，酵素 - 基質複合体の解離定数 K_S は (7-2)式より

$$K_S = \frac{[\mathrm{E}][\mathrm{S}]}{[\mathrm{ES}]} \tag{7-4}$$

と表わされる．反応速度 v は (7-3)式より

$$v = k_{+2}[\mathrm{ES}] \tag{7-5}$$

である．基質と結合していない酵素の濃度と酵素 - 基質複合体の濃度の和が酵素の全濃度 $[\mathrm{E}]_0$ となるので

$$[\mathrm{E}]_0 = [\mathrm{E}] + [\mathrm{ES}] \tag{7-6}$$

となる．(7-4)式と (7-6)式から [E] を消去し，[ES] について解いて (7-5)式に代入すると

$$v = \frac{k_{+2}[\mathrm{E}]_0[\mathrm{S}]}{K_S + [\mathrm{ES}]} \tag{7-7}$$

となる．ここで，反応が最大反応速度 V_{max} となるのはすべての酵素が基質と結合して複合体をつくったとき，すなわち (7-5)式において [ES] がその最大値である $[\mathrm{E}]_0$ となったときである．よって

$$V_{max} = k_{+2}[\mathrm{E}]_0 \tag{7-8}$$

であるから，(7-7)式は

$$v = \frac{V_{max}[\mathrm{S}]}{K_S + [\mathrm{S}]} \tag{7-9}$$

となる．そして，K_S は (7-2)式の平衡反応の速度定数により

$$K_S = \frac{k_{-1}}{k_{+1}} \tag{7-10}$$

で表される．この(7-9)式をミカエリス・メンテン（Michaelis-Menten）式という．この式により図 7-6 は次のように説明できる．[S] $\ll K_S$ の領域では, $v = (V_{max}[S])/K_S$ と近似でき，速度 v は基質濃度 [S] に比例する（1 次反応）．一方，$K_S \ll$ [S] の領域では，$v = V_{max}$ と近似でき，速度 v は一定値となる（0 次反応）．

しかし，(7-9)式は，(7-4)式からわかるように酵素 - 基質複合体の濃度を求める際に（7-3)式の反応が考慮されていないという欠点がある．そこで，酵素 - 基質複合体は，酵素と基質だけではなく酵素と生成物にも解裂することを考慮すると，酵素 - 基質複合体の濃度の増加速度は

$$\frac{d[ES]}{dt} = k_{+1}[E][S] - (k_{-1} + k_{+2})[ES] \tag{7-11}$$

となる．そして，(7-2)式と（7-3)式が定常状態で進行する反応であると仮定すると，酵素 - 基質複合体の濃度は変化しないので，(7-11)式の右辺は 0 となり，(7-5)式，(7-6)式，(7-8)式を用いて [E] と [ES] を消去すると

$$v = \frac{k_{+1}V_{max}[S]}{k_{-1} + k_{+2} + k_{+1}[S]} \tag{7-12}$$

となる．ここで

$$K_m = \frac{k_{-1} + k_{+2}}{k_{+1}} \tag{7-13}$$

と定義すると

$$v = \frac{V_{max}[S]}{K_m + [S]} \tag{7-14}$$

が得られる．(7-14)式は厳密にはブリッグス・ホールデン（Briggs-Haldane）式と呼ばれるが，この式もミカエリス・メンテン式と呼ばれ，K_m がミカエリス定数である．一般にミカエリス・メンテン式というと（7-9)式よりも（7-14)式を指すことが多い．

反応速度が最大反応速度の 1/2 になるとき，(7-14)式より K_m=[S] となる．このことは，K_m が小さいほど低い基質濃度で最大反応速度の 1/2 に達することから，K_m が小さいほど酵素と基質の親和力が大きいことを意味する．(7-14)式は基質が 1 つのときに定常状態を仮定して導き出した式であるので，すべての酵素反応に対応できるわけではない．しかし, 多くの酵素反応では, 現象的に(7-14)

式のミカエリス・メンテン式に当てはまり，K_m は酵素と基質の親和性を示す指標として利用されている．ここで，(7-14)式の両辺の逆数をとると

$$\frac{1}{v}=\frac{K_m}{V_{max}}\times\frac{1}{[S]}+\frac{1}{V_{max}} \tag{7-15}$$

となる．基質濃度を変化させ反応開始直後の反応速度（初速度）を測定し，1/[S]に対して $1/v$ をプロットすると（7-15)式により直線が得られる．このプロットをラインウィーバー・バークプロット（Lineweaver-Burk plot）と呼び，x 切片，y 切片，傾きから K_m と V_{max} を決めることができる（図7-7の阻害無）．ミカエリス・メンテン式は酵素反応の阻害剤（inhibitor）の分類に利用できる．（7-2)式と（7-3)式で表される反応式に従って進行する酵素反応系に阻害剤Iを添加すると，次の反応により，阻害剤は酵素あるいは酵素 - 基質複合体と結合し，酵素は不活性化する．

$$E + I \leftrightarrow EI \tag{7-16}$$

$$ES + I \leftrightarrow ESI \tag{7-17}$$

酵素の基質結合部位に対し，（7-16)式のように阻害剤が酵素と結合し，酵素と阻害剤の不活性な複合体EIが生じることによる阻害を拮抗阻害（competitive inhibition）という．一方，（7-17)式のように酵素 - 基質複合体が阻害剤と結合することによる阻害を不拮抗阻害（uncompetitive inhibition）という．また，(7-16)式と（7-17)式の反応が同程度起こる場合，つまり阻害剤が酵素および酵素 - 基質複合体の両方に結合することによる阻害を非拮抗阻害（noncompetitive inhibition）という．図7-7に示すようにラインウィーバー・バークプロットは阻害形式の解析も可能である．つまり，阻害無の直線に対し阻害がある場合の直線が，y 軸上で交わると拮抗阻害，x 軸上で交わると非拮抗阻害，そして平行になると不拮抗阻害である．しかし，現実には2種類の阻害が混合する場合も珍しくない．

3）酵素反応の利用

食品加工の分野では多種多様な酵素が利用されており，その一部を表7-1に示した．食品加工に利用される酵素のうち約25 %がデンプン加工用である．ここでは，デンプン加工用の酵素であるアミラーゼについて概説する．アミラーゼ

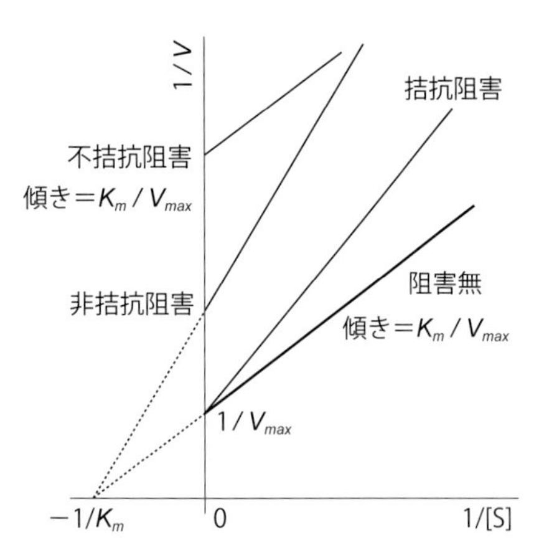

図7-7　阻害がない場合と各阻害形式におけるラインウィーバー・バークプロット

はデンプンの加水分解酵素の総称であり，その中で作用の異なる代表的な3つの酵素を取り上げる．α-アミラーゼはデンプンをα-1,4結合の部分で不規則に切断し低分子化する．そのため粘度が急速に下がり，これを液化という．β-アミラーゼはデンプンのα-1,4結合のみに作用し，デンプン分子の端から順にマルトースに分解していくが，α-1,6結合に出会うと反応が停止し，巨大なデキストリンを残す．グルコアミラーゼは，α-1,4結合，α-1,6結合にかかわらずデンプン分子の端から順にグルコースに分解する．このようにグルコースの重合体であるデンプンなどがマルトースやグルコースに分解されることを糖化という．

4）酵素作用の抑制

生鮮な農産食品や加工度の低い農産食品の場合，内在する酵素により自己消化，酵素的褐変反応，酵素的酸化反応が起こり，フレーバの変化（多くはオフフレーバの発生），テクスチャの変化，外観の悪化，栄養価の低下などを招く．そのた

表7-1　食品加工における酵素の利用

食　品	酵　素	作　用	効　果
パ　ン	α-アミラーゼ	デンプンの分解	パン生地粘度の調節，発酵の促進，生地体積の増加，鮮度および軟らかさの保持
清　酒	アミラーゼ	デンプンの分解	四段掛けにおける蒸米の糖化とエキスの増加
み　そ	プロテアーゼ	タンパク質の分解	大豆タンパク質の分解促進
チーズ	リパーゼ	脂肪の分解	脂肪酸の生成によるチーズフレーバーの改良
果　汁	ペクチナーゼ	ペクチンの分解	果汁混濁の原因物質ペクチンの分解，搾汁効果の増強，果皮分解物の除去
	ナリンギナーゼ	ナリンギンの分解	柑橘類苦味成分の分解除去

（河合弘康：食生活と加工食品，日本家政学会（編），朝倉書店，1989を一部抜粋）

め，関係する酵素反応を抑制する必要がある．その方法の 1 つとして，例えば，青果物を加熱処理すると，酵素を失活させて変質を抑えることができ，これをブランチングという．この他にも pH 調節による酵素の失活や，pH 調節，阻害剤添加，低温，凍結などによる酵素反応速度の低下，そして凍結，脱水および乾燥，低酸素濃度・ガス置換などにより酵素と基質の接触を妨げることあるいは基質除去などの方法がある．

演習問題 7-9

酵素製剤はその量だけではどのくらいの活性があるかわからない．そのため，一定条件下で 1 分間に 1 μmol の基質を変化させる酵素量が 1 酵素単位（unit, U）と定義された．ここで，過酸化水素を 34 wt％含む食品容器用の殺菌剤 1 kg に過酸化水素の分解反応の酵素であるカタラーゼを 4 mg 加えたところ，酸素が毎分 0.01 mol の一定割合で発生した．このとき，このカタラーゼの酵素活性および単位量当たりの活性である比活性はいくらか．

例解　酸素 1 mol の発生は過酸化水素 2 mol の分解に相当するので，酵素活性は 0.01×10^6（μmol/min）$\times 2 = 20\,000$（U）となる．比活性は酵素製剤の量（ここでは質量）4 mg で除して 5 000 U/mg である．ところで，酵素活性の SI 単位はカタール（kat）であり，酵素単位にかわって定義された．1 kat とは一定条件下で 1 秒間に 1 mol の基質を変化させる酵素量であり，60 U ＝ 1 μkat の関係がある．現在，U と kat の両方が利用されている．

第8章

食の安全

1．危害要因とその検出

1）物理的危害要因

(1) 物理的危害要因と異物混入

農産物は基本的に屋外にて生産されることから，異物（extraneous material）混入は避けて通れない食の安全に関わる問題である．哺乳類の体毛，羽根，糞尿，昆虫類の体そのもの，あるいはその一部，圃場にある土砂，小石など，自然界に存在するあらゆる物が異物として混入する可能性がある．ただし一次産品の場合，異物混入はあり得ることとして認識されている．一方，二次産品としての農産加工品の場合の異物の混入は，製造段階において不適切な取扱いがなされたことを意味しており，深刻な問題となる．国民生活センターの全国消費生活情報ネットワークシステム（PIO-NET）によると，農産食品の中でも特に調理食品，菓子への異物混入が多数報告されている．さらに，物理的危害要因としての硬質異物，具体的には石，金属，ガラス，骨，樹脂などの混入は，異物の硬度や形状にも依存するが，口内を切る，歯を損傷するなどの健康被害（肉体的損傷）を生じる危険性があるうえに，危害の有無にかかわらず，購入者の心理的なダメージも大きい．すなわち，農産加工品の製造段階においては製造装置，包装資材などの一部が何らかの原因で製品中に混入する可能性があることを認識したうえで，このことに起因する消費者に対する物理的危害要因を未然に取り除くための方策が必要である．

(2) 製造ラインにおける異物検査

農産食品の安全および安心を保証するためには，全数検査を実施することが望ましく，そのためには検査を非破壊で行う必要がある．製造ライン上での主な非破壊異物検査装置には，金属検出機とX線検出機がある．それぞれに長所と短所があり，特徴を把握したうえで使い分ける必要がある．

a．金属検出機

1820年，Ørstedは電流の周囲に磁界が存在することを発見した．その後1831年にFaradayは，磁束が変動する環境下に存在する導体に電位差が生じる現象を発見した．これは電磁誘導（electromagnetic induction）と呼ばれ，発生した電流を誘導電流という．金属検出機（metal detector）は，この電磁誘導を利用して金属の有無を探知する機器であり，食品加工の場における異物の探査の他にも，地中に埋設されている地雷の探知，空港や港湾における所持品のチェック（ナイフや銃器の探知）など，広く活用されている．

最も汎用的な金属検出機の検出ヘッドの基本構造は，1本の発信コイルと2本の受信コイルで構成されている(図8-1)．発信コイルには交流電流が流れており，電流の垂直方向に磁界が発生する（右ねじの法則）．2本の受信コイルは発信コイルから等距離に置かれ，接続されている．その際，受信コイル内部の自由電子と磁界との間でバランスがとれており，電流は流れていない（バランスドコイルシステム）．金属がコイルを通過することによって磁界に変化が起きるが，それを定常状態に戻そうとする現象として誘導電流が発生する．このように，磁界に存在する磁束が変化すると，その変化を妨げる向きに電流を流そうとする誘導起電力が生じることが知られており，これをLenzの法則という．それを検流器で検出すれば，金属が検出されることとなる．誘導起電力の大きさ V（V）は

$$V = -\frac{d\Phi}{dt} \tag{8-1}$$

ここで，t：時間（s），Φ：磁束（Wb）である．

金属検出は，金属が異物として磁界に入った際の，その非定常状態への変化を電流として検出するものである．すなわち，異物としての金属混入の有無はわかるが，画像などに基づく混入場所の可視化などは行えない．発信コイルが発生さ

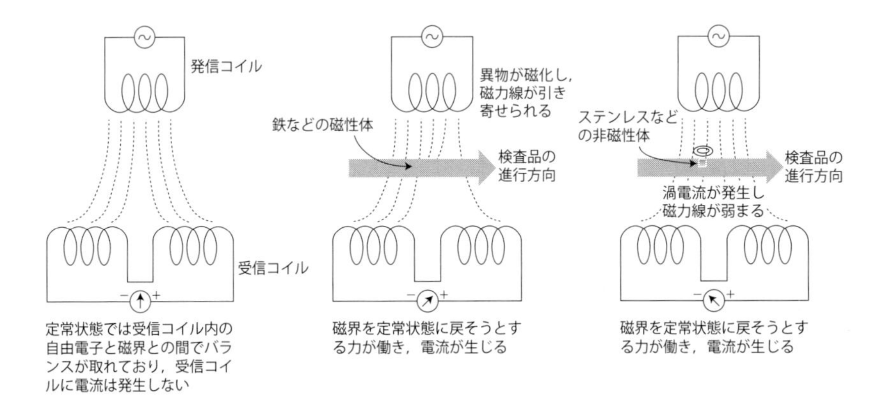

図8-1　電磁誘導を利用した金属検出の原理

せる磁界の範囲内に異物として鉄などの磁性金属が入ったとき，異物自身が磁化して磁力線を吸収することにより，受信コイルに誘導される電圧を高め，その結果プラスの不均衡電流が流れる．異物としてステンレスなどの非磁性体が入った場合，異物自体に渦電流が発生するとともに磁界の磁力が弱まり，マイナスの不均衡電流が流れる（図 8-1）．

b．X 線検出機

X 線は，1895 年に Röntgen によって発見された電磁波（electromagnetic waves）の一種である．波長は紫外線よりも短く，エネルギは大きい．すなわち波長が短い電磁波ほどエネルギが大きく，その関係は

$$E = \frac{hc}{\lambda} \tag{8-2}$$

ここで，c：真空中における光の速さ 2.9979250×10^8 m/s，E：電磁波のエネルギ（eV），h：プランク定数 6.626069 × 10^{-34} J•s，λ：電磁波の波 長（nm）．なお，1 eV = 1.60217657× 10^{-19} J である．

X 線発生装置である X 線管の構造を図 8-2 に示す．真空に保たれた管の中で，フィラメント（陰極）で発生した熱電子が印加された電圧により加速され，重金属製のターゲット（陽極）に衝突すると，電子の運動エネルギのほとんどは熱に変換されるが，一部（1 %以下）が X 線となる．その際，X 線を発生する効率 ε は対陰極元素の原子番号 Z と印加電圧 V（V）に比例する

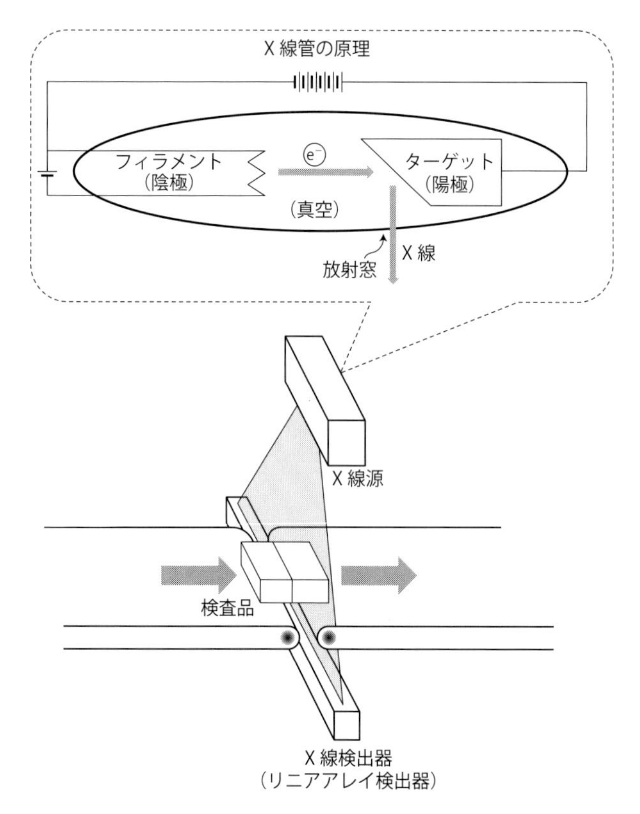

図8-2　X線異物検出機の構成

$$\varepsilon = 1.1 \times 10^{-9} ZV \tag{8-3}$$

X線検出機（X-ray inspection system）には，印加電圧 25 ～ 80 kV，管電流 0.3 ～ 10 mA の範囲の管が使用されている．なお，フィラメントにはタングステン，ターゲットにはタングステン，クロム，モリブデン，金，白金などが使用される．発生したX線は吸収線量の低いベリリウムなどの放射窓を通して検査対象物に照射される．

照射対照としての農産食品と異物との間のX線吸収量の違いを調べるX線吸収分析により異物を検出する．入射X線の強度を I_0，透過後のX線の強度を I，吸収体の厚さを w（cm），吸収体の密度を ρ (g/cm^3)，自然対数の底を e とすると，ランバート・ベール（Lambert-Beer）の法則に準じ

$$I = I_0 e^{-\mu w \rho} \tag{8-4}$$

ここで，μ (cm^2/g) は質量吸収係数と定義され，X 線の波長と吸収体に含まれる元素の種類に依存する．2 種類以上の元素を含む物質では加成則が成り立ち

$$\mu = \sum_i \mu_i r_i \tag{8-5}$$

ここで，r：質量比率，下付字 i：各元素を表す．

透過光を，シリコン半導体をセンサとするリニアアレイ検出器で受光した際に光電効果により発生した電流の強度を信号として濃淡画像を作成し，異物を検出する．例えば，異物が存在する部分は X 線の透過量が少ないために暗い画像として写るため，検出が可能となる（図 8-3）．

検出可能な異物は，金属，石，骨，ガラス，プラスチック片など，農産食品と比較して X 線吸収量が有意に大きい物体であり，毛髪，紙，プラスチックフィルムなど，吸収量が農産食品と同等の異物については，検出が困難である．

食品，添加物などの規格基準（昭和 34 年厚生省告示第 370 号）では，食品の製造工程又は加工工程において，両工程の管理のために照射する場合であって，食品の吸収線量が 0.10 Gy 以下のときには，放射線の照射が認められている．実際の吸収線量は規制値の 1/10 ～ 1/100 に抑えられているため，異物検査に X 線を利用することは，法律上問題はない．また，作業者に対する規制は電離放射線障害防止規則（昭和 47 年労働省令第 41 号）において，外部放射線による実効線量と空気中の放射性物質による実効線量との合計が 3 ヵ月間につき 1.3 mSv を超えるおそれのある区域には，装置の周辺に管理区域を設けるとともに，X 線作業主任者を置くよう規定されている．しかし，通常の異物検査器では漏洩 X

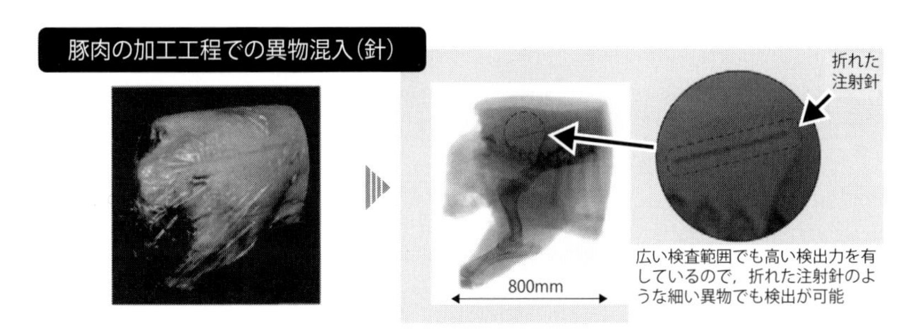

図8-3　X 線異物検出機による検査事例
（写真提供：浜松ホトニクス株式会社）

線量は 1 μSv/h 以下に抑えられているため，検査器の稼働時間を 14 h/d 以下にすれば，管理区域の設定などは不要となる．

演習問題 8-1

タングステンをターゲットとする X 線管において印可電圧を 50 kV とした場合の X 線の発生効率を求めよ．

例解　タングステンの原子番号は 74 なので，$1.1 \times 10^{-9} \times 74 \times 50 \times 10^{3} =$ 0.00407．百分率では 0.407 %．

c．金属検出機と X 線検出機の特徴

両機器は，物理的危害要因に対するオンライン異物検出用主力機器であるが，検査効率を最大限に向上させるためには，それぞれの特徴を把握したうえで検査を実施することが必要であることはいうまでもない．そこで，両機器の性能など特徴比較を表 8-1 にまとめた．X 線検出機は金属検出器に比べて多種の異物に対して検出能を有し，X 線吸収量が大きい金属はもとより，骨，プラスチックなど幅広い異物の検出に威力を発揮する．しかし，放射線遮蔽を要する，そのために大型化する，価格が高いなど，懸念すべき点もいくつかある．金属検出器は金属のみしか検出できないという問題点はあるが，錆など薄い金属に対しては X 線よりも検出感度が高い，電磁誘導を使用しているため安全であるなど，利点もある．ただし，表 8-1 に示す通り，磁性体である鉄の方が非磁性体であるステンレスよりも検出感度が高く，金属の種類によって感度が異なるという特徴もある．以上のことから，各工場で懸念するべき物理的危害要因を考慮したうえで，適切な機器を選択し導入することが，食の安全および安心につながるといえる．

表 8-1　オンライン型異物検出器の特徴比較

項　目	金属検出器	X 線検出機
検出原理	電磁誘導	電磁波吸収
検出対象	金　属	金属，石，ガラス，骨，プラスチック片
検出感度	鉄球 φ 0.25 ～ 1.2 mm SUS304 球 φ 0.6 ～ 2.3 mm	金属球 φ 0.2 ～ 0.6 mm 金属ワイヤ 0.2 × 2 mm
人への安全性	磁界を使用しているため無害	X 線漏洩への注意が必要
装置質量	70 ～ 200 kg	200 ～ 700 kg
価　格	100 ～ 200 万円	600 ～ 1 000 万円

演習問題 8-2

農産食品の製造ラインで使用される異物検出機に必要な条件を述べよ．

例解　工場などにおいて混入が想定される危害要因（異物）を精度よく非破壊で検出できること．X 線検出機については，消費者，作業者に対する安全性が保証されていること．

2）生物的危害要因

金属・プラスチック片などの異物混入による物理的危害，天然・合成毒素，農薬や環境汚染物質の混入による化学的危害も含めた世界中で発生する食品事故のうち，微生物や昆虫，小動物の混入が原因とされる生物的危害（biohazard, biological hazard）の割合は最も高い．農産物や食品の保存性および安全性を高度に確保するに当たり，収穫から保存，食品加工，流通にわたるすべての工程において，微生物汚染を初めとした生物的危害を迅速かつ精確に把握し，適切な対応策を講じることが，食の安全上きわめて重要である．

わが国では，毎年のように報告されている小型球形ウイルス（ノロウイルス, Norovirus）による食中毒をはじめ，1996 年に発生した大阪での大規模な食中毒事故によりその名が知れわたった腸管出血性大腸菌 O157：H7（*Escherichia coli* O157：H7），2011 年には焼肉店で提供された生肉（ユッケ）が原因で発生した同 O111，2000 年の乳業会社による黄色ブドウ球菌（*Staphylococcus aureus*）による健康被害は記憶に新しい．また，欧州においても，2011 年にはヨーロッパで生食用野菜に付着した O104 が原因とされる大規模食中毒が発生し，48 人が死亡するなど，病原性微生物による食品事故例は枚挙に暇がない．これら食中毒原因菌に汚染されている食品の経口摂取による腹痛，下痢，嘔吐，発熱などの健康被害に加え，昆虫や小動物の食品への混入も，見た目や風味といった商品性の低下およびそれに伴う消費者クレームにも直結する重要な問題である．

現在，食の安全を高度に確保するに当たり，HACCP（Hazard Analysis and Critical Control Point，危害分析重要管理点），GAP（Good Agricultural Practice，適正農業規範），GMPs（Good Manufacturing Practices，適正製造規範），ISO（International Organization for Standardization，世界標準化機構），SQF（Safe Quality Food，安全品質食品基準），食品衛生 7S（整理，整頓，清掃，洗浄，殺菌，

躾，清潔）など，さまざまな規格およびシステムが導入されているが，このようなシステムが円滑かつ適正に実施されるためには，科学的データおよび知見に基づいた危害要因の分析と検出技術の導入が必須である．

生物的危害の検出では，内閣府食品安全委員会，農林水産省消費安全局，厚生労働省医薬食品局が定める各種法案・指針に基づいた検査方法により実施されている．例えば微生物検出では，培養培地を用いた生菌数検査が代表的な検査方法である．しかしながら，近年の学術的知見と技術の発展に伴い，より正確かつ迅速な生物的危害の検査手法が公的にも実施されているのも現状である．本項では，代表的な生物的危害，およびそれら危害の検査方法に関して，特に微生物の検査および検出に関連する基礎的な方法について述べる．

(1) 食の安全および品質に影響を及ぼす生物的危害要因

一概に生物的危害要因といってもさまざまであるが，表 8-2 に主なものを列挙する．

微生物が原因となる食品事故では，細菌のみならず，カビ（糸状菌）や酵母など真菌類の増殖も食の安全を脅かす生物的危害である．細菌では，食中毒の発生は感染型と毒素型に大別できる．サルモネラ（*Salmonella*）や腸管出血性大腸菌，リステリア（*Listeria*）は代表的な感染型食中毒の原因細菌である．一方，代表的な毒素型食中毒の原因細菌は，黄色ブドウ球菌，ボツリヌス菌（*Clostridium botulinum*）があげられ，特にボツリヌス毒素は自然界でも最も強力な毒素の 1

表 8-2 食品，農産物における生物的危害要因一覧

		代表的なもの
微生物	細　菌	大腸菌，サルモネラ属菌，黄色ブドウ球菌，リステリア菌，カンピロバクター，腸炎ビブリオ，ボツリヌス菌，セレウス菌，緑膿菌，セラチア，エルシニアなど
	真菌（カビ，酵母）	アスペルギルス，ペニシリウム，カンジダなど
	ウイルス	ノロウイルス，コイヘルペスウイルス，肝炎ウイルス，SARS，鳥インフルエンザウイルスなど
	原　虫	クリプトスポリジウムなど
寄生虫		アニサキスなど線虫（回虫），エキノコックスなど
昆虫など		ハエ，ダニ，アリ，ゴキブリ，カメムシ，ムカデ，ヤスデなど，およびそれらの幼虫，卵
小動物		ネズミ，鳥

つとされている．カビによる健康被害では，一部の *Aspergillus* や *Penicillium* が産生するアフラトキシン，オクラトキシン，パツリンなどのカビ毒（mycotoxin）による食中毒の他，形成された分生胞子の吸引による呼吸器系疾患などが報告されている．

寿司や刺身などの魚介類の生食では，腸炎ビブリオ（*Vibrio*）やノロウイルスなどの微生物危害のみならず，イカやサバに見られるアニサキスなど寄生虫による健康被害も多く報告されている．線虫（回虫）は適切な洗浄や加熱処理により除去および殺滅が可能であり，高度な衛生環境の改善からわが国では近年の感染例は少なくなっているものの，衛生環境レベルが低い途上国およびそれらからの輸入食品，川魚の生食などでは十分に注意する必要がある．

ゴキブリやハエ，鳥，鼠族は，そのものが衛生被害の主要因となることに加え，病原微生物や寄生虫を運ぶ媒介要因としての役割にも注意する必要がある．食品工場や選果施設などへの侵入により重大な被害が発生する可能性があるため，侵入防止システムなどの施設管理の徹底が重要となる．

(2) 生物的危害の検出法

a．培養法による微生物検査

食品，農産物に存在する微生物を検出する方法はさまざまであるが，培養培地を用いた培養法が一般的に広く用いられている検査方法である．培養法では，天然成分あるいは人工成分を含有した培地に菌体を接種し，一定時間培養して増殖した微生物数を測定し，生育可能微生物数（viable count，生菌数）を求める他，微生物個々が有する生育特性を考慮した選択的培地を用いて，目的の微生物のみを検出することが可能である．検査目的の微生物によって成分および種類はさまざまであり，例えば大腸菌群はデソキシコレート寒天培地，グラム陰性細菌はクリスタルバイオレット培地，乳酸菌は MRS（de Man，Rogosa，Sharpe）培地，真菌類はポテトデキストロース培地，カビはツァペック培地，というように，微生物の種類や状態の数だけさまざまな種類の培地が存在する．液体培地で培養させた場合は，分光光度計による吸光度測定や，血球計算盤を用いた顕微鏡観察による直接計測によって生菌数を測定する．また，1～2％程度の寒天を含有させた培地では，表面に微生物を含む懸濁液を一定量塗布したあとに一定温度，一定時間培養し，出現コロニーをカウントする（コロニーカウント法，colony count method）ことによって生菌数を測定する．食品工場内空間の浮遊微生物を測定する際に利用されるエアーサンプラを用いた捕集法や落下菌法においても同様に培養法が利用される．

一般的に，生鮮農産物や加工食品に存在する微生物を検出する場合には，中温〜やや高温（25〜35℃前後）において旺盛な増殖能を有する微生物を検出することが可能な培地を用いる必要がある．標準寒天培地を用いた一般生菌（あるいは中温性好気性細菌），デソキシコレート寒天培地を用いた大腸菌群（大腸菌ではないことに注意）の測定は必須である．これらに加え，微生物の生育に影響が考えられる要素および目的に応じて，使用する培地の種類を増やす必要があることに留意しなければならない．

微生物を取り扱う実験では，無菌操作について細心の注意を払わなければならない．無菌操作ができなければ，目的以外の微生物が混入（contamination）し，精確な実験結果を得ることが困難となる．このため，微生物実験では通常，無菌装置としてクリーンベンチや高圧蒸気殺菌装置（オートクレーブ，autoclave）などを使用する．また，微生物の研究では，病原性の程度によってバイオセーフティーレベルが設定されており，例えば，納豆菌，乳酸菌などは病原性がないためレベル1（L1），サルモネラ，黄色ブドウ球菌，大腸菌O157：H7などはレベル2（L2），炭疽菌などはレベル3（L3）となる．農産物の腐敗を取り扱う場合はL1，農産物や食品の食中毒を取り扱う場合はL2の実験設備を有することが必須条件となる．

b．分子生物学的手法による微生物検査

生物的危害の検査検出では，前記の培養法による生菌数の測定が標準法であるが，近年の分子生物学的技術の発展に伴い，微生物が持つ遺伝子塩基配列の分析を利用した検査も一般的な方法として確立している．これを利用すれば，微生物の属，種のみならず，その病原性，毒素生産能，変異など，さまざまな情報を得ることが可能であり，より高度な食の安全を確保するうえできわめて重要な手法であるといえる．ここではさまざまな検査がある中で，最も基礎的である微生物属種の同定について述べることとする．

遺伝子配列情報を利用した微生物検査では，基本的には，①微生物の単離，②

遺伝子の抽出，③ポリメラーゼ連鎖反応（polymerase chain reaction，PCR）による目的遺伝子配列の増幅（図 8-4），④サイクルシークエンス法と塩基配列解析装置（DNA シークエンサ）による塩基配列解析，⑤データベースとのマッチング解析を経て，微生物の属種を同定することができる．このプロセスにおいて，特に③の PCR による目的遺伝子配列の増幅は，現代の分子生物学における実験の基礎ともいえる技術である．微生物属種の同定では，リボソームにおける 16S-rDNA（細菌）や 18S-rDNA（真菌）などを利用するが，ターゲットとなる遺伝子配列領域の違いをもとに，病原性，変異原性など，微生物それぞれが有

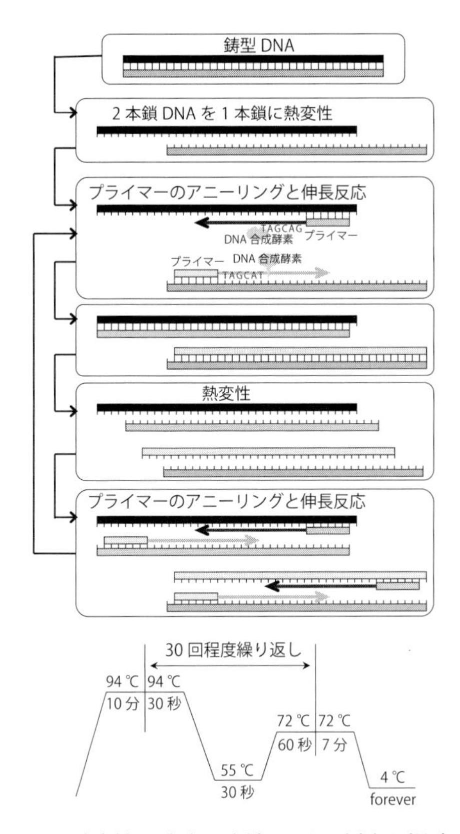

図8-4　ポリメラーゼ連鎖反応（PCR）法の原理（上）と温度変化の例（下）
94℃で２本鎖 DNA を１本鎖に変性させたのち，55℃まで冷却することでプライマーをアニーリング（結合）させる．その後，72℃に加熱すると，DNA 合成酵素の働きにより DNA 鎖が伸長する．この温度変化を 30 回程度繰り返すと，鋳型 DNA を数万～数百万倍に増幅させることが可能となる．

する特性を分析することが可能である．近年ではPCRを応用したリアルタイムPCRやLAMP（loop mediated isothermal amplification）法など，さまざまな方法が考案，利用されている．

c．ATPを利用した微生物検出

ATP（アデノシン三リン酸，adenosine triphosphate）は，あらゆる生物のエネルギ源として，TCAサイクルなどによって作られるが，ATPの存在は，「そこに生命体が存在すること」と同義であるといえる．すなわち，生物的危害の多くは微生物が原因であるが，微生物（汚れ）が存在するのであれば，ATPが必ず存在しており，これを検出および定量評価することで微生物の存在を検知することが可能となる．培養法で必要であった一定時間（一般的には24～48時間）の培養を必要とせず，食品工場などの現場において即座に判定可能であることが大きな利点である．現在，蛍光物質であるルシフェラーゼ（luciferase）発光を利用した方法が広く利用されている．蛍光の強度を分光光度計などで測定することにより，微生物数（汚れの程度）をある程度把握することは可能であるが，死菌および生菌の区別，属種の判定には用いることはできない．

d．顕微鏡観察による検出法

微生物がコロニーを形成させたのち，また寄生虫が成長したあとは目視による観察が可能であるが，細胞や卵および孵化直後の形状あるいは食品上での存在状態を知るうえでは，顕微鏡による観察がきわめて重要である．一般的な光学顕微鏡は低価格で操作も容易であるため広く利用されているが，生物としての特徴をより詳細に観察するために，さまざまな顕微鏡が用いられる．下記は，生物的危害を把握するために利用される代表的な顕微鏡であるが，この他にもプローブ顕微鏡（probe microscope）やX線顕微鏡（X ray microscope）も生物的危害を把握することが可能な顕微鏡である．観察対象の状態を十分に把握し，適切な顕微鏡を用いることが重要である．

①**明視野生物顕微鏡**（biological microscope）…光の透過を利用した一般的な生物観察に用いられる．倍率は数十～2 000倍程度．プレパラート上に試料を載せて観察する．染色剤を用いる場合も多い．一般的に価格は低い．

②**電子顕微鏡**（electron microscope）…測定対象物に電子線を照射し，反射あるいは透過した電子を検出することで観察する（走査型電子顕微鏡，scanning electron microscope（SEM）；透過型電子顕微鏡，transmission electron microscope（TEM））．分解能が非常に高く，理論的には 0.1 nm 程度とされている．サンプルは金属製あるいはプラスチック製の試料台に乗せて観察する．観察部を高真空にした大掛かりな装置と，アルコールを用いた脱水およびイオンコーティング処理といったやや煩雑な作業が伴うが，近年では小型で湿潤試料も観察可能な低真空型電子顕微鏡も開発されている．一般的に価格は高い．

③**蛍光顕微鏡**（fluorecent microscope）…測定試料が発する蛍光シグナルを観察する．測定試料に高圧水銀灯やキセノン灯を照射し，生物そのものが有する蛍光物質の励起波長を観察するが，さまざまな蛍光剤により染色した試料を観察する場合も多い．特別煩雑な処理は必要としないが，時間の経過とともに蛍光が小さくなることに注意する必要がある．一般的に価格は中程度．

④**共焦点レーザ顕微鏡**（confocal scanning laser microscope）…蛍光顕微鏡と同様に測定試料が発する蛍光シグナルを観察するが，光源としてガスレーザや半導体レーザを用いる．レーザ照射された測定試料は励起光を発し，これを検出するとともに，光を電気信号に変換してコンピュータで解析する．試料内部に焦点を結び，*x-y* 方向に走査することで試料内部の情報を得ることができ，試料ステージを上下させて複数の二次元画像を取得したのち，再合成することで三次元の立体像としての観察が可能である．一般的に価格は高い．

e．MRI，X 線 CT による昆虫および小動物の検出

生命体を構成する原子のうち NMR 核を持つ原子は，その核スピンにより磁石の性質を有するが，生命体中ではその方向はさまざまであり，全体としては打ち消されている．しかし，これが強い静磁場内ではその方向が揃うこととなり，ここに原子核それぞれに固有の周波数を有する電磁波を照射すると共鳴することとなる．電磁波の照射を停止させ，共鳴状態から定常状態に戻るまでの時間（緩和時間，relaxation time）は，生命体の組織や部位といった特徴によって異なることが知られている．MRI（核磁気共鳴画像法，magnetic resonance imaging）では，このような緩和時間の違いを画像化することにより，食品や農産物内部に存在する昆虫などの異物を検出することが可能となる．

一方，X 線 CT（computed tomography）を用いた異物検出では，対象とする農産物の全方位から X 線を照射し，透過中の X 線の減衰程度を検出器によって

測定し，これを画像化することを利用したものである．

MRI，X線CTともに，機器の高価格により医療関連分野においては多く導入されているものの，農産物や食品の異物検出分野への導入例は少ない．

演習問題 8-3

農産物や食品における生物的危害は，物理的危害や化学的危害と比較して検出が困難となる場合が多いが，その理由を述べよ．

例解 生物的危害では，危害対象が微生物，昆虫，小動物など，食品そのものを構成する物質と同じ有機体から構成される．そのため，例えば食品から微生物を検出する場合には，ある程度の培養期間が必要となり，物理的危害や化学的危害と比較して，即時の検出は困難となる．また，汚染時には全く問題ないレベルの微生物数（検出限界以下）であったとしても，最終製品（販売）の段階で汚染が発覚する場合も多い．顕微鏡やMRI，X線CT技術を用いて昆虫や小動物の混入を検出する場合には，設備導入コストに関して大きな障害があることにも，生物的危害の検出が困難である理由を見ることができる．生物的危害の防止のためには，農産物の栽培から食品加工，流通に至るすべての工程において，施設・環境管理による危害の侵入（付着），増殖の防止に加え，従事者の徹底した衛生管理教育が必要となる．

3）化学的危害要因

(1) 食品における化学的危害要因

自然発生的なものとして，カビ毒（マイコトキシン，カビ毒の総称）がある．デオキシニバレノール（DON），ニバレノール（NIV）などに代表されるカビ毒は，特に小麦やトウモロコシ類において，赤カビ病菌が産生するカビ毒の一種である．DONの汚染は，穀類の収量・品質低下を招くばかりでなく，汚染穀物を摂取したヒトや動物に嘔吐，下痢，頭痛などの有害作用を示すため，世界中で重大な問題となっている．この場合，カビ自体の発生が危害を与えるわけではなく，そのカビが生成する毒素が危害を与えるもので，カビ毒は熱にも強いため，調理後も残留するとされている．また，さらに深刻なカビ毒には，アフラトキシンがある．アフラトキシンは，主にB1，B2，G1，G2をはじめとするカビ毒の総称であり，熱帯・亜熱帯地域に生息する菌が生成するため，主に落花生，豆類，香辛料，木の実類，穀類などの輸入農産物で検出されている．肝臓障害，発がん性が指摘されており，厚労省でもリスク評価がなされ，規制の基準値が決められている．

また，農産物においては，残留農薬も危害要因の1つである．従来は，明らかに危害要因となる農薬に関してだけ規制をし，それ以外は原則規制がない状態（ネガティブリスト制度）であったが，新たな農薬の種類が増え，リストにない農薬は残留があっても規制ができなかったことから，2003年に食品衛生法が改正され，原則規制（禁止）された状態とし，使用を認めるものについてリスト化するポジティブリスト制度に移行がなされている．したがって，使用が許されている農薬は，基本的に残留基準が示されており，数値が示されていない農薬は，一律基準として0.01 ppmが適用され，それを超える場合は流通が禁止されている．

その他，重金属（コメにおけるカドミウムなど），抗生物質（養殖魚，畜肉など），食品添加物および色素（加工食品など）なども危害要因としてあげられ，厚労省において，それらの許容基準が規制されている．

(2) 危害要因の測定アプローチ

食品は，その種類がさまざまであるだけでなく，その構成物は生体由来で，複雑，多様であることが特徴である．一方，危害要因は，多くは微量であるため，その測定には複雑，多様なバックグラウンドの中において，ごくわずかな危害物質を検出しなければならない困難さが伴う．

まず，その測定の目的として，大きく分けて定性か定量かという2つの側面が考えられる．定性とは簡単にいえば，どういった危害要因があるかないかを確認するレベルであり，それが確認できたら，次にその危害要因がどれくらい含まれているかを定量することが必要となる．そして，最終的にはこれらの情報から，結論（対処法）を判断することになる．

次に，測定手段としては，化学分析と機器分析という側面（図8-5）があげられる．ここでいう化学分析とは，特異試薬との化学反応を利用して色の変化や沈殿生成などの化学変化を観察することによって物質の確認，検出，定量を行う手法を意味し，一方，機器分析は，物理計測手法を機器化して，必要な物質情報を装置信号として自動的に取得できるようにした装置を駆使した手法を意味してい

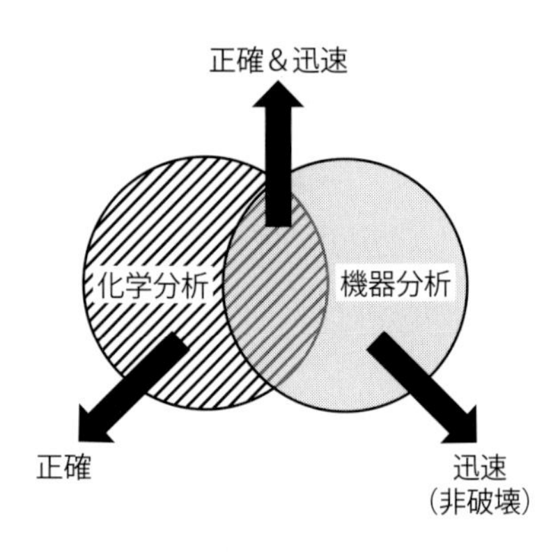

図8-5　計測における２つの側面

る．ただし，現実的には，それぞれ単独で成り立つことは限られており，多かれ少なかれ，両方の手法が目的に応じて使い分けられながら，双方が用いられているハイブリッド手法であり，どちらがメインかによりその得失が異なってくる．

例えば，化学分析においては，手間はかかるが，正確さと再現性に優れていることが多く，機器分析においては，逆に非破壊や迅速性に優れるという傾向がある．したがって，一例をあげれば，厚労省が法令で定める公定法の分析手法は，どちらかというと化学分析の側面が強調された手法を採用しており，一方，現場で使いやすいスクリーニング手法（簡易代替手法）として用いられる場合は，機器分析が主体となった非破壊的な方法が好まれる傾向がある．しかしながら，後者の開発には，必ず公定法のような正確な結果を採用して初めて，迅速に計測できる物差しが開発できるので，両者はどちらに優劣があるというよりは，お互いに補完する関係にあり，利用目的により使い分けるという形があるべき姿であるといえる．

(3) 具体的な測定手法

a．液体クロマトグラフィ，ガスクロマトグラフィ

クロマトグラフィとは，物質を成分ごとに分離する手法であり，もともとは植物色素が色（ギリシャ語で chrōma）の違いで分けられたことに由来している．液体クロマトグラフィは，互いに混じり合わない２つの相，すなわち固定相（カラム）とそれと接しながら流動する移動相（溶媒）とで構成された系の中で，物質を分離する方法であり，さらに圧力を使って溶媒の流速を早くすることで，高速化された装置が高速液体クロマトグラフィ（HPLC，図 8-6）である．一方，ガスクロマトグラフィ（GC，図 8-7）は，移動相が溶媒ではなく気体であり，試料は導入部において 100℃から 300℃の高温で気化され，窒素やヘリウムなどのキャリアガスによりカラムに導かれる．各成分によってカラム内を通過する移

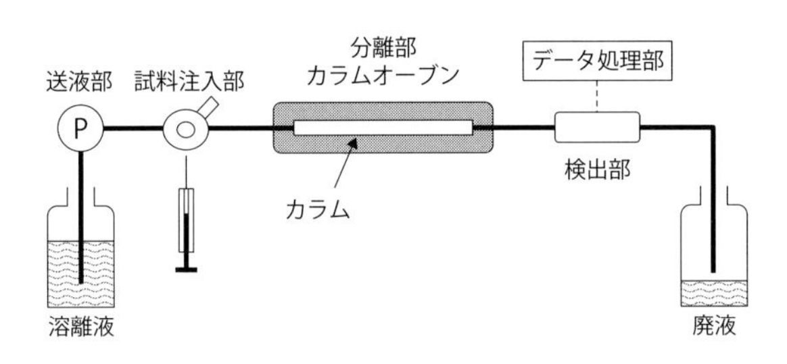

図8-6　高速液体クロマトグラフィの構成

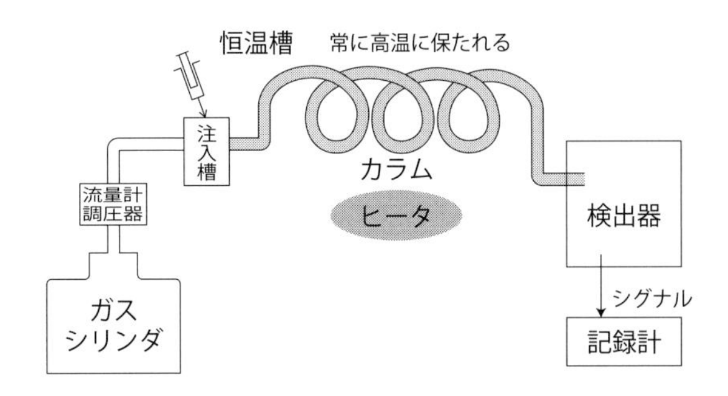

図8-7　ガスクロマトグラフィの構成

動速度に違いが起こり，カラムの出口では別々に分離され，検出器により検出される．これらのクロマトグラフィでは，横軸が試料を注入してからの経過時間，縦軸が試料の検出強度を表しており，実際の解析においては，このピーク位置と既知の標準試料を測定したピーク位置から未知試料の同定をし，また，ピークの面積から，その量を定量することができる．ガスクロマトグラフィは，比較的気化しやすい（揮発性）物質の分析，高速液体クロマトグラフィは熱に不安定で気化しにくい（不揮発性）物質の分析に向いている．また，分析精度は，既知の試料を流したときの回収率と検出限界により示される．農薬に関しては 70 %以上の回収率になるような測定法が望ましいとされている．

b．イムノアッセイ

公定法による化学分析では，時間と高額な分析装置および分析スキルが要求されることが多いため，現場では誰でも迅速に測定する手法が望まれる．イムノアッセイ法は，イムノ（＝免疫）とアッセイ（＝測定）を組み合わせた免疫測定法であり，ウイルス（抗原）に対して特異的に結合する抗体の仕組みを使い，微量な危害物質に特異的に結合する物質を作成し，その結合物質を測定することで，誰でも迅速にある程度の精度で測定する手法である．カビ毒や農薬分析には，このイムノアッセイを利用した手法が一部で実用化されている．

c．質量分析法

質量分析法（mass spectrometry, 以下 MS, 図 8-8）は，きわめて少量の試料で，信頼性のある分子量を測定する方法である．田中耕一氏のノーベル賞受賞は，それまで不可能であった生体を構成するタンパク質の分子量を，この質量分析法で測定できる道を拓いたことに対して授与されている．

基本原理は，試料を高真空下において，何らかの方法，例えば高エネルギの電子を当てるなどすれば，電子がはじき飛ばされ正の電荷を持つイオンが生成する．このイオン化した分子が磁場の中を通過すると，イオンに横向きの力が働き（フレミング左手の法則），そのイオンの持っている質量数に応じて，軽いイオンほど曲げられる．すなわち，ある特定の磁場の強さでは特定の質量を持ったイオンだけがうまく曲げられて検出器に到達する．縦軸にイオン強度（イオンの量），横軸に質量電荷比（m/z，m：イオンの質量，z：電荷）とした質量スペクトルが得られる．実際には，ほとんどは $z=1$ のため，横軸はほぼ質量（分子量）とみなせる．したがって，質量スペクトルの横軸の分子量からどのような化合物であるかがわかり（定性），縦軸からその量を知ること（定量）ができる．

実際の測定では，質量分析装置だけで用いられることは少なく，その前段で，液体クロマトグラフィ（LC）やガスクロマトグラフィ（GC）で試料の混合物をある程度分離して，分離した多数の成分を MS で定量することで微量成分を無駄

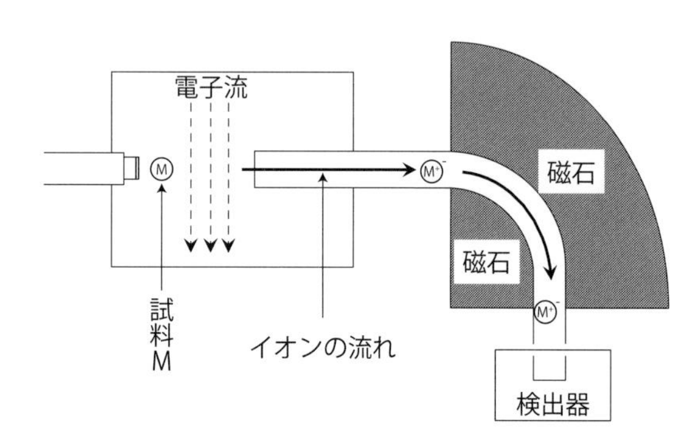

図8-8　質量分析計の原理

なく，感度に分析することが可能になる．また，後段において，質量分析計を２台直列につなげ，さらに高感度に定量を行う測定法もある．例えば，LC/MS/MSとは，液体クロマトグラフ・タンデム型質量分析計のことであり，食品衛生法におけるポジティブリストによる食品残留農薬の一斉分析に採用されている．また，カドミウムや鉛などの重金属の測定には，誘電プラズマ（ICP）によりイオン化する手法と質量分析装置を組み合わせたICP質量分析装置（ICP-MS）が公定法として採用されている．

d．光学的手法

光を使った機器分析手法は，前処理不要な迅速・簡易分析としてさまざまな応用が試みられている．ここでは，最も新しい蛍光指紋（図8-9）の事例を紹介する．通常，蛍光とは図8-9（左）に示すように，ある特定波長成分だけからなる光（励起光）を試料に照射し，それによって生じるさまざまな波長の光（蛍光スペクトル）のことを指す．日常では，蛍光灯の白色光は，蛍光管の内側から目に見えない紫外域の光が蛍光管内側に塗られた蛍光体に照射され，幅広い波長域を持った白色光を生じる蛍光現象である．そして，このような蛍光現象を利用して，さまざまな化学成分の判別および定量を行うのが蛍光分析法で，感度が通常の吸収分光法と比較して非常に高いのが特徴である．しかしこの場合は，刺激（特定の励起波長の光）が１種類，それに対する応答（蛍光スペクトル）が１本という１組の刺激と応答の情報を解析することになる．しかしながら，情報は多ければ多いほど，その中に含まれる有用な情報が抽出できる可能性が高い．そこで，情報量を多くすることを考える．それには，刺激を複数にし（つまり，複数の励起波長を順次走査して照射），それに対する応答（蛍光スペクトル）も複数本得られれば，図8-9（右）のような３次元の膨大な情報が得られる．この３次元データを上から見れば，等高線図のようなパターンが観察される．このパターンは，その試料特有の蛍光特性がすべて表現されたものと考えられ，蛍光指紋（fluorescence fingerprint），または励起蛍光マトリクス（excitation emission matrix）と呼ばれている．

従来の蛍光は主に輝度値がピークの情報のみを解析することが多かった．確かに単一の際立った蛍光成分が目的ならそれで済むが，最近のセンサ技術は飛躍的に向上し，目に見えるような強い光の情報だけでなく，わずかなエネルギ収支に

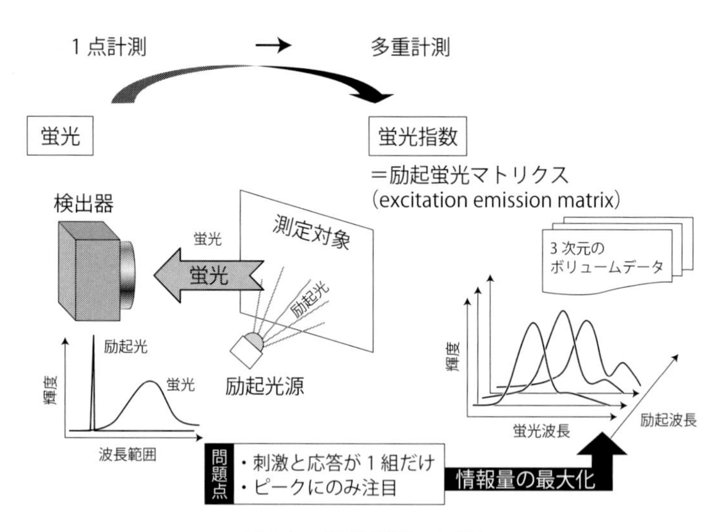

図8-9　蛍光指紋の原理

よるさまざまな反応もデジタル量で捉えることができる．すなわち，蛍光スペクトル上の微小な凹凸，ショルダや，さらに蛍光のない低レベルでも拡大すれば何らかの情報が確認できる．そこで，解析対象をピークだけに限定せず，すべての領域を平等に取扱いながら，必要な情報のみをうまく抽出するモデルを構築すること，すなわちデータマイニングは，昨今のコンピュータ技術が得意とするところである．

実際の応用例として，小麦粉の蛍光指紋から，ppm あるいは ppb オーダーの3種類のカビ毒（DON，NIV，ZEA）の同時推定に成功しており，また，ナツメグの抽出液からアフラトキシンの推定も可能であることが示されている．その他，マンゴーとサトイモの産地判別，そば乾麺におけるそば粉と小麦粉の混合割合の推定，穀粉の種類および等級の判別，食肉表面における一般生菌数の推定などの応用事例もあり，今後，食品の安全性と信頼性確保のための有力なツールになると期待されている．

演習問題 8-4

農薬の検査は，どのような測定が行われているか述べよ．

例解　大きく分けて，多くの農薬などを対象に一度に試験する一斉分析法と個別分析法が厚生労働省から指定されている．一斉分析法は，質量分析計を基本にしており，揮発性で低分子の物質の場合は，ガスクロマトグラフィと組み合わせたGC/MSで測定され，熱に不安定または不揮発性の物質，あるいは高分子量の化合物の場合は，液体クロマトグラフィと組み合わせたLC/MSにより測定される．測定結果はデータベースと照合することで，数百点以上に及ぶ多成分の同定と定量がなされる．一方，個別分析法は，規制対象成分が複数ある農薬など，一斉分析法では網羅できない物質に対して行われ，ガスクロマトグラフィや液体クロマトグラフィが用いられる．

2．加熱殺菌

農業・食品加工プロセスにおける熱的操作の主たる目的の1つとして，保蔵性を延ばすこと，つまり賞味期限の延長があげられる．熱的操作における保存効果に関しては，物理的側面として食品の水分活性の強制的な低下，また微生物学的側面としては初期菌数の低減が考えられる．物理的側面の食品の水分活性の強制的な低下に関する操作である乾燥に関しては，第6章を参照のこと．一方，微生物学的側面の初期菌数の低減に関する具体的な操作としては，殺菌が代表的である．また，いくつかある殺菌・静菌技術において最も重要な位置を占めているのは加熱殺菌である．ここでは，加熱殺菌の原理と微生物の耐熱性について概観し，微生物の耐熱性の表示方法を整理したうえで，加熱プロセスにおける殺菌操作の特徴について速度論的な視点からその特徴について言及する．

1）加熱殺菌の原理と微生物の耐熱性

加熱殺菌には，対象物の特性や種類によっていろいろな方法があるが，一般には373 K以下の加熱による低温殺菌（pasteurization）と，373 K以上の温度での高温殺菌（sterilization）に分けられる．これは，標的微生物が異なるためで，前者は栄養細胞，後者は細菌胞子（芽胞）の殺菌を目的としている．これら2種類は耐熱性がきわめて異なることを考慮する必要がある．その際，前者は動的代謝を行っているのに対し，後者は休眠状態にあることを理解することが重要となる．また，微生物の栄養細胞の間でも耐熱性に著しい相違がある．

このような微生物の耐熱性は，複雑な化学的，生物的ならびに形態的な性質の総合結果として表れるものである．その第１は遺伝的に支配されていることはいうまでもないが，微生物の置かれている環境条件によっても耐熱性は変化することがある．

微生物の熱抵抗性に及ぼす因子としては，加熱前歴，加熱時，加熱後の３つに区別することができる．３つの中で，加熱時の諸条件が最も重要であることはいうまでもない．微生物の耐熱性に対する加熱前因子としては，遺伝的要因，細胞蘇生，細胞形態などと，細胞を取りまく環境因子があげられる．加熱時に微生物の死滅に対して影響を及ぼす因子としては，加熱温度，時間はもちろんのこと，細胞濃度，菌塊の存在，加熱培地としての性状などがあげられる．一般に，加熱処理後，微生物はある一定の条件下に置かれることが多いが，このときの環境条件が重要となってくる．加熱によって致死的な損傷を受けているものはともかくとして，それよりも軽度な損傷を受けている細胞は，加熱後の条件によって生死いずれにも至ることになる．この種の細菌を通常，非致死的損傷微生物（sublethally injured cells）という．

近年，食品流通機構の拡大に伴い，非致死的損傷微生物に関する注目が高まっている．食品は製造，加工，貯蔵などのプロセスで加熱，濃縮，冷蔵，冷凍，解凍，乾燥などの処理を受け，食塩，砂糖，各種添加物が加えられたり，また機械や器具の洗浄，消毒の際にしばしばサニタイザーが使われる．これらの物理的・化学的処理は，食品中の微生物やその周辺に存在する微生物に対して，それぞれ程度の差こそあれ作用を及ぼす．その結果，一部の微生物は死滅するが，一部のものはストレスを負い，非選択性培地には発育するが，選択性培地では発育しない．しかも，この種の微生物は食品中でのちに復活（restration）する．

２）微生物耐熱性の表示法

適切な加熱殺菌を行うためには,細胞数変化を予測する必要が生じる．これは，対象物を殺菌する過程でどの程度の処理が必要かを事前に把握し，できるだけ必要最小限の処理に留めたい場合が多いためである．そこで,殺菌処理を生細胞（生きた細胞）から死細胞（死んだ細胞）への化学反応として捉え，微生物の耐熱性を評価することが行われている．ここでは，微生物細胞死滅の反応速度論的な観点からその要点を整理する．

(1) D 値

一般に，微生物の加熱による死滅経過を加熱時間に対して生残菌数あるいは生残率（ある時間加熱したあとの生残菌数と初期菌数との比）の対数値をプロットすると，ほぼ直線的に減少する傾向が得られる．これは，あたかも化学反応における一次反応と同じ傾向を示すことになるので，死滅速度は次式のように表される．

$$\frac{dN}{dt} = -kN \tag{8-6}$$

ここで，N：菌濃度（cells/dm^3），t：加熱時間（s），k：死滅速度定数（1/s）．

$t = 0$ のとき $N = N_0$ の初期条件で積分すると，

$$N = N_0 \cdot \exp(-kt) \tag{8-7}$$

となる．また，(8-6)式の対数をとると（8-7)式のように表される．

$$k = -\frac{\ln(N/N_0)}{t} \tag{8-8}$$

速度論的には，この死滅速度定数 k の値によって微生物の死滅，すなわちその耐熱性の大小を評価できる．また，その温度依存性はアレニウス式で表される．

$$k = A \cdot \exp\left(-\frac{E_a}{RT}\right) \tag{8-9}$$

ここで，A：頻度因子（1/s），E_a：活性化エネルギ（J/mol），R：気体定数（J/mol･K）である．

一般に，加熱殺菌においては，微生物の耐熱性に関して死滅速度定数 k ではなく D 値（decimal reduction time）が利用されている．D 値とは，ある加熱温度において微生物が 90 %死滅するのに要する時間と定義される（図 8-10）．微生物の死滅挙動が前記のように対数的である限り，その死滅特性を D 値によって表すことができる．したがって，死滅速度定数 k との関係は，$N = N_0/10$ のときの加熱時間 t

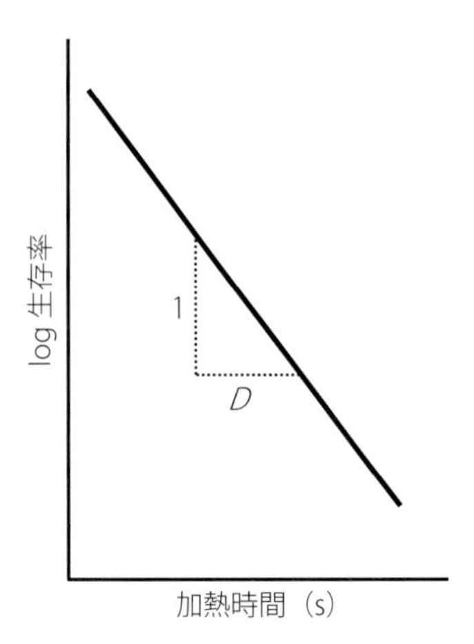

図 8-10　生存曲線

が D 値となる．また，D 値は，図 8-10 に示したような死滅曲線，もしくは次式により実験的に求めることができる．

$$D = \frac{\ln 10}{k} \tag{8-10}$$

(2) 加熱減少時間

加熱減少時間TRT（thermal reduction time）は D 値の概念を拡張したものであって，ある一定の加熱温度において生残菌数をある割合（10^{-n} 倍）まで減少させるのに要する加熱時間と定義される．例えば，供試微生物を初期値の 1/100 万に減少させるのに 300 秒要したとすると，TRT_n の値は $TRT_6 = 300$ s と表す．この 10^{-n} の n は減少指数と呼ばれ，D 値は $n = 1$ のときの値（TRT_1）に等しい．また，10^{-n} に相当する TRT_n の値は，図 8-10 に示したような死滅曲線から求めることができる．

(3) 加熱致死時間，*F* 値および *Z* 値

一定の加熱温度において，供試微生物すべてを死滅させるのに要する加熱時間が *TDT*（thermal death time）である．この値を片対数グラフ上の縦軸の対数軸に，加熱温度を横軸にとれば，その関係は多くの場合直線とみなすことができる．

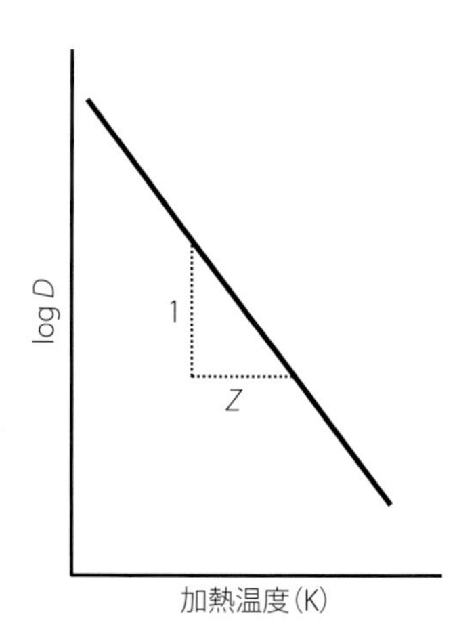

図 8-11　耐熱性曲線（TDT曲線）

また，微生物の耐熱性は，以下に示す F 値や Z 値によって特徴付けることが多い．F 値は，一定温度，一定濃度の微生物を死滅させるのに要する時間であって，通常は 394.2 K（121.1℃）における *TDT* と定義される．一方，Z 値は，加熱致死時間あるいは D 値の 1/10 または 10 倍の変化に対応する温度の変化を表す．通常，D 値を片対数グラフ上の縦軸の対数軸に，加熱温度を横軸にとることにより得られる *TDT* 曲線（図 8-11）から求められる．したがって，Z 値が大きいほど加熱温度上昇による殺菌効果の増加率が小さいということになる．ところで，通

例として用いられる F 値は F_0 値のことで，これは Z 値を 10 K とおいたときの F 値のことである.

3）加熱プロセスにおける殺菌操作

農産・食品加工プロセスにおける殺菌操作としては，主に加熱流体や過熱蒸気による強制対流加熱が用いられている．殺菌装置としては，熱交換器などが主である．近年,マイクロ波や赤外線などを用いた加熱殺菌も積極的に行われている．いずれの場合も，被加熱物内に温度分布が生じてしまうことがあるため，殺菌試料の正確な温度制御や温度測定はきわめて重要で，また，加熱過程における温度変化や温度分布を考慮した菌数変化の予測が重要となる.

前に示した D 値などの微生物耐熱性の表示方法は，均一媒体中の微生物を均一温度で一定時間加熱したときの殺菌効果に基づいている．しかしながら，前述したように，実際の食品や農産物を対象とした加熱操作においては，不均一媒体を対象とするために，温度分布を無視することができない．また，加熱殺菌過程における対象物中の各部位においては，図 8-12 に示すような昇温，加熱殺菌過程や冷却過程において温度変化が生じる．したがって，D 値などの微生物耐熱性の表示方法をそのまま適用できない事例が通常と考えてよい.

したがって，加熱殺菌過程における対象物中の温度分布とその経時変化に基づいて死滅速度定数 k を推算し，速度論的な観点から殺菌効果を評価することが重要となる．その際，温度履歴を考慮した死滅速度定数 k が適応可能か否か，いい

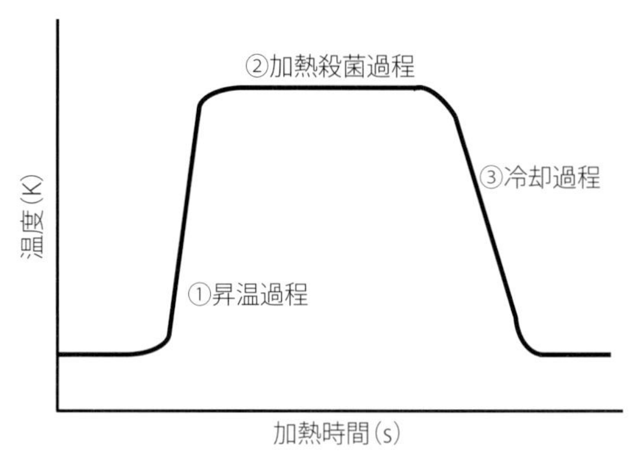

図 8-12　加熱殺菌とその前後の温度の経時変化

かえれば（8-4)式のアレニウスの式を用いて推算した死滅速度定数 k に基づいて死滅過程の評価が可能か否かを確認する必要がある．

また，赤外線やマイクロ波照射による殺菌なども一般的となりつつある．これらは電磁波のエネルギを熱エネルギに変換する加熱方法であり，電磁波の伝播速度に基づいてエネルギの移動が生じる．このようなエネルギ伝達速度の差異が電磁波を利用した加熱殺菌の特徴として報告されている．さらに，非致死的損傷細菌に関する理解が殺菌現場では重要となる．過度な殺菌は品質劣化の原因となるので，これらのことを総合的に考慮し，殺菌操作を設計することが望まれる．したがって，加熱殺菌は古典的な手法ではあるが，工学的かつ微生物的な側面において，基礎知識と先進的な研究動向の理解が求められる．

演習問題 8-5

ある微生物を対象とし，加熱温度 373 K において殺菌を行った．このとき，$F = 240$ s とするには殺菌時間をどのように設定すればよいか．ただし，対象微生物の D 値は，373 K および 394 K において，それぞれ $D_{373} = 1.886$ s, $D_{394} = 0.661$ s である．

例解　$t_{373} = F \times (D_{373}/D_{394}) = 684.8$ s $= 11.4$ min となり，$F = 240$ s の殺菌効果を保つには，切り上げて約 12 min の時間が必要となる．

3．分離，包装

分離操作は，食品製造において不可欠なプロセスである．濾過，濃縮，精製など，製造過程の効率化や品質向上の目的の他，異物や微生物などの危害要因の除去にも利用され，食品の安全性確保には欠かせない操作である．また包装は，ハンドリング性の向上やパッケージデザインによる情報提供の機能に加え，外部からの微生物混入や内在菌の増殖を抑制するなど，危害防止にも役立っている．ここでは危害管理の観点から，分離および包装についての基本事項を述べる．

1）分離操作

分離操作には，溶媒と分離対象物の相状態の違いによって固液分離（solid-liquid separation），固気分離（solid-gas separation），気液分離（gas-liquid separation）に分類される.

固液分離は，カット青果物の洗浄後の水切りや果実の搾汁，乳工業におけるホエーの分離，酒や醤油などの醸造過程で生じる澱の除去（おり引き）など，製造工程での分離操作でよく利用される他，排出される残飯や生ゴミの脱水，汚水中の固形物や汚濁物質の除去など，工場環境のサニテーション維持にも広く活用されている．固液分離装置には，膜フィルタなどを用いる濾過方式や，プレス機による圧力方式，比重差と回転場を利用した遠心分離方式，凝集剤によって微細粒子をフロック（集合体）にして浮遊または沈降させて分離する反応方式などがあり，分離対象物の大きさや性質に応じて使い分けられている.

固気分離では，粉塵などの固体微粒子を，濾布，膜，金網，粒子層などの濾材を通過させて流体から取り除く方法が一般的である．家庭用電気掃除機は，固気分離の身近な例であるが，排ガスをバグフィルタに通過させ，ダスト成分を濾布上に堆積させることで清澄化する．食品製造の現場では，同様の原理によって工場排ガスからの悪臭成分の除去や，空気中に浮遊するウイルスや細菌の除去など衛生管理区域内の清浄化にも利用されている.

気液分離は，真空ポンプを用い陰圧を作用させる方法などにより液体中に含まれるガスを取り除くことであり，脱泡や脱気操作がそれに当たる．液体原料に含まれる空気は，配管内でのスムーズな流れの障害や正確な計量の妨げとなる．また，液体食品中の溶存酸素は，成分の酸化や変色，好気性微生物の増殖による腐敗の原因となるが，気液分離を行うことで品質向上や品質保持期間の延長が期待される．例えば，プリンの製造ではカップ充填前に脱気操作を行うと，その後の加熱工程で気泡が入らないきれいな製品に仕上がる.

2）膜　分　離

膜分離（membrane separation）は，分離機能を有する膜により溶媒からサイズに応じた溶質を分離することである．濃度差による拡散現象を利用する透析や，電位差を利用してイオン成分を分離する電気透析があるが，ここでは最も基本的な圧力差を利用する濾過について述べる．図 8-13 に示したように膜濾過には，デッドエンド（全量）濾過方式とクロスフロー濾過方式がある．前者は，供給液と濾過液の方向が同じであり，供給液のほぼ 100 %を濾過液として回収可能で

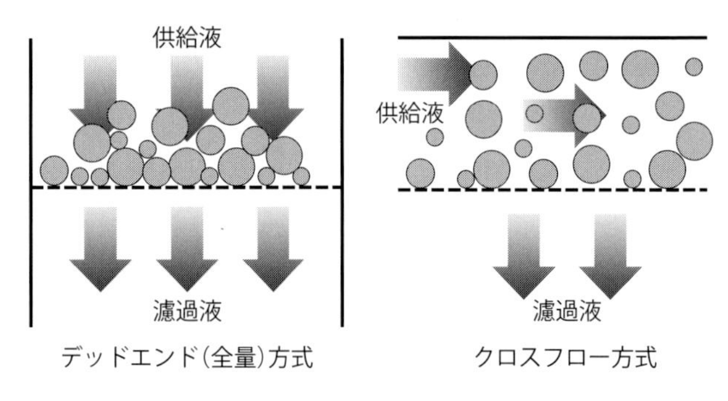

図8-13　膜濾過方式

あるが，膜上に阻止された粒子が堆積するため膜の交換頻度が高くなる．後者は，供給液と濾過液の方向が垂直であることから回収率は低く，供給液は濃縮液と濾過液とに分離される．これは高粘性の液体にも適用でき，膜上の堆積や目詰まりが抑制される．

膜分離においては，分離対象粒子のサイズに応じて精密濾過（micro filtration, MF），限外濾過（ultra filtration，UF），逆浸透（revers osmosis，RO）が使い分けられる．図 8-14 にそれぞれの濾過対象物を示す．精密濾過膜は 0.1 ～ 10 μm の細孔径を持ち，原虫，酵母，細菌を取り除くことができる．加熱による殺菌とは異なり，熱を必要としないことから省エネルギな除菌方法である．特に食品分野においては成分の分解や風味の損失を防止する点でも大きなメリットがあり，ビールやジュースの清澄化，ミネラルウォーターの無菌化に用いられている．限外濾過膜は，0.002 ～ 0.1 μm の細孔径を持ち，MF 膜よりさらに小さなタンパク質などの高分子や糖類，ウイルスを取り除くことができるため，牛乳および脱

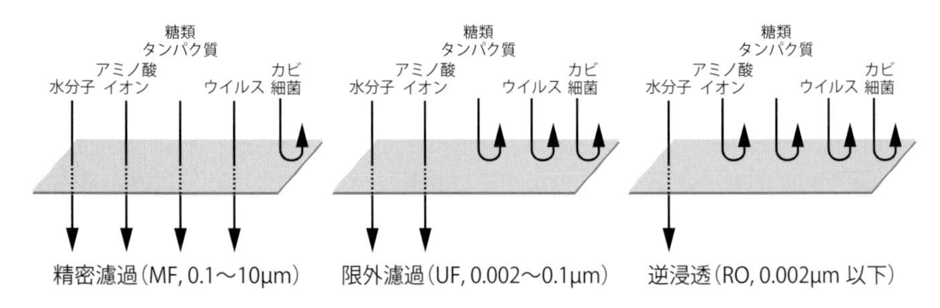

図8-14　膜濾過の種類と濾過対象物

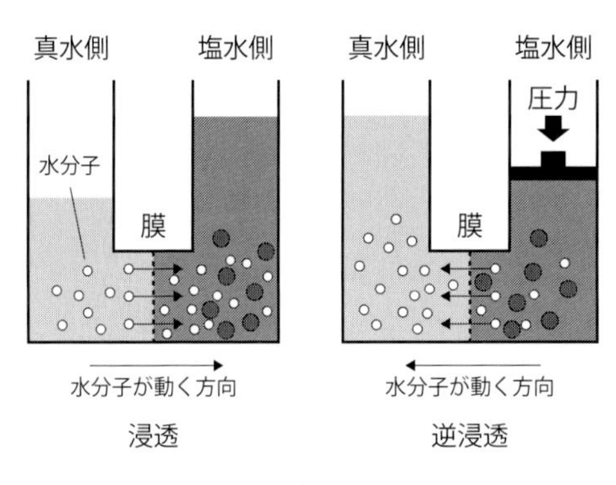

図8-15　逆浸透の原理

脂乳の濃縮および分画やハチミツの脱タンパクなどに利用されている．逆浸透は，細孔径 0.002 μm 以下の膜を用い，分子レベルでの濾過を可能とする．例えば，図 8-15 のように浸透膜で仕切られた塩水と真水は，同一の濃度になろうとするため真水側の水分子が自然に塩水側へと移動する．これに対し，塩水側に圧力を加えると水分子が逆に真水側へと移動する．すなわち，塩水中の塩分が濾し取られ真水となり，一方で塩水側の塩分濃度は上昇し濃縮されることになる．このような原理に基づく逆浸透は，海水の淡水化，超純水の製造，果汁の濃縮などに利用されている．

3）包　　装

危害管理における包装の役割は，外部からの微生物汚染を防止し，かつ，食品に付着した菌をできるだけ増殖させないようにすることである．微生物制御のための包装技術には，含気包装，脱酸素剤封入包装，真空包装，ガス置換包装，種々の殺菌技術を組み合わせた無菌充填包装や無菌化包装がある．

含気包装は，袋内に空気を含んだまま食品を包装する方法である．酸素が存在するため，カビおよび腐敗菌である *Pseudomonas* などの好気性菌が優勢となるが，大半の食中毒菌が含まれる通性嫌気性菌への注意も忘れてはならない．一般に加工食品の場合，75℃ -1 分間相当以上の加熱殺菌が行われるため，耐熱性の胞子以外は死滅していると考えてよい．しかしながら，その後のプロセスにおける浮遊カビなどによる二次汚染に対しては，静菌作用を有するアルコールやアリルイソチオシアネートを含有した徐放剤を包装内に封入して，品質保持期間を延長する方法がとられることもある．カット青果物でよく用いられるMA（modified atmosphere）包装も含気包装の1つである．青果物の呼吸量に応じた適度なガス透過度を有するプラスチックフィルムで密封包装することによって，包装内に低酸素・高二酸化炭素環境が創出される．これによって青果物の呼吸やエチレン生成などの生理活性が抑制され，内容成分の自己消費を抑えて品質を保持する（MA包装については第2章2.1）.(5)「呼吸の抑制」にも記述あり）.

脱酸素剤封入包装は，食品を脱酸素剤とともにポリ塩化ビニリデンをコートしたラミネートフィルムなどの酸素透過性の低い包材を用いて密封する方法である．封入される脱酸素剤は，鉄の酸化を利用して酸素を吸収するタイプが主流である．包装内の酸素を除去すると同時に，包材を透過する酸素についても継続して除去するため，長期にわたって低酸素状態に維持できる点が後述する真空包装やガス置換包装とは異なる．カビや好気性菌，昆虫類の生育抑制，脂質やビタミンの酸化防止，色素酸化による退色の抑制などの効果がある．一方で，黄色ブドウ球菌やボツリヌス菌などの嫌気性菌に対する抑制効果はなく，事前に十分な殺菌が必要である．

真空包装は，包装内の空気を吸引排気してから食品を密封する方法である．真空包装機にはノズルで包装内を脱気する方式（ノズル式）と，脱気されたチャンバ内で食材の入った包装をシールする方式（チャンバ式）があるが，業務用途では後者が主流である．包装内の酸素は，ほぼ取り除かれた状態となるため，脱酸素剤封入包装と同様の品質保持効果が期待される．さらに，包装ごと加熱殺菌する場合では，袋内空気の膨張による破袋がないことや熱伝導がよくなることによって殺菌効果が向上するといった利点を有する．しかしながら，真空包装においては，好気性細菌の増殖は抑えられる一方で，嫌気性菌の好適環境となることに留意しなければならない．1984年に発生し，11名の死者を出した辛子レンコン食中毒事件は，真空包装中で増殖した偏性嫌気性のボツリヌス菌が原因である．真空包装を過信することなく，十分な殺菌とその後の温度管理が必須である．また，真空包装では包材自体の酸素透過のため，継続して低酸素状態を維持することは難しい．そのため，好気性のカビなどの抑制のためにも低温管理などの微生物制御法を組み合わせる必要がある．

ガス置換包装は，包装内を空気とは異なる組成のガスに置換して包装する技術である．置換ガスとして窒素が使われる場合は包装内の酸素を追い出す意味合いが強く，前述した低酸素を原理とした包装と同様の効果が期待できる．また，二酸化炭素は静菌効果を期待して窒素や酸素と混合して使用されることが多い．ただし，内容物の pH 低下に伴う物性や食味の変化が起こるため，品質への影響をよく検討したうえで，その混合比を決定する必要がある．酸素は，鮮魚や生肉の鮮やかな赤みを発色させるために使われる．肉の赤色は，暗赤色の色素を含むタンパク質であるミオグロビンによるが，これが酸素と結合することによって鮮赤色のオキシミオグロビンに変化する原理に基づく．

種々の殺菌技術を組み合わせた無菌充填包装（aseptic packaging）は，食品の腐敗・変敗防止，危害管理の観点から最も高度な包装技術といえ，ロングライフ牛乳や果汁・野菜飲料，お茶やコーヒー飲料などの包装に用いられる．濾過による除菌や加熱殺菌などによってあらかじめ無菌状態にした食品を，無菌化された容器・包材内に，無菌下で充填および密封し，その後も気密性を保つことで二次汚染を防止する包装である．ここでいう無菌とは完全無菌状態ではなく商業的無菌を意味し，必要な期間だけ微生物による腐敗および変敗を防止することを目的としている．充填後に容器および包装ごと加熱殺菌を行うボイル殺菌やレトルト殺菌とは異なり短時間に直接食品を加熱殺菌できるため味や風味が損なわれにくく，常温保管でも長期間にわたって品質を保持できるのが大きなメリットである．一方で，これを達成するためには，図 8-16 に示すような HEPA フィルタなどを利用して浮遊微生物数を減じたバイオクリーンルーム内での包装はもとより，タンクや配管，バルブに至るすべての工程を連続的に無菌仕様にした包装システムが必要である．

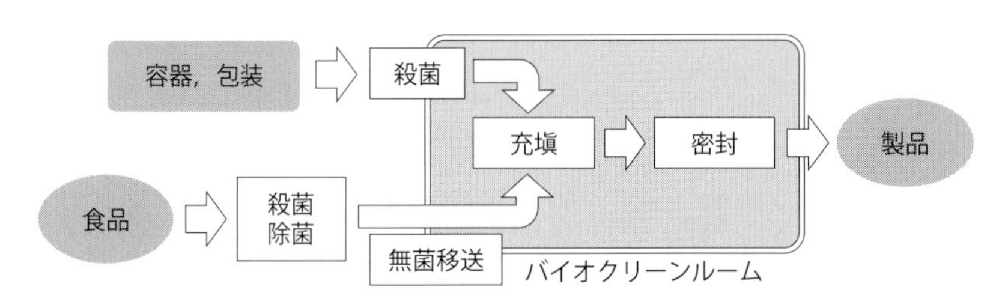

図8-16　無菌充填包装システム

無菌化包装（semi-aseptic packaging）は，完全に二次汚染を防止することが困難な食品に対して行われ，無菌充填包装と同様に，殺菌した食品，無菌の包材，無菌雰囲気下での包装，気密な包装が前提となる．現在，スライスハムや米飯などの無菌化包装商品が上市されている．商業的に無菌であるとはいえないため，低温保存や脱酸素剤封入，ガス置換包装など，その他の微生物制御技術を併用しながら品質保持期間の延長を図っている．

演習問題 8-6

以下の中で，誤りのある文章を１つ選べ．

①膜分離による除菌は加熱殺菌と比較して味や風味を損なわない．

②精密濾過によってミカン搾汁液を濃縮できる．

③限外濾過によって空気中のウイルスを取り除くことができる．

④逆浸透によって海水を淡水化できる．

例解 ②

演習問題 8-7

以下の中で，正しい文章を１つ選べ．

①危害管理における包装の意義は，殺菌機能を有することである．

②真空包装内の酸素濃度はきわめて小さいため,微生物の増殖はほとんどない．

③ガス置換包装内のガス組成を保管期間中,常に一定に保つことは困難である．

④無菌化包装内の食品は完全に無菌であるため，その他の微生物制御法を併用する必要がないことがメリットである．

例解 ③

4．管理システム

1）食品の管理

品質を確保するためのあらゆる活動を品質管理と呼んでいる．農産食品では，原材料，加工処理法，製品，販売方法などが，多種多様であるので品質管理については総論としての原則を述べるに留め，主に食品としての安全性の確保について解説する．

(1) 品質管理

消費者や小売業などに購入されるには，買い手を満足させる商品やサービスを常に提供しなければならない．そのために欠かせないのが，製品を計画，生産，販売する技術と，製品の質を確保するための品質管理活動である．品質管理は，英語では quality control と表記され，この頭文字をとって，QC と略して呼ばれている．

品質管理の最も大きな目的は，製品の品質を一定以上の水準に確保して顧客に提供することである．このための活動を品質保証（quality assurance）と呼んでいる．品質保証は，幅広い品質管理活動の中でも中核をなす活動である．品質管理のもう１つの活動として,改善がある．品質改善（quality improvement）には，製品の品質に関する改善と業務の改善がある．企業では，利潤を確保するため，あらゆる業務で，効率的かつ効果的に仕事を進めることが要求される．そのためには，業務の中で発生する種々の問題を解決し，より有効な新しい方法を常に探索する必要があり，業務の改善と呼ばれている．

品質には，製品の企画段階で決まるもの，設計段階で決まるもの，製造段階で決まるものがある．製品が顧客の手に渡ってからは，製品や技術に関するサポート体制の良し悪しも問われる．農産食品においても，加工などの一部の部門だけが品質管理活動を実施しても買い手の満足を得ることはできない．全部門で全員が参加して品質管理を実施することが必要である．全員で実施する品質管理活動を総合的品質管理と呼ぶ．英語では total quality management と表され，TQM と略して呼ばれている．総合的品質管理とは，製品やサービスを生産してから顧客に渡すまでのすべての段階（渡したあとのアフターサービスや製品の回収（リコール）も含む）において全組織が実施する体系的な品質管理活動である．

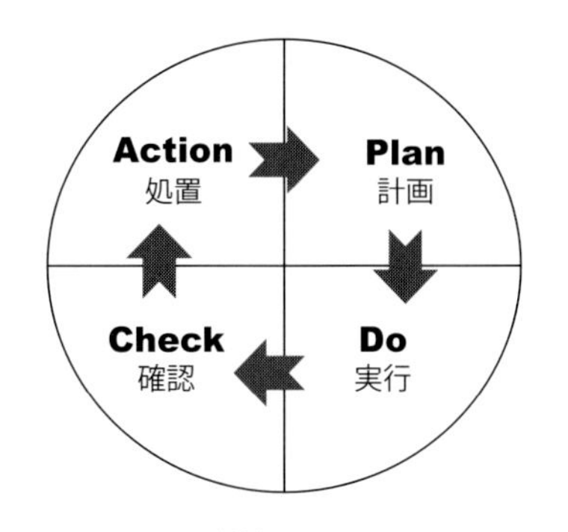

図8-17　品質管理における PDCA サイクル

品質管理では，Plan（計画），Do（実施），Check（確認），Action（処置）の手順で，仕事や管理を進めることが重要視されている（図8-17）．この手順は，方針や課題を達成する活動の基本的な進め方としても利用され，管理のPDCAサイクルとも呼ばれている．

（2）食品衛生とは

今日では，食料の生産も分業で行われるようになり，家庭内で受け継がれてきた食べ物の知恵も次世代へ受け渡すことが難しくなっている．国境を越え，あるいは遠距離を移動する食品と，国内で生産され地域で消費される食品，両者の健全な共存が，食品の安全性ならびに品質の確保には必要である．食料の安定供給に不安要因を抱えるわが国は，世界保健機関（WHO）の食品衛生（food hygiene）の概念を，特に尊重すべきである．

「食品衛生とは，生育，生産，あるいは製造時から最終的に人に摂取されるまでの全ての段階において，食品の安全性，健全性（有益性），健常性（完全性）を確保するために必要なあらゆる手段である」（WHO）．

農産加工では，単に安全性を追求するのみではなく，食品として期待される栄養性や美味しさなどの諸特性をも満足させる努力が必要である．換言すれば，フードチェーンに存在する危害要因（ハザード）を管理し，消費によりもたらされる利益（ベネフィット）を確保することが期待される．さらに，誠実に食品加工を行っていると信頼されることも必要である．わが国では，安全な食品を国民に安

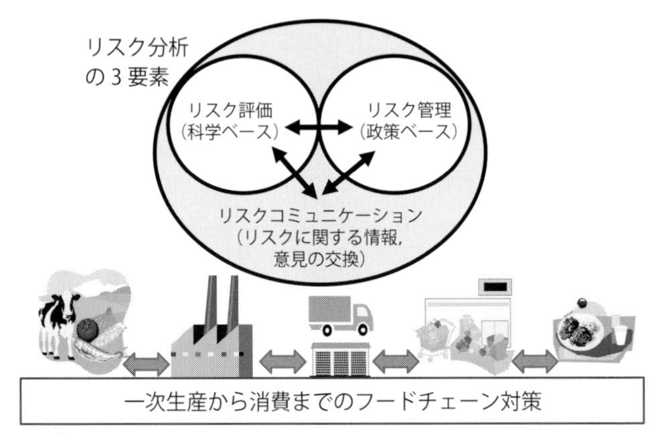

図8-18 食品のリスク分析とフードチェーンアプローチ

定的に提供する立場から農林水産省が，食品の危害から国民の健康を守る立場から厚生労働省がリスクを管理し，安全性確保に取り組んでいる（図 8-18）．食生活に伴うリスクの評価は食品安全委員会により，独立して行われている．食品表示に関しては，消費者庁が担当しているが，消費者庁はリスク管理機関であることを忘れてはならない．

(3) 原材料も食べる人も生物

人間は従属栄養動物であり，他の生き物やその代謝物を食べ続けて命をつないでいる．塩以外の多くの食品は生物に由来し，人間に不都合な成分を含んでいたり，病原体を媒介する場合がある．放置すれば腐敗や変敗と呼ばれる変化を起こし食用不適となる．人類は，飢餓を怖れいろいろなものを食べる努力を続け，失敗も経験し，その知恵を蓄積している．食品の安全性や品質の確保は無意識に始まり，子孫に受け継がれ，安全な食料を質および量ともに確保することで人類は約 72 億人（2014 年）にも増えている．原種と呼ばれる植物や動物を選抜し改良し，人間に不都合な成分を減らし，食用部位や味の良い部位を増やしてきた．食用植物や動物を増やし，食べ続けてきた．微生物も選抜し，人間に都合がよいように変化させてきた．口から入る災いを避けるためには，食品は種類が多いことや，その構成も単純均一なものから複雑で不均一なものまであることや，病原菌などの外来因子や経時変化をも理解して対応しなくてはならない．さらに，どのような状態の人にどのように食べられるかも考慮しなくてはならない．よい食品として信頼されるには，これまでの食経験を科学的に整理し，応用することが必要である．

現在では，食料の生産，流通，加工，消費を分業で行うことが多くなった．食料の生産から消費までの理解と，全過程における衛生的な食品としての取扱いが求められている．図 8-18 のように食品の安全性確保を農場から食卓までバトンタッチ方式で責任を持って行う方式をフードチェーン・アプローチと呼んでいる．分業化されたフードチェーンの信頼性は相互理解のうえに成り立つ．「売上げ至上主義」や「利益の確保」は，手抜きに対する免罪符にならない．

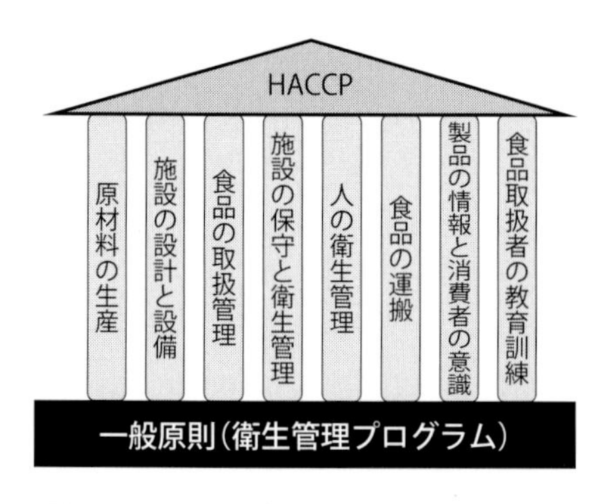

図8-19　Codex食品衛生の一般原則とHACCPの関係

(4) 食生活とリスク

すべての食べる行為は，多かれ少なかれリスクを伴う．許容しうるリスクであるか，加工および調理や食べ方で避けうるリスクであるか，あるいは禁止などの制限が必要なものであるのかを科学的に判断する必要がある．国際食品規格委員会Codexは，食生活に伴うリスクを合理的に減らすために，1997年に「食品衛生の一般原則」(図8-19)を採択した．この一般原則は,生産物,工程などの個別の衛生規範ならびに付属文書「HACCPシステムおよび適応のためのガイドライン」と一緒に使用し，さらなる衛生管理に取り組むべきであることが合意されている．わが国では,HACCP (危害分析・重要管理点管理方式,後述)に目を奪われ，HACCP導入の前提条件が無視される傾向が見られる．この一般原則は，安全な食品を確保するための必要条件である．フードチェーンと呼ばれるように，食品の生産はステークホルダと呼ばれるすべての関係者が，この一般原則を理解し，食品の安全性確保にさらなる貢献をすることが要請されている．わが国においても食品衛生の実践に活用すべき羅針盤である．先進国を含め多くの国々で食に関する分業化が進み，食料の生産について正確な知識と安全性確保の技術を持たない人々が増えている．すべての人の食料への理解と食品衛生思想の普及が望まれる．

(5) 有害微生物対策

1996年の堺市を中心とした腸管出血性大腸菌O157感染症大発生の悲報は，世界中を震撼させた．現在に至っても世界各地から腸管出血性大腸菌による食中毒の悲報は続いている．腸管出血性大腸菌食中毒は，O157以外のO26などの血清型によっても引き起こされており，2011年にはEUにおいて死者50名にも及ぶO104食中毒が発生している．原因食品は，ハーブモヤシであった．肉類のみならず，広範な食品が腸管出血性大腸菌感染の媒体となっているとして警告が発せられている．食中毒の原因菌は多種多様であり，わが国では腸管出血性大腸菌以外にも，サルモネラ属菌，カンピロバクターなどによる被害が減少せず，ノロウイルスの対策とともに国民的課題となっている．

他の多くの微生物が食品媒介性危害因子となりうることを考えると，食品衛生分野の強化が強く望まれる．欧米先進国では，低温増殖性のリステリア・モノサイドゲネスやエルシニア・エンテロコリチカによる食中毒の発生に苦しんでおり，わが国でも本菌に対する警戒を怠ってはならない．塩素消毒に抵抗性を示すクリプロスポリジウム原虫などの媒介に農産物も関連していることが明らかにされている．冷凍された農作物が媒介したA型肝炎ウイルスにより多くの患者が発生した例も報告されている．

病原体は人間にとって困った存在であるが，彼らも一所懸命に生きている．微生物制御を行うときには，食品側の問題や食べる人側の問題（表8-3）をよく整理し検討しなければならない．孫子の言葉「彼を知り己を知れば，百戦危うからず」は，微生物制御にも通じる．食品またはその取扱い場所で，どのような消費者でも守るために，寄生虫やウイルス，マイコトキシンなどの微生物毒素をも含めてどのような病原体を制御するのかを認識する必要がある．過去の経験から多くの病原体の特性は，明らかにされている．制御法はいく通りもあり，殺菌，除菌，遮断，静菌に大別されるが，まず相手を知ることに力を注ぐべきである．

表8-3　微生物の生育に影響する食品要因と微生物に対する人の感受性変動要因

食品中の微生物増殖要因	人側の感受性変動要因	
	内部要因	外部要因
栄養素		
水分活性 Aw	体　質	温熱寒冷
pH	体　調	湿　乾
酸素含量	年　齢	食　物
脂質含量	性（妊娠）	大　気
鉄含量	代　謝	水
流通履歴	その他	薬　剤
温度履歴		化粧品
微生物フローラ		日　光
抗菌性物質		放射線
物性（固体，液体，気体）		微生物
環境影響（容器・包装）		ストレス
その他		その他

微生物制御は，複数の技術が組み合わされてその目的が達成されると考えるべきである．微生物が環境に適応し微生物被害を発生させることもある．特に微生物同士が，お互いをかばい合って熱や殺菌剤に抵抗するバイオフィルム形成と呼ばれる現象には要注意であり，日々の作業終了後のこまめな洗浄および殺菌を怠ることのないよう注意すべきである．

(6) 有害物質対策

今日の分析機器および微量分析技術の進歩によって，大豆やキャベツの中の甲状腺腫誘発物質や，ワラビの発がん性物質など安全な食品の中にも，有害な物質があることが確認されているが，量が少なくまた調理加工により安全性を確保できるので問題にされていない．物質の量と存在形態あるいは調理や食べ方によって,その毒性にきわめて大きな差が生じる．古代ローマより「ある人の食べ物は，他人の毒」といわれているように，エビ，カニ，小麦，そば，卵，乳，落下生などの食品成分によりアレルギー症状を引き起こされる人がいる．この食品アレルギー対策として表示による識別は有効な手段である．わが国では前記の食品の表示が義務化され，その他に20種のアレルゲンとなりうる食品も可能な限り表示することも要請されている．

環境汚染物質などが食品の摂取によって人体へ悪影響を及ぼす実態を把握する研究も進められている．ダイオキシン類は，難分解性かつ脂溶性であるため食品を通じて経口的に摂取される割合が多いことが明らかにされている．人体への影響については不明な点も多いが長年の対策により，その摂取量は確実に減っているが，微量であっても女性ホルモン様の作用を示すことが懸念されている．このような化学物質は，人体への安全性に悪影響が推測される場合には，詳細な調査が行われ製造や使用などが禁止される場合もある．あるいは耐容一日摂取量（TDI）などに基づく食品中の残留基準などの設定がなされる場合もあり，その基準を超えないように規制して食品としての安全性が確保されている（表8-4）．

農薬や食品添加物のように食料生産の目的を持って使用される物質は，リスク評価により一日摂取許容量（ADI）が設定される．リスク管理によりADIを超えて国民が摂取することがないように対策が取られている（図8-18）．リスク評価も管理も，国民との情報交換が必須であり，リスクコミュニケーションと呼ばれ

表8-4　ADIとTDI

ADI（acceptable daily intake） 一日摂取許容量	TDI（tolerable daily intake） 耐容一日摂取量
・農薬や食品添加物などの安全性に関する指標 ・意図的にフードチェーンに使用する物質の安全性を確保するための目安 ・毎日一生涯にわたって摂取し続けても，健康への悪影響がないと推定される一日当たりの摂取量	・化学物質を摂取し続けても，健康への悪影響がないと推定される一日当たりの摂取量 ・過剰な負担がかからない範囲で，できる限り低い濃度に設定するALARA（as low as reasonably achievable）原則が採用されている

ている（図8-18）．

残留農薬や動物用医薬品は食品衛生法により，食品ごとに残留を許容する限界値を定めるポジティブリスト制が採用されて監視されている．農薬などの適正使用を心がけることを忘れてはならない．やがて世界の人口は80～100億に達すると予想され，好むと好まざるとにかかわらず，化学物質の利用なしには世界の食糧を供給できない．過去の経験をもとに，リスクを評価し安全性を確認しながら食品を供給していくことになる．

（7）安全性確保とHACCPシステムについて

安全な食品を消費者に提供することは食品取扱者全員の共通責務である．そのためには，原材料の一次生産から消費に至るすべての過程を通して手抜きのない衛生管理を行う必要がある．現実には，克服できない多くの課題があり，開放系である農場などではリスク低減を当面の目標として立地条件の整備などに取り組んでいる．フードチェーンの各段階において大切にすべきことは，清潔な原材料を，よい環境で，食品衛生のトレーニングを受けた人が取り扱うことである．Codexでは「食品衛生の一般的原則」として遵守すべき基本的事項を取りまとめている（図8-19）．わが国では，厚生労働省から「食品等事業者が実施すべき管理運営基準」として，その内容が通知されている．

食品の衛生管理について考える際には，生産農場から食卓まで（from farm to table）の考え方を理解しておくことが必要である．各過程で共通していえることは，食品衛生思想の普及および自覚と衛生的な環境の確保である．そのうえで生産農場では健康な食用動植物の確保と病原微生物などの汚染保菌防止，工場では微生物汚染と増殖防止，排除，販売店では製品の微生物汚染と増殖防止，消費者は購入した製品の微生物の汚染と増殖防止および適切な調理による病原微生物の排除などがそれぞれ主な要点となる．HACCPは，単独で機能するものではなく，その適用に当たっては，図8-19のように安全で良質な原材料の使用および清潔で衛生的な環境を確保し，食品衛生のトレーニングを受けた人が作業に従事することが前提条件となる．農場での作業を適正に行うために目標を設定し，問題解消に努め，よい仕事が継続的に行えるように自主的に計画し，実行するものが適正農業規範（good agricultural practice，GAP）である（表8-5）．

農産物の加工場を含めた食品の製造加工における衛生的環境整備や作業のための計画として適正製造規範（good manufacturing practices，GMPs）がある．HACCPシステムは，GAPとGMPsではどうしても解決できない衛生上の問題を科学的根拠に基づいて確実に管理することを目的として開発されたシステムである．わが国では，これらの規則に示された内容を「一般的衛生管理プログラム」と称しており，従来から都道府県で定めている施設基準ならびに管理運営基準が

表8-5　フードチェーン・アプローチによる食品の安全性確保で使用される略号

GAP	good agricultural practice ・農作物を適正に生産するために必要な考え方や行動を記述したものであり，適正農業規範と訳される．農林水産省は，農業生産工程管理と訳している． ・農薬などの適正使用法を指す事が多かったが，O157などの病原体を農作物が媒介することが問題となり，衛生的な農業環境の確保や農作業の実施全般を対象とすることになった． ・GAPに従って生産・収穫された農産物を，GMPsに従って衛生的に加工および製造を行うことで，農作物をより安全性の高い食品として提供しうる．
GMPs	good manufacturing practices ・衛生的な食品を製造加工するために必要な条件を示したものであり，適正製造規範と訳される． ・GAPも含めてGood Management Practices，適正管理規範と表現されることもある． ・Codexは，食品の安全性ならびに有用性の確保を目的として「食品衛生の一般的原則」を採択している．この一般的原則が食品に共通なGAP/GMPsとなる．
HACCP	hazard analysis critical control point ・危害分析重要管理点方式，あるいは危害要因分析・必須管理点監視方式とも訳される． ・食品調達の全工程で発生する怖れのある危害要因について調査および分析を行い，管理に特別に重要な注意と行動が必要な工程を明らかにする． ・その工程を，厳密に管理し，より安全性の高い製品を得る方式．

これに相当し，衛生規範に記載されている事項もこれに該当する．一般的衛生管理プログラムに無理があったり，守られなければ，消費者に安全な食品を提供できない結果を招いてしまう．

すべての食品は多かれ少なかれリスクを持つため，許容範囲へのリスクの低減が目標となる．特に，O157のように微量で感染が成立する危害要因は，生産農場から食卓まで，常にリスクを低減化する努力を実施すべきである．現実には，原材料の安全性については，その供給者が保証し，原材料の受け入れに当たっては品質保証書により，供給元に対して安全性の高い原材料を求めることになる．このような概念は，原材料，作業環境，衛生的な取扱いの3条件がピラミッド状に組み合わさった状態であり，食品衛生の一般的概念でもある（図8-20）．一般的衛生管理プログラムの事項を実行するための手順を文書化したものをSSOP（sanitation standard operating procedure，衛生標準作業手順書）と呼び，作業担当者，作業内容，実施頻度，実施状況の点検および記録の方法などを具体的に文書化したマニュアルを作成しておくことが必要である．

HACCPシステムは，危害分析重要管理点方式，あるいは危害要因分析・必須管理点監視方式とも訳される食品の安全性確保手段の1つである．国際的にもその有効性が認められ，わが国では食品衛生法に基づく総合的衛生管理製造過程による承認制度の中で採用されている．危害分析において，工程ごとに食品の安全性に害を与える可能性のある微生物，化学物質，異物を分析し，その対処方法を検討する．危害の発生防止上きわめて重要な管理点について管理基準を設定する．さらに，それをどのように監視するのか，基準を外れたときの対処方法など

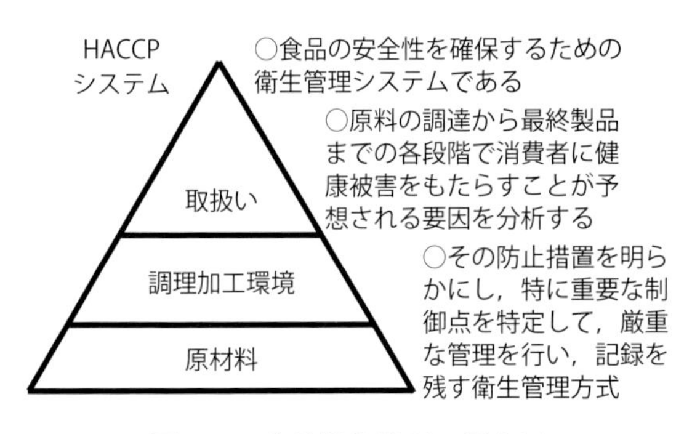

図8-20　食品衛生管理の概念図

をあらかじめ決めておき，各工程の作業は文書化し，監視などの結果も記録して HACCP プラン通りに製造されている証拠として残す方式である．

前記のような前提条件で HACCP システムが機能すると，以下のような特徴を発揮すると考えられる．前提条件を軽視して成果を求めることは，砂上の楼閣となり多くの人々に迷惑を及ぼすことになる．

HACCP プランは，Codex のガイドラインに示された 7 つの基本原則を組み込んだ 12 の手順（表 8-6）により作成しなければならない．7 原則のうちの 1 つでも欠けた場合はリスクの低減化が保障できない．特に，原則 1 の危害分析は最も重要であり，危害分析の際に収集された情報やデータおよび分析結果が基礎になって原則 2 の CCP，原則 3 の管理基準，原則 5 の改善措置および原則 6 の検証方法が設定される．また，原則 4 のモニタリング方法は原則 3 の管理基準に対応して設定される．

HACCP システム導入の前提として生産農場においては GAP，食品の製造加工施設では GMPs の確保が必要となる．これらの一般的衛生管理プログラムが確保されていなければ，単に 7 原則を盛り込んだ HACCP プランを作成してみても，食品の安全性確保の目的を果たすことはできない．また，忘れてはならないことは，国民全員の食品衛生思想の向上である．一部の人間だけでは食品の安全性は確保できない．HACCP システムは食品の衛生管理の概念そのものであり，少しでも人災による食品事故の発生を減少させて，食品の安全性を高めていこうとするシステムである．われわれは，生物であり，食品も生物である．いずれも変化

表 8-6　Codex が示した HACCP プラン作成の 7 原則 12 手順

手順	内容	
手順 1	HACCP チームを編成	
手順 2	製品（含原材料）の記述	製品説明書
手順 3	使用用途の記述	製品説明書
手順 4	製造加工フロー図の作成	
手順 5	フロー図の現場確認	
手順 6	[原則 1] 危害分析ー危害リストの作成	
手順 7	[原則 2] 重要管理点（CCP）の決定	
手順 8	[原則 3] 管理基準（CL）の設定	
手順 9	[原則 4] モニタリング方法の設定	
手順 10	[原則 5] 改善措置の設定	
手順 11	[原則 6] 検証手順の設定	
手順 12	[原則 7] 記録の文書化と保持規定の設定	

するものであり，特に各食品の危害要因は変化することから，HACCP は常に見直しが必要である．

(8) 食品の安全性の保証

食品取扱い者は，自主的に食品の安全性を確保する不断の努力が必要であるが，危害要因をはじめとする各種条件も変動し，従来からの手法では安全性を確保できない場合もある．さらに，人間はミスをする習性もあり，大量に食品が生産されたり，広域に配給されたりする場合には，大規模な食中毒を引き起こす可能性もある．

安全性管理が自主的に適切に実施されていることを，取り組んでいる組織自身が自己宣言・主張する場合を第一者認証と呼んでいる．製品の買い手が作り手の取組みを評価する場合を第二者認証と呼んでいる．さらに，売り手と買い手以外の第三者が評価する方式を第三者認証と呼んでいる．この方式は，前二者に比べ客観性などの観点から信頼を得やすい特徴がある．

第三者認証は外部認証とも呼ばれている．総合的衛生管理製造過程は食品衛生法により国が認証する制度である．地方自治体の協力を得て厚生労働省により担当されるもので，HACCP システムの考え方が導入されている．マル総と呼ばれるこの国による認証を受けなくても，当該食品の規格基準に合格していれば営業はできる．自治体による認証制度もあり，自治体 HACCP と呼ばれることもある．自主的に基本的な食品衛生の取組みをしていることを認証するものから，HACCP システムとして適正に運用されていることを認証するものまで，各種の認証が各自治体の判断で実施されている．

民間組織による認証制度として，国際標準化機構 ISO の発行した，食品の安全性確保を目的とした規格 ISO22000s がある．規格名は，「食品安全マネジメントシステム：フードチェーンのあらゆる組織に対する要求事項」である．Codex の食品衛生の一般的原則および HACCP 適用の 7 原則・12 手順を基礎とし，フードチェーンのすべての業種での食品の安全性を確保することを目的としている．①相互コミュニケーション，②システムマネジメント，③前提条件プログラム（PRPs），④ HACCP 原則の 4 つの要素を含む要求事項を持っている．

この規格そのものが義務や強制的な機能を有しているわけではないが，国際貿

表 8-7　GFSI が承認した食品安全に関する第三者認証手法

原材料の一次生産過程：
CanadaGAP，GlobalG.A.P IFS Schema V3，SQF 1000 Level 2
原材料の一次生産および食品製造加工過程：
PrimusGFS
食品製造加工過程：
BRC Global Standard Version 5，Dutch HACCP（Option B），FSSC 22000，Global Aquaculture Alliance BAP Issue 2，Global Red Meat Standard Version 3，International Food Standard Version 5，SQF 2000 Level 2，Synergy 22000

易上で影響力を有しており，第三者認証が可能な制度となっている．ISO22000s は，要求事項を満たしていることを個別組織が自己認証することも可能であるが，第三者認証を取得しようとする場合には認定機関（わが国の場合，日本適合性認定協会）が認定した認証機関に申請し審査を受けて登録することになる．

国際的な小売業者の発案で始まった GFSI（global food safety initiative，世界食品安全イニシアティブ）などを代表とする食品の安全性に関する第三者評価システムが広がりを見せている．GFSI では，民間の食品安全に関する認証手法を審査し，GFSI が承認すれば，その認証手法による認証を得た食品取扱者からの GFSI 加盟組織への納品を認める制度を展開している．GFSI が承認した認証手法には表 8-7 のようなものがある．

(9) その他の課題

食品の安全性や品質の確保，消費者への情報提供のため，食品の表示が行われている．図 8-21 に示した項目は，新しい食品表示法が成立し，規制内容が変更される可能性がある．新法による規制に従っていただきたい．

従前より，消費者への情報提供のために，消費期限，賞味期限の表示が義務化されてきた．消費期限は「一定の条件で保存し，期限までに食べれば安全性が高い」という表示である．食品衛生法では製造後おおむね 5 日以内に食べるべき食品，つまり食肉や弁当，総菜，生菓子などに義務付けている．消費期限は「年月日」で表す．これに対し，賞味期限は「品質が保たれている期限」であり，正確には「一定の保存条件下で，期限までに食べれば，品質構成要素がよい状態に保たれている」ということである．

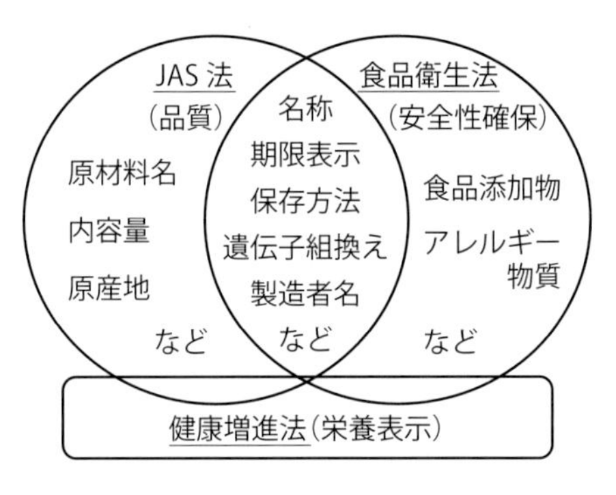

図8-21　食品表示とその根拠法令
食品表示法が成立し，法整備が進むことが期待される．

わが国では，鮮度に関する商業上のこだわりが見られる．本来，鮮度は果実および野菜や魚介類の生鮮食品の新鮮さを表す概念であるが，最近は貯蔵食品や加工食品にも使われて混乱を生じている．最悪のケースは，見かけはよいが食中毒菌が増殖しているなどの安全性を無視した「鮮度」が使われることである．消費者を欺くような鮮度保持は，犯罪行為である．腸管出血性大腸菌O157などの病原体は，鮮度の高い農畜水産物にも付着して被害を及ぼす可能性を有する．見かけのよさにこだわるよりも，生産農場や漁場から食卓までの病原体対策，例えば農場や水源の浄化などに努めることが優先されるべきである．

海外生まれの管理手法の国内への導入には，柔軟性を持たせた，変化に対応できる工夫が必要である．気候風土を無視し原材料の生産者を大事にしない硬直化した管理手法では変化に対応できない．わが国では素材の長所を食べるため，できるだけ手を加えない和食の伝統技術が受け継がれ，食材と料理の豊富さを今日に伝えている．まず生で食べ，次いで火を使う．親から子へと受け継がれてきた和食の伝統や技術も次第に近代化されて，多様で美味しい日本の食生活の基礎となっている．国土の狭いわが国では，安全な食品を十分に確保するには，食品の流れ（フードチェーン）における各人の役割を理解し，嘘や偽りのないことを誇りに，大切にしていくことが必要である．

演習問題 8-8

HACCPシステムによる食品の衛生管理についての記述である．誤っているものを選べ．

① HACCPとは危害分析重要管理点の英語の頭文字である．

② HACCPは，わが国では食品工場などで導入されているが，義務化されている国もある．

③ HACCPは，生物学的，化学的，物理的な危害防止に適用できる．

④ HACCPを導入すれば安全確認の記録は不要である.

⑤ HACCPを導入した食品工場では，すべての製品を検査する必要はない.

例解　④記録を残すことは重要であり，万一の場合の製品回収およびリコールの準備には必須である.

演習問題 8-9

食品の販売についての記述である．誤っているものを1つ選べ.

①食経験のない食品は販売してはならない.

②新しい技術で製造した食品は厚生労働大臣に相談せずに販売してもよい.

③密殺した畜肉は新鮮なものでも販売してはならない.

④食品は原則として，食後の効能効果を表示してはならない.

⑤わが国では，ウイルスを用いた食品の殺菌は認められていない.

例解　②新しい技術を使った食品は食経験のない物質と考え，厚生労働省に相談すべきである.

演習問題 8-10

食中毒についての記述である．誤っているものを選べ.

①細菌性食中毒は細菌が増殖するのに適している暑い時期に多発するが，涼しい季節にも発生している.

②指先が傷のため化膿しているが，包帯をして治療しているため食べ物を取り扱っても営業上差し支えない.

③おにぎりの食中毒で多いのは，黄色ブドウ球菌によるものである.

④食中毒菌は冷凍しても死滅しない.

例解　②消費者に迷惑をかける怖れがあり，食品を取り扱うべきではない.

2）農産物の管理

(1) GAP

フードチェーン全体で食の安全を確保するには，農産物の生産段階における安全衛生管理(management for safety and hygiene)も重要である. 従来は収穫後に，農産物の残留農薬検査などを行い，基準値を超えるものを除去する方法で対処することが多かった．しかし，この方法では全数検査が不可能なので，すべての農産物の安全性は担保できない．そこで生産段階でも，各工程においてリスクを把握し，それらを除去あるいは低減させる予防型の工程管理（process control）が有効となる．このような管理システムをGAP（Good Agricultural Practiceあるいは農業生産工程管理，適正農業規範など）と呼ぶ．

図8-22にGAPにおける点検項目のイメージを示す．点検は，栽培の事前準備から，育苗，本圃での栽培，収穫，調製，出荷に至る各工程で行う．例えば，育苗・栽培管理工程では「農薬は，栽培マニュアルや農薬ラベルに記載されている薬剤，使用量を守って使用しましたか」など，収穫・調製・出荷工程では「収穫コンテナの洗浄など，収穫物の病原性微生物などによる汚染予防対策を行いましたか」などである．これらの点検により，農薬取締法や食品衛生法などの関係法令を遵守できるとともに，品質鮮度（quality and freshness）も保持できる．

なお一般に，GAPは食品の安全衛生管理だけを目的とするものではない．国連食糧農業機関（FAO）は，GAPは農業生産の環境的，経済的，社会的な持続性に向けた取組みであり，結果として安全で品質のよい食用および非食用の農産物をもたらすものとしている．これに基づき各国などでは，農家や企業の社会的責任を果たす取組みとも一体になってさまざまな活動が行われている．

わが国では，GAPとは，農業生産活動を行ううえで必要な関係法令などに即して定められる点検項目に沿って，農業生産活動の各工程の正確な実施，記録，

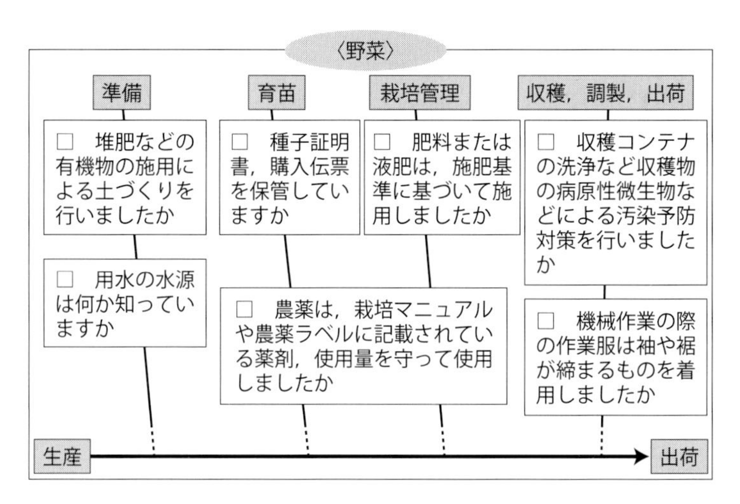

図8-22　GAPにおける点検項目のイメージ
（農林水産省資料より）

点検および評価を行うことによる持続的な改善活動であるとして，その普及が図られている．この手法は，万が一，出荷した農産物から基準値を超えた残留農薬が検出された場合にも，記録をもとに原因を調べて特定することにより，回収や出荷停止の対象を最小限に抑え，再発防止のための対策を立てることも可能になるなど，危機管理体制を整備する面でも有効である．

GAPは，食品の安全性向上，環境の保全，労働安全の確保，アニマルウェルフェアの確保，競争力の強化，品質の向上，経営改善（management improvement）や効率化に資するもので，それにより消費者や実需者の信頼の確保が期待されるものである．

（2）農林水産省によるGAPガイドライン

GAPの点検項目としては，農林水産省が「農業生産工程管理（GAP）の共通基盤に関するガイドライン」（以下，ガイドラインという）を示している．図8-23にガイドラインの構成を示す．これは食品安全，環境保全や労働安全に関する法体系や諸制度を俯瞰し，わが国の農業生産活動において，特に実践を奨励すべき取組みを明確化したもので，これに即した取組みを行えば，農業生産活動を行ううえで必要な取組みが総合的に実践できる仕組みになっている．ガイドラインは農作物ごとに取組事項を整理しており，①野菜，②コメ，③麦，④果樹，⑤茶，⑥飼料作物，⑦その他の作物（食用：大豆など），⑧その他の作物（非食用：花など），⑨きのこについて示されている．

工程管理の内容は，食品安全，環境保全，労働安全，農業生産工程管理全般に関わるものに分けられている．例として，表8-8にガイドラインにおける取組事項のうち食品安全を主な目的とする取組み（野菜）を示す．取組みの区分は，ほ場環境の確認と衛生管理，農薬の使用，水の使用，肥料・培養液の使用，作業者などの衛生管理，機械・施設・容器などの衛生管理，収穫以降の農産物の管理とし，各取組事項と関連する法令などが整理されている．工程管理の実践に際しては，①農作業計画，点検項目などの作成（Plan），②農作業の実施，記録および保存（Do），③点検（Check），④改善が必要な部分の把握および見直し（Act）を繰り返すPDCAサイクルを活用する．

GAPの実施主体は，ガイドラインの内容を確保しつつ，新たな内容やより詳

○食品安全，環境保全や労働安全に関する法体系や諸制度を俯瞰し，わが国の農業生産活動において，特に実践を奨励すべき取組みを明確化
○作物独自に適用される法令指針などの有無，作物独自の生産工程の有無を踏まえて，以下の①～⑨の作物毎に取組事項を整理
①野菜，②コメ，③麦，④果樹，⑤茶，⑥飼料作物，⑦その他の作物（食用：大豆など），⑧その他の作物（非食用：花など），⑨きのこ

工程管理の内容

○食品安全
ほ場環境の確認と衛生管理，農薬使用時の表示内容の確認，作業着などの衛生管理（野菜・果樹），かび毒（DON・NIV）汚染の低減対策（麦），かび毒（パツリン）汚染の低減対策（果樹），荒茶加工時の衛生管理（茶），収穫・調製時の異物混入の防止対策　など
○環境保全
病害虫が発生しにくい環境づくり，都道府県の施肥基準などに即した施肥，堆肥などの有機物の施用，堆肥中の外来雑草種子の殺滅，廃棄物の適正な処理，有害鳥獣による被害防止対策　など
○労働安全
危険な作業などの把握，機械などの安全装備などの確認，農薬・燃料などの適切な管理　など
○全　般
知的財産の保護・活用，登録品種の種苗の適切な使用，情報の記録・保管　など

工程管理の手法の実践

①点検項目の策定（Plan），②農作業の実施（Do），③点検（Check），④改善が必要な部分の把握・見直し（Act）
（産地の責任者による内部点検などの客観的な点検の仕組みを付加）

図 8-23　GAP ガイドラインの構成
（農林水産省資料より）

細な内容を付加し，点検項目を工夫するなど，地域や実施主体の実情に応じてその内容を高度化させることが可能である．これは，産地の競争力強化やプライベートブランド作りのためにも活用できる．また，産地においては，農業者団体と個々の農業者が役割を分担し，連携および協力して取り組むことも可能である．

(3) 食品安全を主な目的とする取組みの具体例

食品安全を主な目的とする取組みの具体例を以下に示す．

a．農薬の使用

農薬は使用の都度，容器または包装の表示内容を確認し，表示内容を守って使

表 8-8　ガイドラインにおける取組事項（野菜）<平成 23 年 6 月 30 日版>

1　食品安全を主な目的とする取組

区　分	番号	取組事項	取組事項に関連する法令等
ほ場環境の確認と衛生管理	1	ほ場やその周辺環境（土壌や汚水等），廃棄物，資材等からの汚染防止	略
農薬の使用	2	無登録農薬及び無登録農薬の疑いのある資材の使用禁止（法令上の義務）	略
	3	農薬使用前における防除器具等の十分な点検，使用後における十分な洗浄	略
	4	農薬の使用の都度，容器又は包装の表示内容を確認し，表示内容を守って農薬を使用（法令上の義務）	略
	5	農薬散布時における周辺作物への影響の回避（法令上の義務）	略
水の使用	6	使用する水の水源（水道，井戸水，開放水路，ため池等）の確認と，水源の汚染が分かった場合には用途に見合った改善策の実施（特に，野菜の洗浄水など，収穫期近くや収穫後に可食部に直接かかる水に注意）	略
肥料・培養液の使用	7	堆肥を施用する場合は，病原微生物による汚染を防止するため，数日間，高温で発酵した堆肥を使用	略
	8	養液栽培の場合は，培養液の汚染の防止に必要な対策の実施	略
作業者等の衛生管理	9	作業者の衛生管理の実施	略
	10	ほ場や施設から通える場所での手洗い設備やトイレ設備の確保と衛生管理の実施	略
機械・施設・容器等の衛生管理	11	トラクター等の農機具や収穫・調製・運搬に使用する器具類等の衛生的な保管，取扱，洗浄	略
	12	栽培施設の適切な内部構造の確保と衛生管理の実施	略
	13	調製・出荷施設，貯蔵施設の適切な内部構造の確保と衛生管理の実施	略
	14	安全で清潔な包装容器の使用	略
収穫以降の農産物の管理	15	貯蔵・輸送時の適切な温度管理の実施	略
	16	収穫・調製・選別時の汚染や異物混入を防止する対策の実施	略

（農林水産省ガイドラインより一部抜粋）

用する．具体的には，①農薬を使用できる農作物，②農薬の使用量，③農薬の希釈倍数，④農薬を使用する時期（収穫前の使用禁止期間），⑤農作物に対して農薬を使用できる回数，⑥農薬の有効期限，⑦農薬の使用上の注意を確認し守る．

b．機械・施設・容器などの衛生管理

安全で清潔な包装容器を使用する．例えば，①包装資材は，清潔な場所に置く，箱に入れる，シートをかぶせるなどにより，清潔に保つ，②包装容器の素材は，毒性がなく，生鮮野菜の安全性に悪影響を与えないものを選択するなど．

c．収穫以降の農産物の管理（コメ）

収穫後の米穀は清潔で衛生的な取扱いを行う．例えば，①乾燥調製施設では高水分籾の長時間放置によるヤケ米の発生など，品質事故を防ぐため，貯蔵可能な水分含有率まで速やかに乾燥を実施する，②乾燥調製貯蔵施設では毎日定時に穀温を監視および記録し，穀温上昇の兆候が見られる場合は，ただちに貯蔵サイロごとに全量ローテーションを実施する，③施設の清掃および適切な補修による，清潔かつ適切な維持管理を実施する，④農産物の取扱者の衛生管理を行うなど．

d．収穫以降の農産物の管理（野菜）1

収穫・調製・選別時は，汚染や異物混入を防止する対策を実施する．例えば，①覆いのない野菜の上で，咳やくしゃみ，喫煙や飲食など，野菜の汚染や異物混入の原因となる行動をしない，②収穫された野菜の汚染の可能性を防ぐため，食用として適さない物を分別する，③野菜の傷んだ部分や土を，清潔な器具などで取り除くよう努めるなど．

e．収穫以降の農産物の管理（野菜）2

収穫後の貯蔵・輸送時は，有害な微生物が増殖しないよう，適切な温度管理を実施する．例えば，①調製済みの野菜は品質が低下しないよう適切な温度に保つ，②輸送中も品質が低下しないよう適切な温度に保つ，③低温保管の施設を清潔に保つとともに，壁などに結露した水滴が野菜にふれないようにするなど．

演習問題 8-11

農薬散布時に周辺作物への影響を回避する取組み例を述べよ．

例解　例えば，①周辺の農作物栽培者に対して，事前に農薬使用の目的や散布日時，使う農薬の種類などについて情報提供する，②農薬を使う際には，病害虫の発生状況を踏まえて，最小限の区域に留めた農薬散布を行う，③近隣に影響が少ない天候の日や時間帯で散布する，④風向きを考慮してノズルの向きを決定する，⑤飛散が少ない形状の農薬，散布方法，散布器具を選択するなど．

(4) GAPの点検方法

GAPの点検方法は，生産者による自己点検，産地の責任者による内部点検，小売業者などの取引先による第二者点検，審査・認証機関などによる第三者点検に分けられる．ガイドラインでは，自己点検に加え，内部点検，第二者点検，第三者点検いずれかの客観的な点検の仕組みなどを活用することとしている．現在は，独自のGAPが都道府県，生産者団体，小売業者，消費者団体それぞれによって策定されている．そこでは基本的に自己点検，内部点検，第二者点検の仕組みが採用されている．

第三者点検としては，これまでに，品質マネジメントシステムであるISO9001などの一般的な認証制度を適用した例もあるが，現在では，食品安全，環境保全，労働安全，アニマルウェルフェアを包含した総合的なマネジメントシステムであるGAP認証制度が開発されている．国内で活用されているものにはJGAPがある．これは農林水産省のガイドラインに準拠するもので，対象として青果物，穀物，茶について基準を定めている．認証農場数は1 700件超（2013年3月末現在）である．一方，国際的に活用されているものとしてGLOBALG.A.P.がある．これは国際機関が定める基準および科学的知見などを基本としたもので，対象として農作物（青果物，穀物，コーヒー，茶，花きなど），家畜（牛，羊，豚，酪農，家きんなど），水産養殖について基準を定めている．認証農場数は100ヵ国，11万件超（2011年末現在）である．その他に，食品の安全を主な目的としたSQFも活用されている．これら第三者点検の仕組みは，農産物における安全管理を向上させることにより，円滑な農産物取引環境の構築を図るとともに，農産物事故の低減をもたらすことを主な目的としている．

3）情報の管理

(1) 農産物および食品の安全

1990年代から食品事故・事件が多発するようになり，消費者の食への不安が高まりつつある．表8-9に示すように，1990年頃から病原性大腸菌O157を原因とする食中毒が多発するようになり，さらに，1986年にイギリスでBSE感染牛が発見されたのち，2001年に国内でもBSE感染牛が発見され食への不安が高

表 8-9　近年の主な食品事故・事件

発生年	事　例
1990	埼玉県の幼稚園で O157 食中毒事件が発生.
1996	岡山県，大阪府，広島県，岐阜県他で O157 食中毒事件発生.
1998	和歌山毒物カレー事件発生．死者 4 名，患者 67 名.
2000	雪印乳業大阪工場で生産された製品により食中毒が発生.
2001	国内で BSE 感染牛が確認.
2002	牛肉偽装事件が多発．中国産野菜残留農薬問題.
2004	国内で鳥インフルエンザ発生.
2007	賞味期限や表示偽装など食品偽装事件が多発.
2008	中国産餃子農薬汚染事件発生.
2009	汚染米の転売事件発生.
2011	焼肉チェーン店でユッケによる集団食中毒発生.

まった．このような状況を踏まえて，国内では，2003 年に食品安全基本法が制定され，食品由来の健康リスクから消費者の健康保護を優先する理念が明示され，内閣府に食品安全委員会が設置され食品安全を確保するためのシステムが導入された．しかし，その後も食品偽装事件や食中毒事件が毎年のように発生している．

(2) 農産物および食品のトレーサビリティ

農林水産省では，2003 年に食の安全・安心のための政策大綱を示し，その中で食の安全・安心は，①新たな食品安全行政組織，②産地から消費にわたるリスク管理，③消費者の安心・信頼確保，④食の安全・安心確保のための環境保全，⑤研究の充実，により確保していくとされ，トレーサビリティシステムは食品の安全領域に属しながら，消費者への安心を確保する仕組みの中で食品の安全性確保にもつながっていた．

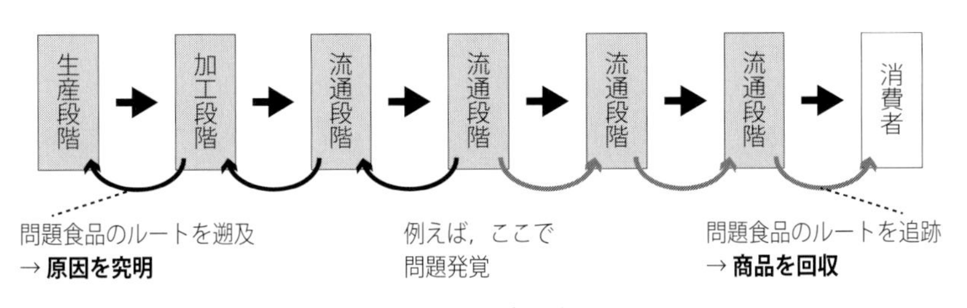

図 8-24　追跡と遡及
（農林水産省ホームページ：消費・安全局 食品トレーサビリティについて，2013）

食品トレーサビリティシステムは，食品の安全性に関わる事故や不適合が生じたときに備え，また表示など情報の信頼性が揺らいだときに正しさを検証できる仕組みとして，「生産，加工および流通の特定の一つまたは複数の段階を通じて，食品の移動を把握できること」と定義された．この中の「移動を把握できる」とは，図 8-24 に示すようにフードチェーンにおいて次の事業者へ追いかける追跡（トレースフォワード）と，前の事業者へ遡る遡及（トレースバック）の両方を意味している．

(3) 食品トレーサビリティのシステムの目的

a．食品の安全性向上への寄与

食品トレーサビリティシステムは，食品の安全性を確保する直接の手段ではないが，消費者や取引先からの信頼を確保するために役立つ．具体的には，

①食品事故や不具合が生じた場合に，その原因を特定するために迅速かつ容易にフードチェーンの経路をさかのぼることができる．食品の安全性に関するデータを確認することで食品事故や不具合の原因の特定が容易となる．

②正確で迅速な撤去や回収を可能にするため，事故や不具合を生じた食品を明らかにして流通先を特定することができる．

③食品の履歴に由来する健康への予期せぬ影響や長期的な影響が明らかになった場合，保存されているそれらの食品の情報により，データ収集が容易となりリスク管理につながる．

④フードチェーンの各事業者の責任を明確にする．

b．情報の信頼性向上への寄与

誤った表示や情報を排除しやすく，取引きの公正さに寄与する．特に，消費者は信頼性のある食品の表示や食品とその提供者に対する情報を得ることにより，購買，保存，管理や，リスクへの対応に役立てることが可能となる．食品安全の管理に関わる国や地方公共団体も正確な情報を得ることができ，緊急事態への対応や，リスク管理に役立てることが可能となる．フードチェーンの各事業者はそれらを通して自己の食品に対する信頼を確保することができる．

①だれがその食品を扱ったのかを記録することで経路の透明性を確保する．

②消費者とフードチェーン各事業者，安全管理に関わる国や地方公共団体への

迅速かつ積極的な情報提供を可能にする．

③食品と記録の照合関係を確保することで，表示の正しさを検証可能にする．

c．フードチェーン事業者の業務の効率性向上への寄与

食品を識別記号によって管理することや，食品の素性に関する情報の保管および伝達を行うことにより，効率的な在庫管理や品質管理につながる．これらにより，費用の節減や品質向上につながると期待できる．

(4) 日本におけるトレーサビリティ制度について

現在，日本では「米穀等の取引等に係る情報の記録及び産地情報の伝達に関する法律」（米トレサ法）と「牛の個体識別のための情報の管理及び伝達に関する特別措置法」（牛トレサ法）が制定されている．米トレサ法は，食品としての安全性を欠くものの流通を防止する等の措置の実施を基礎とし，米穀等の所在や流通ルートを特定すること，牛トレサ法は，BSE のまん延を防止することを目的に，疾病発生時に患畜の同居牛や疑似患畜の所在や移動履歴を特定することなどを趣旨として制定されている．

また，海外においては食品全般を対象としたトレーサビリティ制度として EU では一般食品法（2005 年施行），アメリカではバイオテロ法（2006 年施行）が導入されている．

(5) フードチェーン事業者の食品トレーサビリティの取組み

食品事業者によるトレーサビリティの取組みはさまざまであり，それぞれの事業者の状況に応じて段階的に進めていくことが重要となる．基本的な取組みとして，図 8-25 に示すように，①「いつ，どこから（どこへ），何を，どれだけ」の入荷および出荷の記録の作成および保存の取組みから始まる．加えて，②「ロット情報」，③「内部トレーサビリティ」の記録の作成および保存を行うことでより高度なトレーサビリティの取組みとなる．

事業者は受け入れた原料や製品の入荷の記録を確認することで，「いつ，どこから，何を，どれだけ」受け入れたのか 1 つ前の事業者へ遡及できる（ワンステップバック，one step back）．また，内部トレーサビリティが構築されていることで，事業者内での受け入れた原料や製品と出荷する製品の対応が明らかになり，出荷

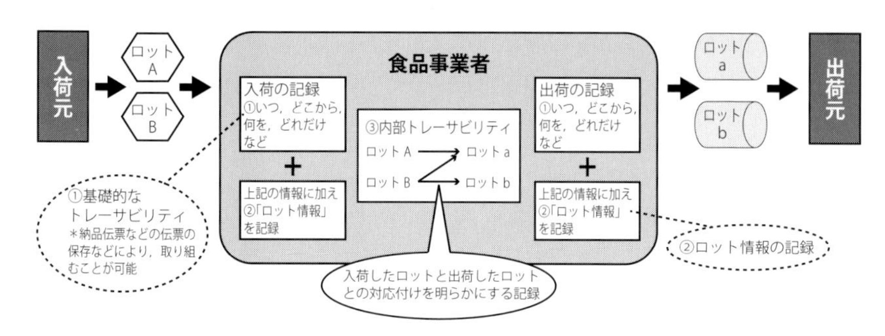

図 8-25　食品事業者の食品トレーサビリティの取組み
（農林水産省ホームページ：消費・安全局 食品トレーサビリティについて，2013）

の記録により「いつ，どこへ，何を，どれだけ」送ったのか 1 つあとの事業者へと追跡が可能（ワンステップフォワード，one step forward）となる．

このように各事業者が取り組み，フードチェーンにおいて隣り合う各事業者がそれぞれの記録を次の事業者に送り渡していくことでチェーントレーサビリティが確保され，フードチェーンを通じたトレーサビリティを実現させた場合，1 つの事業者だけでトレーサビリティに取り組む場合と比較して，より十分な効果を期待できる．

（6）情報の公開

食品トレーサビリティの重要な要件として，必要なときに関係者に対する積極的な情報提供が可能な仕組みがあげられる．万一の食品事故発生時に行政，関連事業者，消費者に迅速な情報提供を行うことで健康被害を最小限に留め，不安および風評被害の防止や抑制につながる．

コラム「食品トレーサビリティシステムへのさまざまな誤解」

食品トレーサビリティシステムは，フードチェーン各段階で記録をもとにした食品の追跡・遡及システムにより，食品の安全確保と安心提供を行う手段である．農場や生産現場の生産者情報などの履歴を開示することを目的としているのではなく，また，国産牛肉のように個体識別番号を必ず表示することが求められているわけではない．フードチェーン事業者は取組みの状況に応じて食品安全性の向上，情報の信頼性の向上，事業者の業務の効率性の向上など，それぞれの目的を定めてふさわしい方法により食品の安全確保および安心の提供に努めることが重要である．

また，日常的な消費者への情報提供として，①トレーサビリティを導入していることを知らせる．②導入しているトレーサビリティの目的によりその目的に応じた履歴情報を提供する，の2つに分けられる．

①トレーサビリティシステム導入を知らせる…消費者が「トレーサビリティ」という言葉から抱く期待が，実際の対象となる範囲よりも広い範囲でトレーサビリティが確保されていると誤認させないよう注意が必要となる．

②履歴情報の提供…ラベル，店頭表示，インターネットのホームページなどにより一定の履歴情報を消費者に直接提供したり，閲覧可能にする場合が多い．消費者の利便性（情報内容のわかりやすさ，アクセスの容易さなど）や情報の信頼性確保，個人情報の保護の観点から共通のルールについて定めておくことが必要である．

いずれも，日頃から消費者に対して，消費者が利用しやすい方法で必要な情報を積極的に提示し，食品事故などが発生してしまった場合は，さらに詳細な情報開示を行うことで消費者の安心と信頼に応えることが重要となる．あらかじめ公表の時期，内容，方法など情報公開原則を取り決めておき，マスメディア対応やインターネットによる公表など有効な方法を取り決めておくことが望まれる．

(7) 情報の伝達および公開のためのツール

トレーサビリティシステムにおいて記録される情報には，トレーサビリティの

表8-10　情報の伝達・公開のためのツールの特徴

	文　字	バーコード	二次元バーコード	電子情報
主な媒体	紙	紙	紙	電子タグ
入力・読取時のミス	人的能力に左右	生じにくい	生じにくい	生じにくい
目視による視認性	高　い	な　し	な　し	な　し
記録容量	一定の制限あり	10文字程度	2～3千文字程度	一定の制限有り
処理および検索	遅　い	早　い	早　い	早　い
メンテナンス	あまり必要ない	必　要	必　要	必　要
セキュリティ	管理方法に依存	高　い	高　い	高　い
データ再書込み	可　能	不可能	不可能	可　能
ランニングコスト	安　価	安　価	安　価	高　価
イニシャルコスト	な　し	電子タグと比べると安価	電子タグと比べると安価	バーコードなどと比べると高価
耐久性	低　い	低　い	低　い	高　い

確保に不可欠な情報と，目的に応じて必要となる付加的情報とがある.

不可欠な情報として取扱事業者，日付，場所，数量など遡及可能性，追跡可能性などに関わる情報があり，生産，衛生，品質管理などの状態の記録などが付加的情報となる.

これらの情報は，表8-10に示すように文字，バーコード，電子情報などにより紙の帳票，電子データベースなどの媒体に記録され，保管および管理される.

演習問題 8-12

食品トレーサビリティシステムの特徴を述べよ.

例解　食品安全に関わる事故の発生に備え，また情報の信頼性が揺らいだときに正しさを検証できる仕組みとして，生産，加工および流通の過程において，次の事業者へ追いかける追跡（トレースフォワード）と，前の事業者へさかのぼる遡及（トレースバック）の両方により食品の移動を把握できるシステムである.

演習問題 8-13

食品トレーサビリティシステムにおけるワンステップバック，ワンステップフォワードについて説明せよ.

例解　受け入れた原料および製品の入荷記録を確認することで，「いつ，どこから，何を，どれだけ」受け入れたのか1つ前の事業者へ遡及することをワンステップバック，出荷の記録により「いつ，どこへ，何を，どれだけ」送ったのか，1つあとの事業者へと追跡することをワンステップフォワードという.

5．食の安全の実践における課題

1）コスト評価

(1) 食の安全を守るための課題

食品の製造過程の管理の高度化に関する臨時措置法（HACCP支援法）が，食品製造業界全体にHACCPの導入を促進するために平成10年5月に5年間の時限法として制定された．その後，食品の安全性の向上と品質管理の徹底などへの

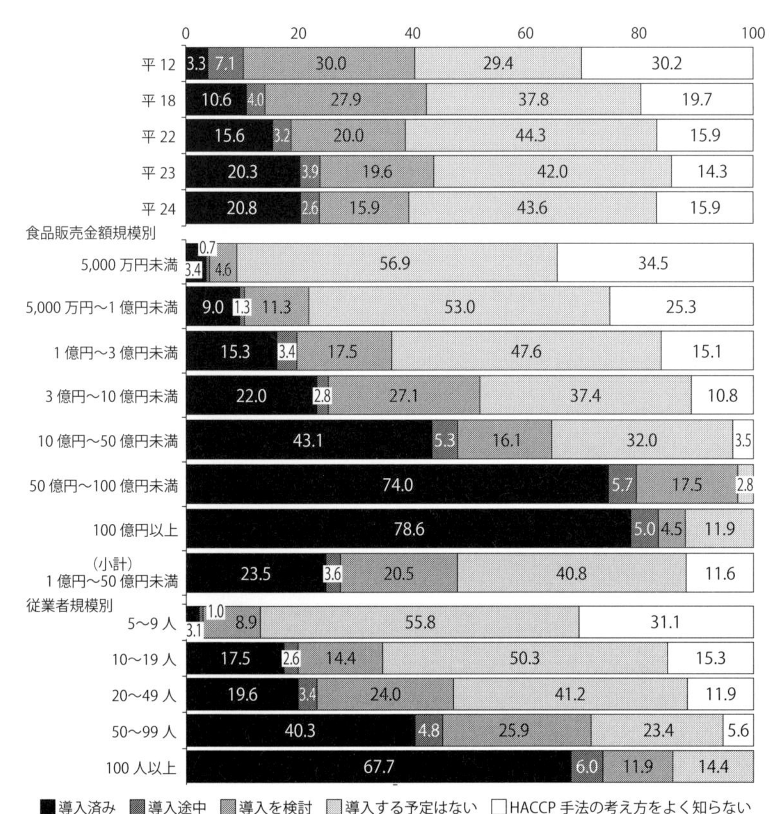

図8-26　HACCP 手法の導入状況

（食料産業局企画課：平成 24 年度 食品製造業における HACCP 手法の導入状況実態調査；農林水産省ホームページより http://www.maff.go.jp/j/shokusan/sanki/haccp/pdf/24haccp_toukeigaiyou.pdf）

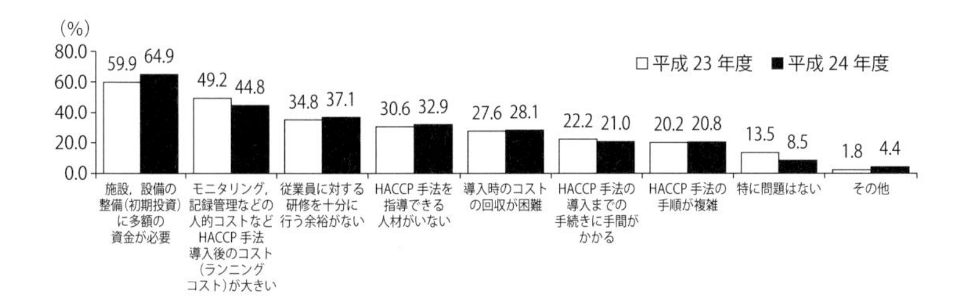

図8-27　HACCP 手法の導入の問題点

（食料産業局企画課：平成 24 年度 食品製造業における HACCP 手法の導入状況実態調査；農林水産省ホームページより http://www.maff.go.jp/j/shokusan/sanki/haccp/pdf/24haccp_toukeigaiyou.pdf）

社会的な要請に応えて，延長を重ね，平成25年6月に再度10年間の延長が決定された．この背景には，大手企業へのHACCP導入は進んでいるが，未だ中小規模事業者での導入が進んでいないことが食品製造業におけるHACCP手法導入調査実態調査からわかる（図8-26）．同調査では，HACCPの導入に当たっての問題点は，施設整備に多額の費用が必要，検証，記録の管理などに人的コストを含む，維持費用が捻出できないことがあげられている（図8-27）．食品の安全を守るためには食品の仕入れ（場合によっては栽培）から加工，保存，流通までの工程（フードチェーン）を把握することが必要になる．HACCPを基軸とした食品加工工程のマニュアル化と危害分析，リスクの把握にはすべて検証が必要であり，この検証は加工施設の責務として費用は事業者が負うことになるため，費用の増大は食品加工業者にとっての課題である．本節では，食品加工に必要な洗浄・殺菌効果の検証にかかるコストと第三者認証の取得コストについて考えてみる．

a．殺菌・洗浄効果の検証に要するコスト

HACCPの導入を考える場合，現行の商品よりよいものを作ることを目的として取組むのは得策ではない．HACCPの目的は，現在の商品作りの工程を見直し，無駄を省き製造・加工コストを削減することを目指すのが望ましい．なぜなら，現行の製造・加工工程で作られた商品に大きな不具合があると認識しているのであれば真っ先に，その原因と工程改善などの対策が実施されなくてはならないからである．殺菌・洗浄効果を検証するには細菌学検査（菌，毒素など），理化学的検査（農薬，洗浄剤など）と動物を用いる検査（刺激，感作性など）により，その危害を測定する．測定する方法には①外部機関に委託する方法，②自社にて必要な実験設備と人材教育を行い実施する方法がある．

①外部機関への委託…日本国内の食品安全に関する監視を強化するために，民間会社でも国や自治体にかわり食品に関する検査を実施可能とする，食品衛生法の改正が平成15年に行われた．これにより，希望する企業は，第33条に定める「登録検査機関」の申請および登録を行うことで，さまざまな食品の検査を実施できる．登録要件として，表8-11にある設備の保持と人的な教育を行うことが求められている．これらの機関では，食品加工工程での中間製品から最終製品の検査を行うことが可能である．検体の種類にもよるが，衛生管理の指標菌である大腸菌群，一般細菌数を測定するのに1検体当たり3 000円であり，化学物

表8-11　登録検査機関に必要な設備

理科学的検査	細菌学的検査	動物を用いる検査
1. 遠心分離機	1. 遠心分離機	1. 遠心分離機
2. 純水製造装置	2. 純水製造装置	2. 純水製造装置
3. 超低温槽	3. 超低温槽	3. 超低温槽
4. ホモジナイザー	4. ホモジナイザー	4. ホモジナイザー
5. ガスクロマトグラフ	5. 乾熱滅菌器	
6. ガスクロマトグラフ質量分析計	6. 光学顕微鏡	
7. 原子吸光分光光度計	7. 高圧滅菌器	
8. 高速液体クロマトグラフ	8. ふ卵器	

（食品衛生法，平成16年2月27日改定）

質は2 000～7 000円ほどで行っているため，初期投資を抑制するために活用することは有効な手段である．

②自社による実施…自社で食品安全に関する検査を行う場合には，細菌学検査だけでも，試験設備（ホモジナイザ，高圧滅菌器，ふ卵器など：表8-11）を揃える必要がある．これらには最低でも50万円程度が必要であり，消耗品なども含めると60万円になる．一度，設備を整えると細菌学的検査は，1回当たり80円/シャーレ1枚程度で実施可能であるが，人件費と準備のための時間が必要である．また，ニッスイなどから簡易測定キットが160円/枚程度で発売されており，これらは，特定の菌種について菌数が測定できるようにあらかじめ培地成分を調整してあるので，専門知識がなくても細菌学検査を実施できることから専門教育，専門家を雇わなくてもよいメリットがある．

b．各種認証を得るためのコスト

食品加工における衛生管理を実践するための手法としては，前節で説明したISO22000，SQF，FSSC22000など（以下，食品安全規格）があり，販売先の要望により使用する規格を各事業者が選択して使用している．これらは，Codex（HACCP）を基本として構成されており，加工工程のマニュアル化，検証，記録の管理などを要求している．企業が食品安全規格を実践する場合，利害関係者以外の機関による審査を行い取得証明の発行を行う（第三者認証）．それに要するコストは，食品企業の規模，規格を扱う審査機関により異なるが，コンサルタントによるマニュアル作成業務指導から始まり，文書審査，予備審査を経て認証（図8-28）まで約100～500万円ほどである．この金額は，コンサルタントへの依存度が大きいほど高額になる．食品加工における衛生管理を実践していることを証明する方法として，平成17年頃より地方自治体によっては，食の安全推進基本方針により26の都道府県が，食品衛生管理に係る認証制度等を実施している．これらもHACCPを軸にした安全および衛生に関わる製造工程を監視するシステムとして有効に活用できる可能性がある．審査に合格した施設には認証マーク（図

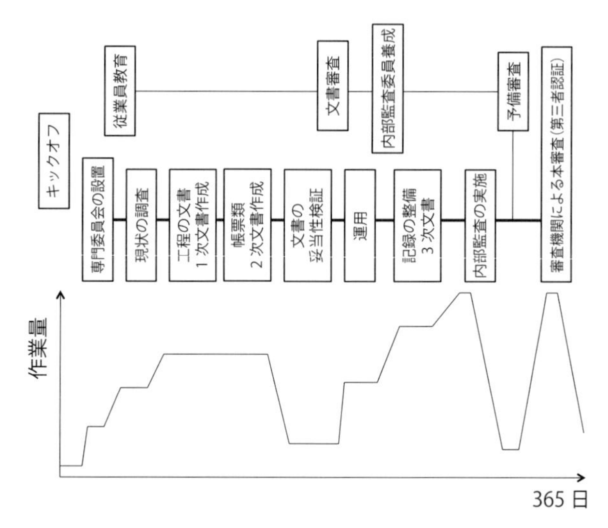

図8-28　食品安全規格認証までの流れと作業量概念

図8-29　自主認定制度を実施している自治体と認証マークの例

8-29）を発行しているので消費者を含めた衛生と安全に関する不安を取り除くことができる．これらの認証制度は，自治体が運営に関わるため，外部審査機関に依頼するより安価である場合が多く，また，要求事項も少なく抑えられているため，導入しやすいメリットがある．しかし，国際的には認知度も低く商業取引の条件になっていない場合もあることを理解し，目的に合わせて使い分けるべきである．

（2）各種認証を得るまでの作業量

HACCPを含む各種食品衛生管理システムの認証を取得する場合，企業はキックオフ（取得宣言）ミーティングから加工工程の現状把握を行いマニュアル化，事前審査を経て本審査を行う．通常，1年ほどの時間が必要である．審査までの作業について図8-28に示した．審査までの過程では，文書類の作成とその検証に最も時間を要する．設備要件（GMPs）と一般衛生管理（SSOP）で実践する項目が確立していないと食品工程中に混入する危害が増えることになり，検討時間も長くなる．図8-30によるHACCPを行うための前提条件（SSOPなど）を確立するには実際の作業と繰り返し見直すことが重要であり，この検証に多大な時間が必要になる．食品衛生管理システムの構築は，実際の作業を過不足なく網羅することで，作業者がかわっても同じレベルの製品を製造できることを目指し，管理基準のモニタによる数値化とその検証を維持および改善することが更新審査までの課題でもある．

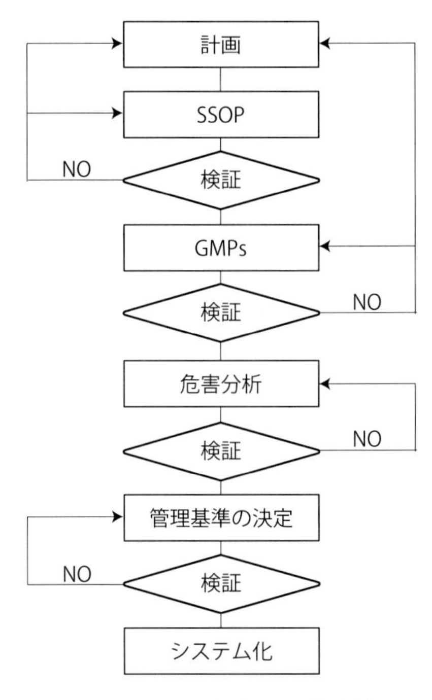

図8-30　HACCP認証までの社内検証ステップ

（3）食品安全性の評価とゼロリスク

食品の安全性を評価する際に，食品に残存する危害要因物質（危害因子）の中には，法律および規格によりその含有量の規定（基準）がある．一般的には動物実験を行い半数致死量（lethal dose 50 %，LD50；50 %生存率になる摂取量），急性毒性，亜急性毒性，慢性毒性，変異原性，感作性試験など危害要因の重篤度，使用法により試験内容を吟味したうえで実施された結果から，一日摂取許容量（acceptable daily intake，ADI：人に危害を与えない一日当たりの最高摂取量）が求められている（☞ 表8-4）．これらの物質は，使用限界量が決められているので食品に意図的に混入する場合には含有量（残存量）の基準値として参考にすることは可能である．しかし，Codex では ADI を摂取基準量として用いることを正式に認めているわけではないため，ADI 値に独自の解釈を設けることで自社基準とすることが必要である．今後，さらなる食品流通の国際化により，危害因子の摂取量基準の設定・検証方法などが国際的に統一されることが望まれているが，現在のところ ADI 値が明らかにされていない物質と同様に，自社での実験および検証が必要となる．つまり，安全性を追求すると検証費用がかさみ企業本来の活動を阻害することにもなりかねない．また，生産活動における安全性の管理についても Codex では，ゼロリスク[注)] を追求するものではないことを理解し，危害については発生頻度と重篤度により危害が発生した場合の損失額と安全性評価費用の両面（費用対効果）から食品安全システムの構築を行うことが必要である．図8-31 のように発生頻度と危害の重篤度を直交表で表し，各領域をⅠ-1 ～ Ⅳ-4 に分けた場合，危害の発生頻度が高く重篤（領域Ⅰ-1）であると想定され

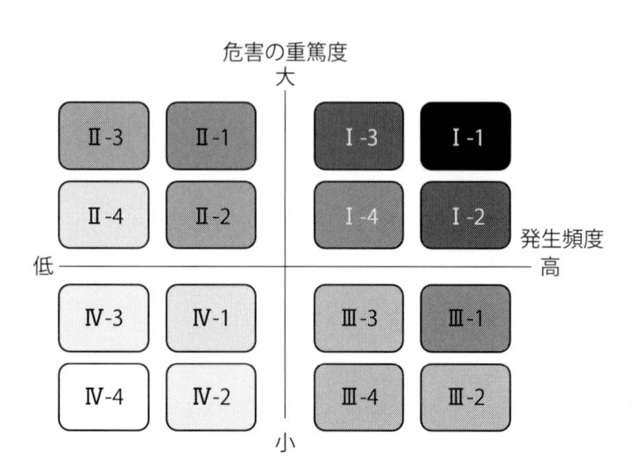

図8-31　食品事故発生頻度と危害の重篤度

る場合は，製造工程で危害を除去することに費用をかけなくてはならないが，領域Ⅳ-4では無視しても差し支えない．問題なのはⅡとⅢの領域であり，危害の重篤度と頻度の検証を個別に行う必要が出てくる．あらかじめ，商業活動の観点から領域ごとの対応策を決めておき，危害の頻度と重篤度をスコア化し，領域を見極めることで検証に費やす時間は短くなる．ただし，想定外の事故が発生した場合には領域と対応方法，頻度と重篤度のスコア化の基準は見直さなくてはならない．

演習問題 8-14

食の安全を追求するうえで必要となる費用にはどんなものがあるか？

例解　①消費者が不安に思う危害に対して調査を行う費用（情報収集・管理）．

②想定した，すべての危害に対するリスクによる対策方法を消費者が理解できるように表示，数値化を行う費用（リスクマネジメント）．

③前記のうち，リスクが低いために，対策不要と判断した理由を明確にして情報管理・伝達の手段の構築を行う費用（当局との連携および業界内の情報交換）．

④従業員の教育費用

⑤トレーサビリティの構築と運用費用などがある．

演習問題 8-15

食品のさまざまな危害に対してその対策を講じるか否かを判定するには，リスクを数値化することが重要である．頻度と危害の重篤度から数値化する基準を作成せよ．

例解　数値化に必要な情報として，①発生頻度，②重篤度を考える．発生頻度

注）リスクは，「食品中にハザード（危害）が存在する結果として生じる人の健康に悪影響が起きる可能性とその程度（健康への悪影響が発生する確率と影響の程度）」と食品安全委員会の用語解説で定義されている．安全性が低い食品はリスクが高いとされている．リスクには，危害の重篤度だけでなく発生確率を含めている．ゼロリスクとは100 %安全であることを意味することになるが，危害が存在しない食品は皆無である．生物的危害だけであれば高温高圧加熱，放射線照射，化学薬品処理などにより危害をなくすことも可能であるが，放射能や薬品が食品中に残留したり，未知の化学物質が生成したりする可能性もあるため，長期的な摂取による健康被害まで考えると100 %安全とはいいきれない．過剰な危害防止・除去は食品製造の妨げになることから，食品安全管理システムを構築する際には，100 %安全な食品はないものとしてリスクをどこまで減らせるかを考えるべきである．

と危害の重篤度が高いハイリスクな危害については会社が受ける損害まで想定し，必要な対策を講じることで危害混入の防止にかけるコストを決定することが望ましい．例えば，死に至る確率λ1，入院加療 λ2，通院 λ3，などとして危害ごとの発生確率と重篤度による補償費用を数値化する．死亡事故事例からA万円/人，入院加療B万円/人，通院C万円/人などから以下の式により計算する．また，1つの事故が発生した場合の被害者数はロットの管理，トレーサビリティの構築により被害発生前に回収なども可能であるために，これらも考慮してリスクの数値化を行うべきである．1事故発生による想定被害者数の内訳を，死亡者数L人，入院加療M人，通院N人とした場合

リスクによる事故想定費用＝ロット数×(Aλ1＋Bλ2＋Cλ3)

とすることでリスクは金額で換算できる．例えば，2 000食/ロットの製造であれば，死亡事故確率0.00001 %，入院0.001 %，通院0.01 %，賠償対策費用それぞれ，4 000万円，50万円，3万円とすると

2 000食/ロット×(0.00001 %×4 000万円＋0.001 %×50万円＋0.01 %×3万円) ＝2 000食/ロット×12円＝24 000円/ロット

の金銭が費用となる．これは，業種，業態，提供する食品の種類により金額と発生頻度は異なるが，ロット当たりの販売利益を考慮して危害予防のための費用を決めることができる．

2）法　　規

食品安全関係の法規は，時代の推移とともに改正が加えられてきたが，2003年に基本法として食品安全基本法（Food Safety Basic Act）が制定され，関連法規も改正されている．国民の健康保護の優先を確認しつつ，食品への信頼感，安心感を保つため，いっそうの改善努力が続いている．

2011年3月の東日本大震災による地震と津波の影響により，東京電力の福島第一原子力発電所では放射性物質の放出に至る原子力事故が起った．内閣総理大臣が原子力緊急事態を宣言し，原子力災害対策特別措置法による総理大臣への全権集中が行われた．食品安全分野でも，総理大臣を本部長とする対策本部による農林水産物の移動制限などが行われ，平常時よりも強い対策が実施され，今日に

表 8-12　食品安全関係法規の URL

法規	URL
食品安全基本法	http://www.fsc.go.jp/hourei/kihonhou_saishin.pdf
食品衛生法	http://law.e-gov.go.jp/htmldata/S22/S22HO233.html
同施行令	http://law.e-gov.go.jp/htmldata/S28/S28SE229.html
同施行規則	http://law.e-gov.go.jp/htmldata/S23/S23F03601000023.html
消費者安全法	www.cao.go.jp/consumer/doc/7anzen.pdf
食品表示法	http://kanpou.npb.go.jp/20130628/20130628g00138/20130628g001380000f.html
JAS 法 *	http://law.e-gov.go.jp/htmldata/S25/S25HO175.html
健康増進法	http://law.e-gov.go.jp/htmldata/H14/H14HO103.html
原子力災害対策特別措置法	http://law.e-gov.go.jp/htmldata/H11/H11HO156.html

* 農林物資の規格化及び品質表示の適正化に関する法律

至っている．以下に取りあげる食品安全関係法規の全文は，表 8-12 の URL より入手可能である．

(1) 食品安全基本法

食品の安全性や品質に関する法令は，従来，各省庁の所掌業務別に制定されてきた．BSE 問題，輸入野菜の残留農薬問題，国内における無登録農薬の使用など，近年，食の安全を脅かす事件が相次いで発生し，食品の安全性に対する国民の不信感が急激に高まり，従前の農林水産省が原材料の生産段階を監督し，厚生労働省が食品の流通・加工・販売段階を監督するなど，縦割り行政の限界が認識された．低い食料自給率や世界中からの食材の調達，新たな技術開発など，国民の食生活を取巻く状況も大きく変化している．情勢の変化にも的確に対応するために，国民の健康の保護が最も重要であるという基本的認識の下，関係者の責務・役割，施策の策定に係る基本的な方針，食品安全委員会の設置などを定めた食品安全基本法が 2003 年 5 月に制定された．

食品安全基本法の目的は，「食品の安全性の確保に関し，基本理念を定め，関係者の責務及び役割を明らかにするとともに，施策の策定に係る基本的な方針を定めることにより，食品の安全性の確保に関する施策を総合的に推進する」ことである（第 1 条）．基本理念として第 3 条～第 5 条に，①国民の健康の保護が最も重要であるという基本的認識の下に，食品の安全性確保のために必要な措置が講じられること，②食品供給行程の各段階において，食品の安全性確保のために必要な措置が適切に講じられること，③国際的動向及び国民の意見に配慮しつつ科学的知見に基づき，食品の安全性確保のために必要な措置が講じられることが謳われている．

関係者の責務・役割は第6条～第9条に明記されている．国の責務は「食品の安全性確保に関する施策を総合的に策定・実施すること」とされ，地方公共団体の責務は「国との適切な役割分担を踏まえ，施策を策定・実施すること」とされている．食品関連事業者の責務は「食品の安全性確保について第一義的な責任を有することを認識し，必要な措置を適切に講ずるとともに，正確かつ適切な情報の提供に努め，国等が実施する施策に協力すること」とされている．消費者の役割は「食品の安全性確保に関し知識と理解を深めるとともに，施策について意見を表明するように努めることによって，食品の安全性確保に積極的な役割を果たす」とされた．

施策の基本的な方針は第11条～第21条に明記されている．食品健康影響評価（リスク評価）の実施を原則とすることが謳われており，国民の食生活の状況などを考慮するとともに，食品健康影響評価結果に基づいた施策を策定（リスク管理）することが規定されている．情報の提供，意見を述べる機会，その他の関係者相互間の情報および意見の交換の促進（リスクコミュニケーション）も必須とされている（☞ 図8-18）．

さらに，①緊急の事態への対処・発生の防止に関する体制の整備など，②関係行政機関の相互の密接な連携の下での施策の策定，③試験研究の体制の整備，研究開発の推進，研究者の養成など，④国の内外の情報の収集，整理，活用など，⑤表示制度の適切な運用の確保など，⑥教育･学習の振興および広報活動の充実，⑦環境に与える影響に配慮した施策の策定も規定されている．食品安全委員会の設置は第22条～第38条に書かれている．

食生活はリスクを伴うという考え方を取入れて「食品に由来する，受け入れられないリスクがないこと」を食品安全としている．食品安全基本法の制定に伴って，食品衛生法や関連法規も大幅に改正された．食品の安全性を確保する具体的な手段としての食品衛生対策も，国民の健康保護を最優先することが再確認されている．

政府は，食品安全委員会における議論を受けて，食品の安全性確保の実施に関する基本的方向性を2004年1月に閣議決定している．2009年には，消費者庁と消費者委員会の設置が国会で議決され，食品分野では，食品の安全性確保における基本的事項の検討や表示対策などは消費者庁に移管されている．2009年には消費者安全法が制定され，消費者保護の立場からの食品の安全性確保も推進されている．

(2) 食品衛生法

食品衛生法（Food Sanitation Act）の目的は，その第1条に書かれているように，食品による衛生上の危害の防止と国民の健康の保護を第一の目的としている（表8-13）．衛生上の危害について明確には食品衛生法の中で示されていないが，第6条には食品として不適格なものとして次のようなものがあげられている．

①病原微生物を含むか，またはそのおそれがあるもの

②有害な化学物質を含むか，またはそのおそれがあるもの

③カビが生えていたり，異物を含んでいるもの

④不潔または不衛生なもの，腐敗，変敗したもの，未熟であるもの

第9条では，病畜の食用が禁止されている．

これらからわかるように，わが国の食品衛生法では，喫食によって発生する直接的な健康被害だけではなく，異臭や異味，不潔感などの不快感を催すものも衛生上の危害として含められている．このうち，重大な食品による直接的な健康被害とは次のようなものがあげられる．

①病原微生物による食中毒や経口感染症，寄生虫病

②有害化学物質や自然毒による中毒や健康障害，発がんなどの疾病

表8-13　食品衛生法の概要
目　的
飲食に起因する衛生上の危害の発生を防止し，もって国民の健康の保護を図る
原　則
・清潔衛生の確保 ・不衛生食品の販売の禁止 ・新開発食品の販売禁止 ・病肉等の販売の制限 ・食品等の規格及び基準を設定 ・食品総合衛生管理製造過程の承認制度も導入 ・他

③金属異物などによる傷害

④食物成分によるアレルギー疾患

第11条では「新開発食品の販売禁止」が規定され，食用の安全な歴史のない物質の販売については，原則禁止されている．販売には，厚生労働大臣への事前相談と同意が必要とされている．大臣の判断においては，食品安全基本法により，内閣府食品安全委員会によるリスク評価が必要である．なお，食品衛生法が対象としているものは，食品添加物を含む飲食物だけでなく，食品に使う器具や容器包装，食器や食材に使う洗浄剤，幼児が口にするおもちゃなども含まれる．

食品衛生法は国や地方自治体に対し，食品衛生に関する知識の普及，情報の収集・提供，検査・研究の推進，関係人材の育成，技術援助などを義務付けている．同時に，食品衛生に関する監視指導指針と監視指導計画の策定を，地方自治体に対しては，国が定めた監視指導指針に基づく監視指導計画を毎年策定し公表することを求めている．食品など事業者に対しては，販売食品などの安全性確保のための知識や技術の習得，自主検査の実施，原材料に関する情報の記録などを求めている．

食品，食品添加物などの規格および基準と，その使用基準も食品衛生法を根拠として食品衛生法施行令（Order for Enforcement of Food Sanitation Act，省令）や同規則（Ordinance for Enforcement of Food Sanitation Act，通知）により規定されている．乳や乳製品などの乳類，その他の食品，食品添加物，器具容器包装，洗浄剤，幼児が口にするおもちゃなど，食品衛生法が対象とするすべてのものに衛生的な規格と基準，すなわち，成分規格，製造基準，保存基準，表示の基準などが定められている．乳および乳製品は乳児から高齢者まで国民各層に幅広く消費され，かつ衛生的な問題があった場合にはその影響が非常に大きいため，規格基準は他の食品と区別されて特別な省令（乳等省令と呼ばれる）に細かな規格基準が設定されている．食品添加物についてはその組成についての規格基準だけではなく，食品への使用についても許可された条件下のみでしか使用できない使用基準が定められている．器具容器包装には，重金属類や合成樹脂成分などの含有または溶出許容値が定められている．洗浄剤には有害物質の含有許容値の他，すすぎ方などの使用基準も設定されている．

野菜果実などでは残留農薬の許容基準，畜肉や養殖魚などでは抗生物質および合成抗菌剤の残留許容基準，乳類や魚介類ではPCBの許容基準や水銀の許容基準なども設定されている．野菜果実などの残留農薬の許容基準は，約240種の農薬が約150の青果物と数種の畜水産食品に設定されている．なお，許容基準が設定されていない農薬についてはポジティブリスト制により規制されている．抗生物質および合成抗菌剤の残留許容基準についても，その種類が増加しており，残留許容基準値が設定されていない場合は残留農薬と同様にポジティブリスト制により規制されている．また，輸入食品中に設定されていた許容放射線量の基準は，わが国で2011年に発生した福島原発事故による環境放射能汚染を受けて，食品全般における許容放射線量の基準値として見直されている．

図8-32　総合衛生管理製造過程の承認マーク

食品などの規格基準は，複雑多岐にわたり，国際的整合性とわが国固有の事情もあり，検索や正確な理解が困難になっている．日本食品衛生学会では，食品などの規格基準の一覧表による整理を行い，食品衛生学雑誌の各巻第1号に掲載している．概要を把握するためにはよい情報となる．新たな食品添加物の承認などの食品衛生上の重要な審議事項は厚生労働大臣が，食品安全委員会にリスク評価を依頼し，その結果も含めて薬事・食品衛生審議会に諮問して決定される．国民との情報や意見の交換は，リスクコミュニケーションと呼ばれ実施されている．

食品総合衛生管理製造過程の承認制度は，第13条で規定されている．HACCPの概念と手法に基づく食品製造法は，製造者からの申請により承認される．承認を受けた場合は製造基準の遵守が免除される．乳類製造業，食肉製品製造業，魚肉ねり製品製造業，容器包装詰加圧加熱殺菌食品（いわゆるレトルト食品）製造業，清涼飲料水製造業などで，その承認を受ける食品が増加している（図8-32）．

食品の表示については，2013年6月21日に国会において，食品衛生法，後述の農林物資の規格化及び品質表示の適正化に関する法律（JAS法），健康増進法による表示を一元化する「食品表示法」が成立している．

(3) その他の食品安全関連法規

食品安全基本法および食品衛生法以外の主な食品関連法規とその制定目的の要

点は次の通りである．

●農林物資の規格化及び品質表示の適正化に関する法律（Act of Standardization and Proper Labeling of Japanese Agricultural and Forest Products）農林関係食品の品質安定化と取引の公正化が目的であり，所管は農林水産省，消費者庁である．JAS 法と略される．

●健康増進法（Health Promotion Act）国民の健康の増進，栄養改善，国民保健の向上が目的であり，所管は厚生労働省，消費者庁の所管となっている．

●と畜場法（Abattoirs Act）食用獣畜の処理の適正化，安全な食肉の供給が目的であり，所管は，厚生労働省である．

●食鳥処理事業の規制及び食鳥検査に関する法律（Poultry Slaughtering Business Control and Poultry Meat Inspection Act）食鳥肉の処理の適正化，安全な食鳥肉の供給が目的であり，所管は厚生労働省である．

●水道法（Water Supply Act）飲料水である水道水についての基準などを設定するのが目的であり，所管は厚生労働省である．

これらの他に，農薬取締法，肥料取締法，家畜伝染病予防法，飼料の安全性の確保及び品質の改善に関する法律，牛海綿状脳症対策特別措置法，消費者安全法なども食品安全と関連している．さらに，消費者の物品に対する安全性を求める権利を認める消費者保護法や，製品の欠陥を原因とする被害については故意・過失のいかんを問わず製造者が賠償責任を負うという製造物責任法（いわゆる PL 法，Product Liability Act）なども関係している．食品安全とは直接的な関係はないが，消費者が適正に商品・サービスを選択できる環境を守ることを目的として不当景品類及び不当表示防止法（景品表示法，Act against Unjustifiable Premiums and Misleading Representations）が制定されている．

演習問題 8-16

次の各記述について，正しいものに○，誤っているものに × を付けよ．

①食品安全基本法より，食品関連事業者の外部衛生管理の促進が図られた．

②食品安全基本法により，食品関連事業者の救済を最優先とした法整備が進められた．

③ BSE 問題などから，平成 15 年に政府はリスク分析手法を導入した食品安全基本法を制定した．

④食品安全基本法により，内閣府に食品安全委員会を設置し，総理大臣に意見を具申することになった.

例解　①×，外部衛生管理ではなく自主衛生管理，② ×，食品関連事業者の救済を最優先ではなく，国民の健康保護を最優先とした法整備，③○，④○.

3）消費者対応

食料の第一次生産を自然という不確定要素の集合体の中で担っている人々も食品の消費者であるように，安全な食料の安定調達には消費者であるすべての国民の協力が必要である.消費者が食品の安全性確保に関する科学的知識を身に付け，的確な評価や判断と行動ができるよう，フードチェーンの透明性や公平性を高める必要がある．現在のフードチェーンは，図 8-33 のように複雑になり，多くの関係者の手を経て消費されている．心配であれば，見に来て下さいといえるような隠しごとのない消費者対応が必要である.

(1) 食品の消費

人間は従属栄養動物であり，全員，食品の消費者であるが，食品を事業として取り扱わない国民を指す場合もある．食品安全基本法に明示されているように，食品取扱い者は，安全な食品を消費者に提供する責務がある．特に，微量感染を起こす腸管出血性大腸菌 O157 やノロウイルス対策の要は，国民各位が注意する

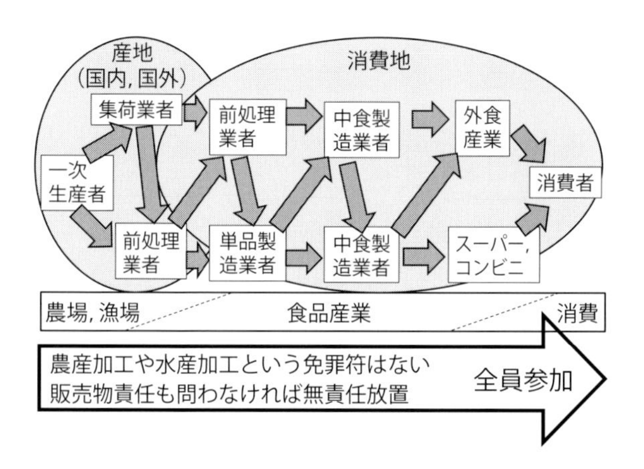

図8-33　分業化が進むフードチェーン

自助努力であるように消費者の安全性確保努力も必要である．食品安全基本法では，消費者は食品の安全性の確保に関する知識と理解を深めるとともに，食品の安全性の確保に関する施策について意見を表明するように努め，食品の安全性の確保に積極的な役割を果たすことが求められている．

国民は皆，消費者であり，農家や加工業者，流通小売業者も食品の消費者である．食中毒の被害などを忘れやすい国民は，お互いにリスクコミュニケーションを工夫して忘れないように呼びかける必要がある．科学的な判断を尊重し，責任感を持つ自立した消費者が増えることによって，フードチェーン全体の無駄や無理が少なくなることが期待される．そのためには，フードチェーンの透明性や公平性を高める必要がある．一隅を照らし続ける努力をフードチェーンの各段階で続け，ステークホルダ（関係者全員）の現場感覚にズレが生じないように注意を払う必要がある．

(2) 消費者基本法では

本法の目的は，「消費者の利益の擁護及び増進に関する総合的な施策の推進を図り，もって国民の消費生活の安定及び向上を確保すること」である．2004 年に消費者保護基本法を抜本的に改正し，消費者を保護されるべきものから，自立すべきものへの変化を支援するための法制度となっているが，消費者と事業者との情報の質，量，交渉力などの格差を認めている．表 8-14 に示したように消費

表 8-14　消費者基本法 * に示された消費者の権利と努力義務

消費者の権利（2 条）
・消費生活における基本的な需要が満たされること
・健全な生活環境が確保されること
・安全が確保されること
・自主的かつ合理的な選択の機会が確保されること
・必要な情報が提供されること
・教育の機会が提供されること
・意見が消費者政策に反映されること
・適切かつ迅速に救済されること
消費者の努力義務（7 条）
・必要な知識の修得，必要な情報の収集等を自主的かつ合理的に行う
・環境の保全及び知的財産権等の適正な保護に配慮すること

* 2012 年 8 月 22 日制定．http://law.e-gov.go.jp/htmldata/S43/S43HO078.html

表 8-15　消費者基本法 * に示された事業者とその団体の責務など

事業者（5条）
・消費者の安全及び消費者との取引における公正を確保すること ・消費者に対し必要な情報を明確かつ平易に提供すること ・消費者の知識，経験及び財産の状況等に配慮すること ・苦情を適切に処理すること ・国・地方公共団体の消費者政策に協力すること
事業者団体（6条）
・苦情処理の体制を整備すること ・自主行動基準作成の支援その他消費者の信頼を確保するための自主的な活動に努めること

* 2012年8月22日制定．http://law.e-gov.go.jp/htmldata/S43/S43HO078.html

者の権利については，「安全の確保，商品及び役務について自主的かつ合理的な選択の機会の確保，必要な情報及び教育の機会が提供され，意見が消費者政策に反映され，被害が適切かつ迅速に救済されること」が明記されている．消費者の努力義務も明示されている．消費者団体の役割も具体化され，消費者被害の防止，救済のために活動することとされている．

事業者とその団体には，表 8-15 に示した責務などを果たすことが求められている．

(3) 食品安全分野では

食品の生産，流通，加工，消費を分業で行うことが次第に多くなり，現代に至っている．人間は従属栄養生物の一種であるが，人間の食べ物と他の生物の関係を科学的に理解する機会を失っている消費者も多い．食品の安全性確保には，食料の一次生産から消費までを連続して捉える大局観や，食品としての衛生的な取り扱いが全過程に必要である．次世代のためにも無理や無駄のない持続可能な食品の生産や調達と安全性確保が行われる必要がある．食品安全を達成するためには，食べる人（消費者）を思いやる気持ちのバトンタッチが，農場から食卓まで必要である．

生物学分野でのフードチェーンは食物連鎖を意味し，生物間における食べたり，食べられたりする連鎖的つながりである．人間側から見た食料調達のフードチェーンは，図 8-32 のように一次生産者，加工，卸売，流通，外食産業，小売

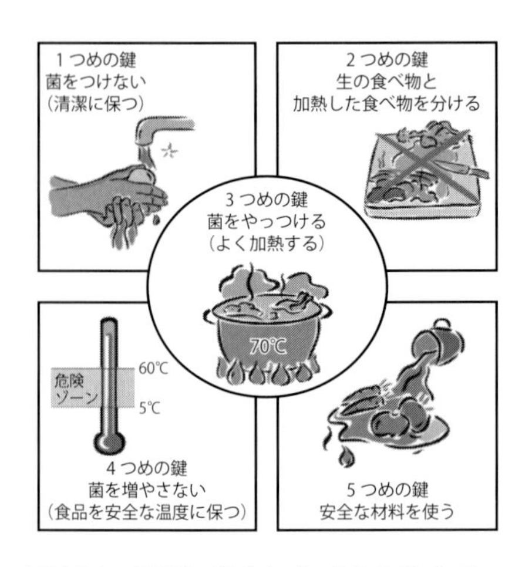

図8-34　WHO-安全に食べるための5つの鍵
(http://www.nihs.go.jp/hse/food-info/microbial/keys/who5key.html)

業，最終消費者などをつなぐ食料品の流れを指す．病原体や環境汚染物質を食品が媒介した事例の経験から，フードチェーンの全過程で衛生管理を実践しなければ食品安全は達成困難であると認識されている．Codexでは1997年にフードチェーンに共通な衛生規範として「食品衛生の一般原則」を採択し，食料調達・消費に関連するすべての場面での活用を呼びかけている．消費者の貢献も必要であることが記載されている．

WHO世界保健機関も，図8-34のように消費者に対し，食品を安全に取り扱うことを5つの大切な鍵として，実行を要請している．わが国では要冷蔵食品は，通常10℃以下で保存されるが，WHOはリステリアやエルシニアによる食中毒の対策から，5℃以下の冷蔵を推奨している．

(4) 教訓を活かして

わが国では1996年にカイワレ大根が原因食品とされる大きな食中毒を経験している．原因菌は腸管出血性大腸菌O157であった．「一次生産から最終消費までの連続した衛生管理が必要」という得られた教訓を忘れないように努力すべきである．その当時は，生ものは樹上の果物でさえ食べないという恐怖感が浸透していたが，15年後の2011年には牛生肉ユッケを食べて5名が死亡するO111食中毒が起こっている．

微量感染を起こす食中毒菌やウイルス対策の鍵の1つは，消費者が食べ方に注意することである．忘れやすい消費者に，リスクコミュニケーションを工夫して対策を忘れないように呼びかける必要がある．消費者1人1人に対策の必要性を納得してもらうことを重視する必要がある．フードチェーンの川上や食品メーカーだけに注意喚起しても，消費者が注意散漫であれば再発する．当該事業者の取締りを強化して対策は終わりではなく，リスクコミュニケーションを重視して，国民（消費者）全員による予防行動が必要である．利益を得るために食品の長所のみを宣伝し，短所を隠すことは恥ずべき行為である．

(5) リスク分析と危機管理

今日では，フードチェーンの全容が見えにくくなり，家庭内で受継がれてきた食品安全に関する知恵も，次世代へ受け渡すことが難しくなっている．消費者は，一昔前までは市場に毎日のように食材を買出しに行っていた．家庭での食中毒対策は，「清潔，迅速，温度管理」が合言葉であった．やがて，各家庭にも大型電気冷蔵庫が普及し，毎日の買出しはまとめ買いへと変化した．現在では，食品原材料の生産，加工，流通，販売も分業で行われるようになっている．消費者は，包装された食品を無言のまま購入することが多くなり，対面しての会話によるリスクコミュニケーションの機会が減少している．

以前は，赤ちゃんからお年寄りまで，一緒に暮らしている家族が多かったので，体質，体調などを思いやり，それぞれに合わせた調理や食事の準備が行われていた．核家族化などの理由により，これらの食生活の知恵が家庭内で受け継がれることが少なくなっている．子供に生肉を食べさせたり，高齢者に不衛生な食事を提供したりすれば，健康被害が生じやすいことを認識する機会が減少している．消費者も，食べた人が体調不良を起こす可能性を認識すべきであり，特にハイリスクグループと呼ばれる発症しやすい人々への思いやりを忘れるべきではない．

平常時に，食品取扱い者は自分の担当する食品の長所と欠点を把握し，どのような消費者によって，どのように消費されるかを思いやる必要がある．食中毒などの不都合を予防するためにはリスク分析手法を勉強する必要がある．リスク評価，リスク管理，リスクコミュニケーションの３要素を理解し，不明な点は，調べたり，問い合わせたりする努力が必要である．常日頃から努力をしていると，食中毒や不良品の疑いなどが生じた場合にも冷静な対応が可能となる．特に，必要なデータや情報はどこにあるのか，誰に相談すべきかなどの判断が適切かつ，速く行える．疑いをかけられたり，苦情を持ち込まれたりしてから対応しようとしても手遅れとなる場合が多い．製品のバッチやロット管理も不十分であれば，リコール（製品回収）に手間取り，消費者に健康被害を及ぼすことにもなり，社会に迷惑を及ぼす．緊急事態発生時の製品回収およびリコールや，平常時の準備や訓練は大切である．リコールに役立たないトレーサビリティは欠陥であり，リコールの準備をしていれば，トレーサビリティは自然に整備されていく．

(6) フードチェーンを大切に

他の生物を食べなければ生きて行けない従属栄養生物としての人間は，病原体を含めて他の生物との共存を考えるべきであり，多様な調理加工と食べ方でリスクを低減させることも必要である．原材料の生産者も，加工業者も，流通業者も，全員，消費者である．全員でフードチェーンの清潔性，透明性，公平性を高めて，維持していくための貢献をすべきである．他人に責任を押し付けるだけではフードチェーンは機能不全を起こしてしまう．次世代のためにも，安全な食品の安定調達を願って，各自の一隅を照らし続けることが必要である．

演習問題 8-17

アメリカのケネディおよびフォード大統領が提唱した消費者の５つの権利，国際消費者機構（CI）が提唱した消費者の８つの権利と５つの責務を列記せよ．

例解　ケネディおよびフォード大統領の提唱：①安全を求める権利，②知らされる権利，③選ぶ権利，④意見を聞いてもらう権利，⑤消費者教育を受ける権利

・国際消費者機構の提唱：＜権利：①生活の基本的ニーズが保障される権利，②安全である権利，③知らされる権利，④選ぶ権利，⑤意見を反映される権利，⑥補償を受ける権利，⑦消費者教育を受ける権利，⑧健全な環境の中で働き生活する権利＞＜責務：①批判的意識，②自己主張と行動，③社会的関心，④環境への自覚，⑤連帯＞

参考図書

和　　書

一色賢司（編）：食品衛生学，東京化学同人，2014.
岩尾俊男（編）：農産物性研究（第３集）農産物の測定と計測方法の基準化に関する総合的研究，農産物性研究グループ，1985.
大矢　勝ら（編）：洗剤・洗浄百科事典，朝倉書店，2008.
小川　正・的場輝佳（編）：新しい食品加工学－食品の保存・加工・流通と栄養，南江堂，2011.
小原哲二郎ら（監修）：改訂 原色食品加工工程図鑑，建帛社，1996.
化学工学会（編）：化学工学－解説と演習－，槇書店，2002.
笠木伸英ら（編）：流体実験ハンドブック，朝倉書店，1997.
喜多恵子（著）：応用酵素学概論，コロナ社，2009.
熊谷　仁ら：食品工学，食品製造・保存の考え方，アイ・ケイコーポレーション，2005.
小久保彌太郎（編）：現場で役立つ食品微生物 Q&A 第３版，中央法規出版，2011.
近藤　直ら（編）：生物生産工学概論－これからの農業を支える工学技術－，朝倉書店，2012.
近藤　直ら（編）：農産物性科学２－音・電気・光特性と生化学特性－，コロナ社，2010.
庄司正弘：伝熱工学，東京大学出版会，1995.
鈴木健一朗ら（編）：微生物の分類・同定実験法（分子遺伝学・分子生物学的手法を中心に），シュプリンガー・フェアラーク東京，2004.
鈴木春男（著）：酵素の世界，産業図書，1996.
瀬尾康久ら：農業機械システム学，朝倉書店，1998.

疋田晴夫：改訂新版化学工学通論 I，朝倉書店，2012.
田中誠之ら（著）：基礎化学選書 7　機器分析三訂版，裳華房，1996.
テレビジョン学会（編）：光センシング工学，日本理工出版，1995.
電気学会（編）：電磁界の生体効果と計測，コロナ社，1995.
虎谷哲夫ら（著）：改訂酵素－科学と工学，講談社，2012.
永田一清ら（編）：ライブラリ工学基礎物理学 2　基礎電磁気学，サイエンス社，1987.
新山陽子（編）：解説 食品トレーサビリティ，昭和堂，2005.
西津貴久ら（編）：農産物性科学 1 －構造的特性と熱・力学的特性－，コロナ社，2011.
西松公雄ら（編）：食品加工学第 2 版，化学同人，2012.
日本食品衛生学会（編）：食品安全の事典，朝倉書店，2009.
日本生物工学会（編）：生物工学実験書，培風館，2002.
日本弁護士連合会（編）：消費者法講義第 4 版，日本評論社，2013.
農業機械学会（編）：生物生産機械ハンドブック，コロナ社，1996.
農業施設学会（編）：よくわかる農業施設用語解説集，筑波書房，2012.
羽多野重信ら：はじめての粉体技術，工業調査会，2000.
林　弘通：食品物理学，養賢堂，1989.
福崎智司ら（編）：化学洗浄の理論と実際，米田出版，2011.
堀越弘毅ら：ビギナーのための微生物実験ラボガイド，講談社サイエンティフィク，1997.
本間清一・村田容常（編）：食品加工貯蔵学第 2 版，東京化学同人，2011.
増田芳雄：植物生理学，培風館，1989.
矢野俊博（編）：実践 !! 食品工場の品質管理，幸書房，2008.
横山伸也・芋生憲司（著）：バイオマスエネルギー，森北出版，2009.
横山理雄（監修）：食の安全とトレーサビリティ，幸書房，2004.
米虫節夫ら（監修）：現場で役立つ食品工場ハンドブック，日本食糧新聞社，2012.

洋　　書

Crank, J.：The Mathematics of Diffusion, Oxford Science Publications, 1979.

Kays, S. J. and Paull, R. E.：Postharvest Biology, Exon Press, 2004.

Shingh, R. P. and Heldman, D. R.：Introduction to Food Engineering, 2nd Ed., Academic Press, 1993.

Stumbo, C. R.：Thermobacteriology in Food Processing, 2nd ed., Academic Press, 1973.

索　引

き

く

け

こ

さ

し

す

せ

そ

つ

て

と

な

に

ぬ

ね

の

は

ひ

や

ゆ

よ

ら

り

る

れ

ろ

わ

農産食品プロセス工学　　定価（本体 4,400 円＋税）

2015 年 2 月 20 日　第 1 版第 1 刷発行　　<検印省略>

編集者　豊田浄彦
　　　　内野敏剛
　　　　北村豊
発行者　福　毅
印　刷　㈱平河工業社
製　本　㈱新里製本所

発　行　文永堂出版株式会社
〒113-0033　東京都文京区本郷 2-27-18
TEL　03-3814-3321　FAX　03-3814-9407
振替　00100-8-114601 番

ISBN 978-4-8300-4128-0